ELSEVIER
爱思唯尔

聚乳酸实用指南
加工、制备及应用 （原著第二版）

（马来）李顶新（Lee Tin Sin），（马来）马诗婷（Bee Soo Tueen） 编著

朱文利 米大山 译

Polylactic Acid

A Practical Guide for the Processing,Manufacturing, and Applications of PLA （Second Edition）

化学工业出版社

·北 京·

内 容 简 介

　　本书首先概述了可生物降解聚合物及聚乳酸的发展历程，然后简要介绍了聚乳酸的合成及生产方法，并从热性能、化学性质、力学性能、流变性能、降解与稳定性等方面详细阐述了聚乳酸的各项性能特点，介绍了聚乳酸的注塑及 3D 打印等成型加工技术、改性及应用，最后还为读者提供了聚乳酸的环境评估和可生物降解聚合物的国际标准清单。本书全面介绍了聚乳酸的各项性能特点及相关的产品特性，有助于研究人员在进行相关产品的研发前全面了解该聚合物的基本信息。

　　本书适于高分子材料相关专业的师生，从事聚乳酸产品开发、生产的科研人员及企业的技术人员阅读参考。

Polylactic Acid A Practical Guide for the Processing, Manufacturing, and Applications of PLA, Second Edition

Lee Tin Sin, Bee Soo Tueen

ISBN: 978-0-12-814472-5

Copyright © 2019 Elsevier Inc. All rights reserved.

Authorized Chinese translation published by Chemical Industry Press Co., Ltd.

《聚乳酸实用指南——加工、制备及应用》（原著第二版）（朱文利　米大山　译）

ISBN: 978-7-122-37796-8

Copyright © Elsevier Inc. and Chemical Industry Press Co., Ltd. All rights reserved.

No part of this publication may be reproduced or transmitted in any form or by any means, electronic or mechanical, including photocopying, recording, or any information storage and retrieval system, without permission in writing from Elsevier (Singapore) Pte Ltd. Details on how to seek permission, further information about the Elsevier's permissions policies and arrangements with organizations such as the Copyright Clearance Center and the Copyright Licensing Agency, can be found at our website: www.elsevier.com/permissions.

This book and the individual contributions contained in it are protected under copyright by Elsevier Inc. and Chemical Industry Press Co., Ltd (other than as may be noted herein).

This edition of Polylactic Acid A Practical Guide for the Processing, Manufacturing, and Applications of PLA Second Edition is published by Chemical Industry Press Co., Ltd under arrangement with ELSEVIER INC.

This edition is authorized for sale in China only, excluding Hong Kong, Macau and Taiwan. Unauthorized export of this edition is a violation of the Copyright Act. Violation of this Law is subject to Civil and Criminal Penalties.

本版由 ELSEVIER INC. 授权化学工业出版社有限公司在中国大陆地区（不包括香港、澳门以及台湾地区）出版发行。

本版仅限在中国大陆地区（不包括香港、澳门以及台湾地区）出版及标价销售。未经许可之出口，视为违反著作权法，将受民事及刑事法律之制裁。

本书封底贴有 Elsevier 防伪标签，无标签者不得销售。

北京市版权局著作权合同登记号：01-2020-6412

> **注意**
>
> 　　本书涉及领域的知识和实践标准在不断变化。新的研究和经验拓展我们的理解，因此须对研究方法、专业实践或医疗方法作出调整。从业者和研究人员必须始终依靠自身经验和知识来评估和使用本书中提到的所有信息、方法、化合物或本书中描述的实验。在使用这些信息或方法时，他们应注意自身和他人的安全，包括注意他们负有专业责任的当事人的安全。在法律允许的最大范围内，爱思唯尔、译文的原文作者、原文编辑和原文内容提供者均不对因产品责任、疏忽或其他人身或财产伤害及/或损失承担责任，亦不对由于使用或操作文中提到的方法、产品、说明或思想而导致的人身或财产伤害及/或损失承担责任。

图书在版编目（CIP）数据

　　聚乳酸实用指南：加工、制备及应用/（马来）李顶新（Lee Tin Sin），（马来）马诗婷（Bee Soo Tueen）编著；朱文利，米大山译 .—北京：化学工业出版社，2020.11

　　书名原文：Polylactic Acid：A Practical Guide for the Processing，Manufacturing，and Applications of PLA

　　ISBN 978-7-122-37796-8

　　Ⅰ.①聚…　Ⅱ.①李…②马…③朱…④米…　Ⅲ.①高聚物-乳酸-复合材料-研究　Ⅳ.①TQ316

　　中国版本图书馆 CIP 数据核字（2020）第 179460 号

责任编辑：高　宁　仇志刚　　　　　　　　　　　装帧设计：史利平
责任校对：王佳伟

出版发行：化学工业出版社（北京市东城区青年湖南街 13 号　邮政编码 100011）
印　　装：北京新华印刷有限公司
787mm×1092mm　1/16　印张 15½　字数 357 千字　2020 年 11 月北京第 1 版第 1 次印刷

购书咨询：010-64518888　　　　　　　　　　　售后服务：010-64518899
网　　址：http://www.cip.com.cn
凡购买本书，如有缺损质量问题，本社销售中心负责调换。

定　　价：128.00 元　　　　　　　　　　　　　　版权所有　违者必究

译者前言

塑料制品在人们的日常生活中无处不在，然而塑料垃圾难以在短期内轻易降解，废品回收再利用率也不高，给陆地和海洋环境带来了极大的危害。2018年世界环境日主办国印度呼吁全世界要"塑战速决"，齐心协力对抗一次性塑料带来的环境污染。而早在2007年年底，国务院办公厅就印发了《关于限制生产销售使用塑料购物袋的通知》，规定在全国范围内所有商品零售场所要实行塑料购物袋有偿使用制度。2020年7月，国家发展和改革委员会、生态环境部、工业和信息化部等九部门联合印发《关于扎实推进塑料污染治理工作的通知》，提出到2020年年底，各省、自治区、直辖市的商场、超市、药店、书店等场所以及餐饮打包外卖服务和各类展会活动，禁止使用不可降解塑料袋，集贸市场规范和限制使用不可降解塑料袋；全国范围餐饮行业禁止使用不可降解一次性塑料吸管。尽管"限塑令"升级成了"禁塑令"，但物美价廉、方便实用的塑料制品不可能在一夜之间从人类社会突然消失，以其他环保型塑料部分取代、逐步取代才是当前的可行之道。在此背景下，可生物降解塑料受到了业界人士的大力推崇和社会关注，被视为应对传统塑料污染的利器。

可生物降解聚合物可以从石油也可以从农作物中提炼而得，后者又被称为生物基塑料。聚乳酸（PLA）来源于玉米和土豆等农作物，既是生物基塑料又是可生物降解塑料。PLA的广泛应用一方面可以降低对石油的依赖，另一方面，其废品可以通过微生物（如细菌、霉菌、真菌和藻类）在一定的环境（堆肥条件、厌氧消化条件或水性培养液）下在短期内发生降解，并最终完全分解为水、二氧化碳、甲烷和矿化无机盐等。正确回收和处理PLA废品将极大地缓解塑料垃圾给生态环境带来的危害以及可能引发的生态危机。PLA已经实现大规模工业化生产，PLA制品部分取代传统塑料的时机已到，在国家政策支持下，中国或将迎来一个新的PLA塑料制品的蓬勃发展期。

然而，PLA的生产技术壁垒较高，相关研究和技术人员稀缺，市面上可以参考的相关文献尤其是中文书籍又比较少。本书是近几年来不可多得的一本详细地讲述PLA来源、生产技术和性能及应用的书籍。本书首先概述了PLA的市场应用及发展潜力；然后介绍了PLA的合成及生产方法；接着详细阐述了PLA的热性能、化学性质、力学性能、流变性能及降解性能和稳定性；本书的后半部分介绍了PLA的常用加工助剂、成型加工工艺，并重点讲述了PLA的注塑工艺和3D打印工艺；最后，本书还讲解了PLA制品的相关应用实例、环境评估和国际标准。本书可为从事PLA塑料研发的科研人员和生产人员提供宝贵的经验和科学参考。

距离本书作者完稿已经过去两年，书中有部分数据略有更新，本书译者在完成译稿后对PLA 的国内外市场又做了简单调查，补充如下：截至 2020 年，全球 PLA 潜在需求空间达到651 万吨，中国也有 170 万吨的需求。而目前全球 PLA 产能合计仅约 33 万吨，实际产量约为20 万吨。全球的 PLA 原料主要由美国 NatureWorks 公司（产能 15 万吨/年）和荷兰 Total Cor-bion 公司（产能 7.5 万吨/年）供应。国内生产 PLA 的企业主要有浙江海正生物材料股份有限公司（目前产能 1.5 万吨/年，在建产能 6.5 万吨/年）和中粮生化能源（榆树)有限公司（目前产能 1 万吨/年，目标产能 21 万吨/年）。在原著等待翻译和出版的两年时间内， PLA 的全球产业化进程仍然非常缓慢，主要原因是原材料乳酸来源贫乏。 PLA 目前主要使用两步法进行生产，即丙交酯开环聚合法，该法是以 L-乳酸为原料，在醇类等引发剂存在下先制成丙交酯，再在催化剂存在下开环聚合得到 PLA。中间体丙交酯的生产是 PLA 合成工艺的核心，也是国内面临的技术瓶颈，在很大程度上限制了国内 PLA 行业的发展。美国 NatureWorks 目前拥有每年 22 万吨的 L-乳酸生产能力，约占全球乳酸总产能的 24%，但 NatureWorks 自产的乳酸并不对外销售，而是专门供应其自身的 PLA 工厂。前几年国内企业用于生产 PLA 的材料丙交酯主要从国外进口，如 Total-Corbion 泰国工厂，但该工厂近年也投产了 PLA 生产线，丙交酯也开始自用不外售。丙交酯技术壁垒高、生产成本高，已成为制约国内 PLA 产业发展的瓶颈。金丹科技是全球乳酸行业第二大企业、国内乳酸行业龙头企业，拥有 12.8 万吨的乳酸及盐产能，其控股子公司金丹生物新材料目前正在建设 1 万吨丙交酯生产线， 1 千吨 PLA 生产线目前处于调试阶段。浙江海正生物材料股份有限公司也已成功掌握了丙交酯的生产技术，但目前公司缺乏原材料乳酸，需要向金丹科技等企业采购。现在全国部分地区开始大规模实施限塑政策，生物降解塑料市场需求快速增长， PLA 市场空间巨大。 PLA 目前市场销售价格在每吨 3万元以上，随着市场需求的逐渐释放，国内企业正努力突破丙交酯技术壁垒，打开发展空间。

本书由马来西亚拉曼大学的两位研究员 Lee Tin Sin（李顶新）和 Bee Soo Tueen（马诗婷）共同编著。 Lee Tin Sin 是马来西亚拉曼大学的研究员、专业工程师和副教授。他毕业于马来西亚理工大学，获得工程学学士学位（化学聚合物），并以一级荣誉获得博士学位（聚合物工程）。李博士在橡胶加工、生物聚合物、纳米复合材料和聚合物合成等方面出版了广泛的著述，发表了 70 多篇论文，包括期刊论文、著作和会议论文。他目前担任马来西亚工程师学会化学工程技术部主席和理事会成员。 Bee Soo Tueen 是马来西亚拉曼大学的研究员、专业工程师和副教授。她毕业于马来西亚理工大学，获得工程学学士学位（化学聚合物）、工程硕士学位（聚合物工程）和博士学位（聚合物工程）。马博士在纳米复合材料、阻燃剂和生物聚合物方面发表了大量的期刊论文。本书的译者现为湖北文理学院机械工程学院教授，近年来的主要研究兴趣之一为聚乳酸材料的结晶及发泡行为。译者曾于 2008~2010 年期间在多伦多大学微孔塑料制造实验室从事博士后研究，分别与美国 NatureWorks 公司和荷兰 Synbra 公司合作了聚乳酸结晶和发泡方面的课题项目。 2014~2018 年期间分别主持以聚乳酸为研究主题的国家自然科学基金、湖北省自然科学基金和襄阳市科技计划研究与开发项目各一项。

译者于 2019 年翻译了由土耳其伊斯坦布尔科技大学的默罕默德·礼萨·诺法尔博士执笔，与多伦多大学的朴哲范教授共同编著而成的《聚乳酸泡沫塑料——基础、加工及应用》一书，该书已于 2020 年 4 月由化学工业出版社正式出版。作为有益补充，译者又精选了本书进行翻译。翻译初稿由湖北文理学院机械工程学院本科生李晓月完成，米大山博士进行初审，最后由译者进行翻译校正和润色。本书的翻译出版得到了国家自然科学基金青年基金项目 (51403059) 和湖北省高等教育综合奖补资金机械工程学科建设专项基金（2050205）的资助，在此一并表示感谢。

本书原著中有少许印刷错误，出版社同志们进行了严格和仔细的校正，但仍难免有纰漏。另外，限于译者的英语和专业知识水平，在本书译文中可能会存在疏漏之处，请专家和读者不吝指正。

朱文利
2020 年 9 月于武汉

前言

近几十年来，人们对塑料的需求急剧增长。 塑料的使用是当今社会不可避免的。然而，塑料废弃物处置不当造成了严重的环境污染。海洋受到了由不可降解聚合物生产的塑料微粒的严重污染。传统的由石油炼制生产的原料制备的塑料要经过 100 多年的降解才能成为无害的物质！虽然人们已经组织了许多教育活动，通过"减少、再利用和再循环"(3R) 计划在社会上提高认识，但社会反应仍然不足。

消除塑料是不可能的，塑料 3R 计划还需要更多的时间来改变消费者的习惯和态度。因此，可生物降解聚合物可以作为一种替代品来减少塑料废物对环境的影响。虽然市场上有许多可生物降解的聚合物，但聚乳酸 (PLA) 似乎是替代不可降解石油基聚合物的最可行的聚合物。这是因为聚乳酸可以大规模工业生产，价格具有竞争力。 PLA 也可以使用现有的聚合物加工技术进行加工，如注塑、挤出、吹膜、热成型和当前流行的 3D 打印方法。

在这本书中，深入讨论了 PLA 的特点和应用。与其他有关生物可降解聚合物的书籍相比，本书旨在使读者在进入高水平的研究和开发阶段之前获得有关 PLA 的基本但充分的信息。向读者介绍 PLA 的市场需求、牌号、合成与生产、热性能、化学性质、力学性能、流变性能、降解与稳定性、加工工艺、注塑与 3D 打印、环境评估、聚合物生物降解国际标准以及应用等。作者认为，这些信息对于工业企业、教育工作者、研究人员、研究生、环保人士等一站式获取 PLA 的信息源具有重要意义。

最后，作者特别感谢 Silva Isabella 女士在第二版的整个写作过程中提供的建议和协助。作者诚信本书能够在全球范围内促进可生物降解聚合物的开发和应用，希望能减少塑料污染，为子孙后代提供一个可持续发展的环境。

Lee Tin Sin 和 Bee Soo Tueen

目 录

第6章　聚乳酸的流变性能　　125

第7章　聚乳酸的降解与稳定性　　141

第8章　聚乳酸的添加剂和加工助剂　　171

第9章　聚乳酸的成型加工工艺　191

第10章　聚乳酸的注射成型和 3D 打印　200

第 11 章　聚乳酸的应用　214

第 12 章　聚乳酸的环境评估和国际标准　221

第1章

可生物降解聚合物和聚乳酸概述

1.1 可生物降解聚合物概述

人类使用聚合物已有几千年历史了。在古代，古人在建筑房屋时会用天然植物胶把木头粘在一起。当古人开始探索海洋时，天然植物胶被用作船只的防水涂层。当时人们还不知道聚合物能在多大程度上被利用，所以他们的使用仅局限于非常特殊的场合。古人自然而然地依赖从植物中提取的聚合物，并且没有对其配方进行任何修改，也没有合成聚合物来改进其应用。

自 1495 年克里斯托弗·哥伦布（Christopher Columbus）登陆海地岛，看到人们玩弹性球以来，人们就知道了天然橡胶的存在。当时从巴西橡胶树上得到的胶乳是一种黏性的块状物，应用有限。到了 1844 年，查尔斯·固特异（Charles Goodyear）发现了一种硫化橡胶的方法并获得了专利，从此橡胶在轮胎工业中得到了广泛应用。

第一种合成聚合物是由利奥·亨德里克·贝克兰（Leo Hendrik Baekeland）于 1907 年发明的。这是一种叫作贝克莱特（Bakelite）的热固性酚醛树脂。近几十年来，随着高效催化聚合工艺的发明，聚合物的快速发展对科技做出了巨大贡献。因为通用聚合物如聚乙烯（PE）、聚丙烯（PP）、聚苯乙烯（PS）和聚氯乙烯（PVC）生产成本低，已被开发批量生产一次性包装，所以在世界各地，聚合物污染已成为一个很严重的问题。这些石油衍生的合成聚合物产品需要数百年才能完全降解成无害的土壤成分。与此同时，由于原油储备的逐渐减少，这些问题促进了聚合物原料可再生来源研究的发展。图 1-1 显示了全球聚合物发展的趋势。

尽管各国已经采取措施教育人们认识塑料对环境的影响，但这些材料仍然占据生活垃圾的最大比例。与天然有机材料相比，传统的塑料垃圾需要很长时间才能分解成无害物质。例如，一张电话充值卡需要 100 多年才能自然降解，而一个苹果核只需要 3 个月就能自然转化为有机肥料。由于生物质比传统塑料更容易降解，故用聚合物和生物材料的共混物做替代品是缓解塑料废品问题的第一步。一般来说，将大量的生物质如木质纤维素和淀粉与合成聚合物混合。这些聚合物可以被微生物部分降解。然而，在生物质被部分消耗之后，残留的聚合物骨架仍会对环境造成有害影响。

现在的研究重点是开发环境友好聚合物。这些聚合物废弃后可在环境中自然降解。为确保可持续的环境保护，生产这些聚合物的碳足迹会被监测。

可生物降解聚合物可分为两类：石油衍生的可生物降解聚合物和微生物衍生的可生物降解聚合物（图1-1）。石油衍生的可生物降解聚合物，如聚乙烯醇（PVOH），利用乙烯生产乙酸乙烯酯，用于聚乙酸乙烯酯的聚合，并进一步水解为PVOH。这种聚合物的生产成本对原油的价格波动十分敏感，而且由于生产过程会排放温室气体，所以并不环保。然而，对于微生物衍生的可生物降解聚合物而言，它是利用细菌的生物活性将植物产品（如淀粉）转化成为聚合的初始产品的。聚乳酸，即PLA，是本书的研究对象，就是利用了微生物的活性，以这种方式生产的。聚羟基烷酸酯也是细菌发酵的产物。这些聚合物使用可再生的原料，生产过程具有碳信用额。

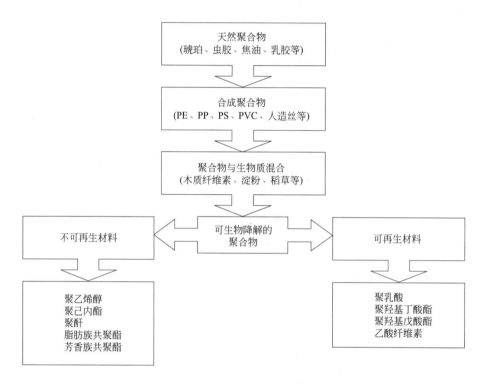

图1-1　聚合物发展趋势

市面上也有一些聚合物产品被称为生物降解塑料。这些所谓的生物降解塑料引起了环保人士的争议和辩论。氧化式可生物降解塑料实际上是用一种受控的催化剂来启动链式裂解反应攻击聚合物大分子。这种催化剂是由一系列被添加到聚合物中的活性有机过渡金属生成的。当氧化式可生物降解聚合物暴露于紫外线和自由氧的攻击下时，链式裂解反应大面积发生，最终产物为二氧化碳。在市面上，氧化式降解添加剂主要添加在聚乙烯和聚丙烯中。添加剂的量非常少（<1%），并且非常有效。然而，这些类型的"环保"塑料也引起了争议，因为它们仍然来源于石油基产品并且它们的降解仍然产生二氧化碳，这违背了碳信用产品的原则。短期内，这些塑料可能有助于减少垃圾填埋的负担。但是，使用这些氧化式可生物降解塑料也会引起其他环境问题。其中最严重的问题是塑料需要很长时间才能完全降解为二氧化碳。在早期的分解过程中，塑料碎片会造成土壤污染，并且它可能会被生活在土壤之外的

有机体意外地消耗掉。这再次表明，完全可生物降解且具有碳信用的聚合物对可持续发展的未来至关重要。

在详细讨论 PLA 之前，先检验几种可生物降解聚合物，并将其与 PLA 进行比较，以说明为什么 PLA 是目前可生物降解聚合物中最受欢迎的。PVOH 和 PLA 是生产最广泛的可生物降解聚合物，而其他可生物降解聚合物，如聚己内酯（PCL）和聚羟基丁酸酯（PHB），只是在实验室或中试工厂中少量生产。2006 年，PVOH 的世界年产量超过了 100 万吨。然而，PVOH 是一种石化型可生物降解聚合物。PVOH 的主要市场是纺织上浆剂、涂料和黏合剂。只有少量的 PVOH 在包装上应用，究其原因主要是 PVOH 具有亲水性，长时间的环境暴露会导致 PVOH 广泛吸收水分。PVOH 具有水解和部分水解的形式。这两种 PVOH 均溶于水，并且水解 PVOH 的溶解温度较高。PVOH 的主要生产商是美国的可乐丽（Kuraray），几乎占据了世界产量的 16%。中国的 PVOH 产量最高，占世界产量的 45%。

19 世纪早期，当珀卢兹（Pelouze）通过水的蒸馏过程浓缩乳酸形成低分子量 PLA 时，发现了 PLA。这是早期制备低分子量 PLA 和丙交酯的乳酸缩聚工艺。丙交酯是一种用于转化高分子量 PLA 的预聚物或中间产物。该缩聚工艺可生产少量的低纯度 PLA。近一个世纪后，杜邦（Dupont）公司的科学家华莱士·卡瑟斯（Wallace Carothers）发现，在真空中加热丙交酯可以产生 PLA。另外，对于高纯度 PLA，由于纯化成本高，这一工艺在工业规模上不可行，于是限制了其医用级产品如缝合线、植入物和药物载体的生产。雄心勃勃的嘉吉（Cargill）公司从 1987 年开始参与 PLA 生产技术的研发，并于 1992 年首次建立了一个试验工厂。1997 年末，嘉吉和陶氏（Dow）化学成立了一家名为嘉吉陶氏（Cargill Dow）聚合物有限责任公司的合资企业，进一步将 PLA 商业化。他们的努力卓有成效，推出了 Ingeo 品牌产品。作为合资企业的一部分，嘉吉努力提高 PLA 产品的硬化时间，陶氏化学则专注于 PLA 的生产（Economic Assessment Office-National Institute of Standards and Technology，2007）。一般来说，PLA 的单体乳酸可以通过细菌发酵葡萄糖得到；而葡萄糖是从植物淀粉中提取的。因此，PLA 是一种由可再生资源制成的聚合物，有可能减少我们对由石油基资源制成的传统塑料的依赖。近年来，PLA 的研究取得了巨大的进展，在全球范围内有许多发明和出版物（图 1-2 和图 1-3）。

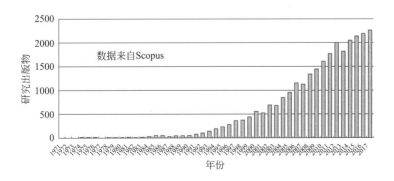

图 1-2 1971～2017 年（47 年）关于 PLA 的研究出版物

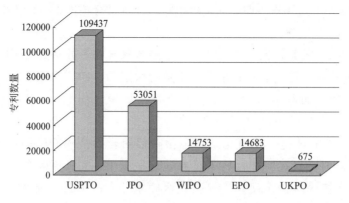

图 1-3　已发布的有关 PLA 的专利数量

EOP—欧洲专利局；JPO—日本特许厅；UKPO—英国专利局；USPTO—美国专利局；WIPO—世界知识产权组织

　　除了 PVOH 和 PLA，市面上还有一些其他可生物降解的聚合物，列于表 1-1 中。这些聚合物仅以小规模生产，主要用于生物应用，但也在发掘其商业潜力。大多数可生物降解的聚合物属于聚酯类。可生物降解聚合物可以从可再生和不可再生资源中提取（图 1-4）。有用的可生物降解聚合物不仅限于纯聚合物，还包括共聚物（不同单体的聚合），后者具有改进的生物降解性和结构性能。PCL、聚乙醇酸（PGA）和聚二噁烷酮（PDO）是缝合线、缝合针和药物载体植入物常用的可生物降解材料。一般来说，PGA 和 PDO 在生物医学应用中优于 PCL，因为 PCL 在体内需要更长的时间才能被吸收。临床研究显示，含左炔诺孕酮的 PCL 型可植入式生物降解避孕药卡普龙诺（Capronor）在使用的第一年内保持完整，两年后才被人体降解和吸收（Darney et al.，1989）。

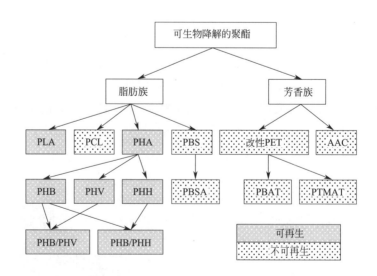

图 1-4　可生物降解的聚酯系列

AAC—脂肪族-芳香族共聚酯；PBAT—聚己二酸-对苯二甲酸丁二酯；PBS—聚丁二酸丁二醇酯；

PBSA—聚丁二酸-己二酸丁二酯；PCL—聚（ε-己内酯）；PET—聚对苯二甲酸乙二醇酯；

PHB—聚羟基丁酸酯；PHH—聚羟基己酸酯；PHV—聚羟基戊酸酯；PLA—聚乳酸；PHA—聚羟基脂肪酸酯

表 1-1　市面上一些常见的可生物降解聚合物

聚合物	化学成分	生产商及牌号	应用领域及品牌	生物降解性
PCL	$\left[CH_2-(CH_2)_5-\overset{\overset{\textstyle O}{\|}}{C}\right]_n$	德雷特（DURECT）公司：Lactel	Ethicon-Monocryl：缝合	>12 个月
		大赛璐（Daicel）化学公司：Celgreen	卡普龙诺（Capronor）：避孕植入	
		联合碳化物（Union Carbide）公司：TONE		
		索尔维（Solvay）集团：CAPA	Agrotec；Agrothane：涂层和金属保护膜	
		普拉克（Purac）：Purasorb PC 12		
聚乙醇酸或 PGA	$\left[O-CH_2-\overset{\overset{\textstyle O}{\|}}{C}\right]_n$	普拉克（Purac）：Purasorb PG 20	Dolphin；Petcryl：缝合线	>3 个月
		泰利福（Teleflex）公司	Bondek：缝合线	
		吴羽（Kureha）公司	Dexon：缝合线	
			DemeTech：缝合线	
聚羟基链烷酸酯、PHB 和 PHBV	$\left[O-\overset{\overset{\textstyle CH_3}{\|}}{CH}-CH_2-\overset{\overset{\textstyle O}{\|}}{C}\right]_n$ （PHB） $\left[O-\overset{\overset{\textstyle CH_3}{\|}}{\underset{\underset{\textstyle CH_2}{\|}}{CH}}-CH_2-\overset{\overset{\textstyle O}{\|}}{C}\right]_n$ （PHV）	麦特波利斯（Metabolix）/阿丹米（ADM）：Telles Mirel	堆肥袋	3～12 个月
			消费包装	
		宁波天安生物材料：Enmat	农业/园艺薄膜	
		Copersucar：Biocycle	乐柏美（Rubbermaid），卡福莱（Calphalon），PaperMate	
		Biomer：Biomer	BioTuf	
			EcoGen	
PDO	$\left[O-CH_2-CH_2-O-CH_2-\overset{\overset{\textstyle O}{\|}}{C}\right]_n$	强生（Ethticon）	DemeTech 缝线	<7 个月
		三洋（Samyang）	硬质丙烯酸缝合线	
			D-Tek 缝线	
			外科缝合线	
乙酸纤维素		塞拉尼斯（Celanese）	Ethicon PDS* Ⅱ 缝合线	<24 个月，取决于乙酸盐含量
			OrthoSorb 缝合针	
			卷烟过滤嘴	
		罗地亚（Rhodia）	纺织品	
			眼镜框	
			电影媒体	
			伤口敷料：ADAPTIC	
			Bioceta 牙刷	

注：PCL—聚（ε—己内酯）；PGA—聚乙醇酸；PHB—聚羟基丁酸酯；PHBV—聚羟基戊酸酯；PDO—聚二噁烷酮。

　　PHB 和聚-3-羟基丁酸-戊酸共聚物均属于聚羟基脂肪酸酯（PHA），也正在利用葡萄糖的生物发酵进行开发。麦特波利斯（Metabolix）和阿丹米（ADM）的合资企业 Telles，以品牌名 Mirel 生产 PHB。他们的 PHB 堆肥袋需要 6～12 个月的时间才能自然降解。国际文具制造商桑福德（Sanford）在其著名的 PaperMate 产品系列中使用了 PHB。PHB 在正常的使用或储存条件下，甚至在潮湿的环境中也不易降解。然而，当把一支由 PHB 制成的 PaperMate 笔埋在土壤和堆肥中时，这支笔大约在一年内就会分解。

乙酸纤维素通常用于香烟滤嘴、纺织品、眼镜架和薄膜介质。自 20 世纪初以来，乙酸纤维素一直是照相胶片工业的重要基础材料。近几十年来，乙酸纤维素的应用发生了变化。目前，研究人员已开发出一种适合于注射成型生产可生物降解塑料制品的改性乙酸纤维素。路易威登（Louis Vuitton）销售的一些太阳镜就是由乙酸纤维素制成的。这种材料有多种颜色和纹理，可以很容易地调整；但是，随着时间推移，它会变得易碎。将特制的凡士林乳液处理的乙酸纤维素针织织物用作伤口敷料，有助于保护伤口并防止敷料粘连。将乙酸纤维素长时间暴露在潮湿、高温或酸中可减少附着在纤维素上的乙酰基（CH_3CO—）。降解过程会导致乙酸释放，即所谓的"乙酸综合征"。这就是为什么当乙酸纤维素膜在湿热条件下储存时，会释放出饱和乙酸导致融化。乙酸的释放进一步破坏聚合物链并使纤维素变质。Buchanan 等（1993）报道的乙酸纤维素研究表明，乙酸纤维素 27 天内在废水处理试验中的生物降解率约为 70%，而降解率也取决于乙酸的取代度。乙酸盐的高取代度需要更长的暴露时间。

上述的大多数可生物降解聚合物属于聚酯类（见图 1-4）。这是由于含具有反应极性共价键的酯，其易发生水解反应分解。可生物降解聚酯可分为脂肪族和芳香族，每个族的成员都来自可再生和不可再生资源。PLA 和 PHA 都是来自可再生农业资源的脂肪族聚酯，而 PCL 和聚丁二酸丁二醇酯或聚丁二酸-己二酸-丁二醇酯（PBS 或 PBSA）是由不可再生原料生产的脂肪族聚酯。目前市场上的 PCL 大多应用在生物医学领域。由 Showa Denko 销售的品牌名为 Bionolle 的 PBS/PBSA，用于日本地方政府生活垃圾收集前的包装计划。一般来说，所有的芳香族聚酯都是由石油生产的。一些人认为石油基可生物降解聚合物比生物基可生物降解聚合物更可行。其原因是，生物基聚合物的制造导致了食品供应和塑料生产之间的竞争，这确实是一个问题，因为许多发展中国家的人仍然生活在食品短缺之中。但是，这一观点不应成为发展生物基聚合物的障碍，因为朝这个方向迈出的一小步就有可能使我们在减少对石化资源依赖方面取得巨大飞跃。

巴斯夫（BASF）公司以 Ecoflex 的品牌名推出了脂肪族-芳香族共聚酯（AAC）产品。这种材料被广泛用于生产可堆肥包装和薄膜。根据巴斯夫公司网站的介绍，为了满足对生物降解塑料的需求，Ecoflex 的年产量已经上升到 60000t，而生物降解塑料的需求正以每年 20% 的速度增长。同时，巴斯夫还生产聚酯和 PLA 的混合物———一种叫作 Ecovio 的产品。这种高熔体强度聚酯-PLA 可以直接在传统吹膜生产线上加工，而不需要添加助剂。此外，Ecovio 具有非凡的抗穿刺和撕裂性以及焊接性。另一家公司伊士曼（Eastman）也生产了 AAC，品牌名为 Eastar Bio。Eastar Bio 具有高度线型结构，而 Ecoflex 含有长链支化结构。2004 年末，Eastar Bio AAC 技术被出售给 Novamont 公司。Eastar Bio 在市场上有两个不同的牌号：Eastar Bio GP 主要用于挤出、涂布和注膜；Eastar Bio Ultra 主要用于吹塑薄膜。巴斯夫公司的一项研究报告（2009）表明，Ecoflex 的 AAC 具有与纤维素生物质相当的生物降解，根据 CEN EN 13432，纤维素生物质在 180 天内降解了 90%。这表明石油基可生物降解聚合物在降解方面可以和天然材料媲美。

传统的聚对苯二甲酸乙二醇酯（PET）需要数百年才能自然降解。然而，经适当改性的

PET 情况则不同，如共聚单体醚、酰胺或脂肪族单体。不规则的弱键通过水解促进生物降解。较弱的键容易进一步受到乙醚和酰胺键的酶攻击（Leaversuch，2002）。这种改性 PET 材料包括聚己二酸-对苯二甲酸丁二醇酯（PBAT）和聚己二酸-对苯二甲酸乙二醇酯。杜邦公司已将 Biomax PTT 1100 商业化，熔点为 195℃，用于高温条件。这种产品适用于热食、热饮等快餐的一次性包装。总的来说，可生物降解聚合物的发展仍处于初级阶段，预计在不久的将来还会进一步发展。

1.2　可生物降解聚合物和聚乳酸的市场潜力

塑料制造业是全球的主要产业。每年，有数十亿吨的原料和回收塑料被生产出来。图 1-5 显示，除了 2008～2009 年由于全球金融危机导致塑料产量减少外，聚合物产量逐年增加。随着世界经济的复苏，人们对塑料的需求很快得到了恢复。事实证明，全球最大的塑料生产商陶氏化学（Dow Chemical）、埃克森美孚化学（ExxonMobil Chemical）和巴斯夫的塑料销量和产量都出现了两位数的增长（Plastics Today，2010）。陶氏化学公司公布 2010 年第四季度所有地区的销售额都增长了 15%。这是由汽车行业的快速增长和全球汽车需求增长对弹性材料的需求所致。巴斯夫报告说，由于汽车和电气/电子行业的大量增长，2010 年第一季度的销售额增长了 26%。2010 年第一季度，大型化工公司埃克森美孚的销售额增长 38%，达到 63 亿美元，而其中很大一部分来自塑料业务。

图 1-5　1992～2017 年塑料行业生产的 EU28 指数（Europe Plastic，2017）

总体而言，2009 年曾有研究者预估，到 2015 年全球塑料需求量为人均 45kg（Plastics-Europe，2009）。塑料市场在现有生产商中仍然是一个共享的"大蛋糕"，而后来者也将有机会获得市场份额。根据全球管理咨询公司埃森哲（Accenture）提供的研究数据（2008），聚合物消费增长最高的领域是电气/电子行业。市场上高度复杂的电气/电子产品，如智能手机、计算机和娱乐设备都需要耐用和轻便的部件，这使得聚合物在其设计中起着至关重要的作用。包括包装、玩具、容器和文具在内的液体和固体塑料产品，仍然是聚合物消耗量最高的行业，预计每年将达到78361000t，见表1-2（Accenture，2008）。

表 1-2　世界聚合物消费量

市场部门	2006 消费量/×10³t	2016 消费量/×10³t	2006～2016 年复合增长率/%
食品	42025	71774	5.5
纺织品	32176	51630	4.8
家具	13687	22993	5.3
印刷	720	1220	4.6
塑料制品	43500	78361	6.1
金属制品	1519	2259	4.0
机械	2397	3658	4.3
电气/电子	13810	25499	6.3
其他运输	9330	16181	5.7
车辆及零件	10746	15625	3.8
其他设备	3852	6334	5.1
其他制造业	21238	33569	4.7
建筑	45886	72919	4.7
总计	240947	402022	5.3

这些数字有力地证明了，未来塑料产品的需求将进一步增长。然而，市场上大多数聚合物是石油基产品。自2008年7月油价升至每桶147美元以来，尽管目前的原油价格已恢复到可以承受的水平，但许多石油商品的价格特别是聚合物的价格已达到历史高位。如今，许多人认为，由于原油储量有限，未来10年内很可能再次上调油价。对这些自然资源的不断开发也造成了严重的全球变暖。因此，寻找替代能源和非石油产品对于可持续经济和环境至关重要。

如前所述，可生物降解聚合物可从石油和可再生资源中获得。这两种类型的可生物降解聚合物都引起了工业界的关注。石油基可生物降解聚合物有助于克服不可降解塑料废物的累积。然而，可再生的可生物降解聚合物不仅具有可生物降解性，还可以从具有环境信用的可持续资源中获得。

出于环境保护的目的，许多国家已经实施了减少或禁止使用非降解塑料的法规。例如，中国是拥有14亿人口的最大的聚合物消费国，已经限制使用塑料袋。各大超市不向顾客提供免费塑料袋。这些行为每年至少节省了3700万桶石油。在欧洲，一些法规推动了有机废物管理，以帮助减少土壤/水中的有毒气体和温室气体的排放。回收生物废料是减少垃圾填埋场产生甲烷（一种温室气体）的第一项措施。关于垃圾填埋的第1999/21/EC号令要求欧盟成员国到2016年将可生物降解垃圾的数量减少到1995年水平的35%。第二项措施是增加可堆肥有机材料的使用，使其在帮助土壤肥沃方面发挥作用。这有助于取代2008/98/EC

废物指令（废物框架指令）中强调的土壤中的碳损失。继 94/62/EC 指令对包装和包装废物提出要求后，塑料和包装废物现在应符合欧洲标准 EN13432，这些材料在上市前应声明为可堆肥（European Bioplastics，2009）。

爱尔兰是最早开征塑料袋税的国家之一。爱尔兰环境、遗产和地方政府部门在 2002 年对塑料袋收取 15 美分的费用。此举立竿见影，使人均塑料袋使用量由 328 个减少到 21 个。在这一令人鼓舞的结果之后，爱尔兰政府将税额提高到 22 美分，进一步减少了塑料袋的使用（IDEHLG-Ireland Department of the Environment，Heritage and Local Government，2007）。尽管可生物降解塑料袋的降解速度比标准塑料袋快，但爱尔兰政府在其法律中并未区分这两种塑料袋。然而，商店里出售的可重复使用的塑料袋免征税款，条件是售价不得低于 70 美分。

由于在现代生活中塑料袋的使用不可以完全避免，因此推荐使用可堆肥材料生产可重复使用的塑料袋，这样废弃物的处置就不会对环境造成负担。随着人们使用可堆肥包装的意识的增强，许多公司试图使他们的产品看起来至少有这样的包装。因此，市场上出现了各种类型的"生态包装"。这种生态塑料制品需要经过一系列的试验，以验证其生物降解性和堆肥性。在欧盟国家，可堆肥包装必须符合 EN 13432 的要求，而其他国家也有自己的标准，达到标准后才能允许使用可堆肥标识（表 1-3）。由于 PLA 的可生物降解性，作为包装材料的应用最初主要集中在高价值的食品和饮料容器以及杯子、硬质热塑性泡沫、高成本薄膜等市场上。尽管 PLA 是一种可生物降解的聚合物材料，可以在包装应用中替代不可生物降解的聚合物，但由于其生产成本较高，故作为包装材料的应用仍然非常有限（Auras et al.，2004）。

表 1-3　各个国家的可堆肥塑料认证

认证机构	参考标准	标志
澳大利亚生物塑料协会（澳大利亚） www.bioplastics.org.au	EN 13432：2000	
有机物回收协会（英国） www.organics-recycling.org.uk	EN 13432：2000	
波兰包装研发中心（波兰） www.cobro.org.pl	EN 13432：2000	
DIN Certco（德国） http：//www.dincertco.de	EN 13432：2000	
库尔默克研究所（荷兰） www.keurmerk.nl	EN 13432：2000	
Vincotte（比利时） www.okcompost.be	EN 13432：2000	OK compost　VINÇOTTE

续表

认证机构	参考标准	标志
贾特拉泰托协会(芬兰) www. jly. fi	EN 13432：2000	
Certiquality/ CIC(意大利) www. compostabile. com	EN 13432：2000	
可生物降解产品研究所(美国) www. bpiworld. org	ASTM D 6400-04	
魁北克标准化局(加拿大) www. bnq. qc. ca	BNQ 9011-911/2007	
日本生物塑料协会(日本) www. jbpaweb. net	Green Plastic Certification System	
可生物降解产品研究所(北美洲) www. bpiworld. org	ASTM D6400 或 ASTMD6868	

　　在过去的几十年里，可生物降解聚合物的产量有了巨大的增长。Shen 等（2009）针对生物基塑料的产品和市场进行了综述（PRO-BIP 2009），2007 年全球的生物基塑料产量为36 万吨，这只占全球塑料总产量的 0.3％。然而，生物基塑料的产量增长迅速，2003～2007年期间年增长率为 38％（Shen et al.，2009）。Shen 等（2009）预测到 2020 年生物基塑料产量将增加到 345 万吨，主要由淀粉塑料（130 万吨）、PLA（80 万吨）、生物基聚乙烯（60 万吨）和 PHA（40 万吨）组成。生物基聚乙烯是以乙烯为原料，利用糖发酵过程产生的生物乙醇脱水制备的。美国、欧洲、日本等国家已经启动了大量的生物基项目，并将生产转移到世界其他地区。

　　根据欧洲生物塑料（European Bioplastic，2017）提供的信息，图 1-6 总结了 2015～2021 年不同类型可生物降解和生物基聚合物的产量和预测。纤维素基聚合物在全球可生物降解聚合物中所占比例最大。纤维素聚合物主要用于纺织、床上用品、垫子、过滤膜等纤维的制造。这些纤维素大部分来自棉花，经过化学处理或改性以适合最终用途。淀粉基聚合物涉及淀粉聚合物混合物和热塑性淀粉。Novamont、Plantic DuPont 和 Cereplast 等公司将淀粉与其他合成聚合物混合，以改善淀粉的加工性能和力学性能。通常情况下，为确保得到的混合物是完全可生物降解的，淀粉与可生物降解聚合物（如 PCL、PLA 或 PHB）的混合更合适。一些淀粉基聚合物生产商还将淀粉与聚烯烃混合，这些淀粉-聚合物混合物可部分降解淀粉从而引发降解。然而，残留的聚合物骨架仍然会对环境产生有害影响。

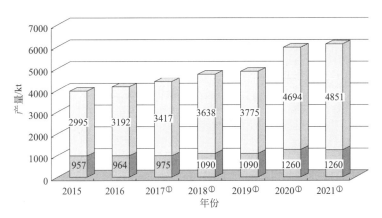

图 1-6　2015～2021 年可生物降解聚合物的产量和预测（European Bioplastic，2017）

① 原著出版时预测值。

　　PLA、PHA 和其他可生物降解聚合物在 2009 年占全球产量的 14%（图 1-7）。PLA 是生产最广泛的可再生生物降解聚合物。目前，大多数可再生可生物降解聚合物仍处于开发阶段。由于量产技术成熟，PLA 在市场上占有很大的份额。技术专家也更喜欢 PLA，因为它具有可再生原料的碳信用额。著名生产商，特别是 NatureWorks 建立了下游加工和市场，也促进

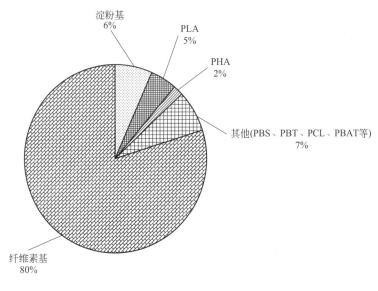

图 1-7　2009 年全球可再生生物降解塑料的产量

了 PLA 在一系列国家的生产扩张。预计 PLA 的产量可能会超过其他可生物降解聚合物的总和，如 PBS、PBT、PCL 和 PBAT（图 1-8）。未来的大规模生产和市场竞争也将有助于开发经济上可行的技术，以提供更便宜的产品。投资者可能倾向于大批量生产 PLA，因为 PLA 盈利能力已知，且长期来源于低成本的农业原料。此外，淀粉基和其他生物塑料的发展也将增加对 PLA 的需求。这是因为完全可生物降解的淀粉与 PLA 混合有助于改善淀粉自身结构较弱的性质。同样，巴斯夫的 AAC Ecovio 是与 PLA 混合使用的具备更好的加工性能与灵活性的终端产品。

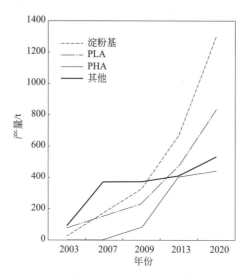

图 1-8　2003～2020 年全球可再生可生物降解聚合物的产量

　　图 1-9 显示了 2009 年可生物降解塑料和传统商品塑料的平均价格。PLA 的价格在可生物降解聚合物中是最低的。最接近 PLA 的可生物降解聚合物是 PVOH，它是由来源于石油的聚乙酸乙烯酯水解而成。由于各自的特点，PLA 和 PVOH 在可生物降解聚合物行业中不

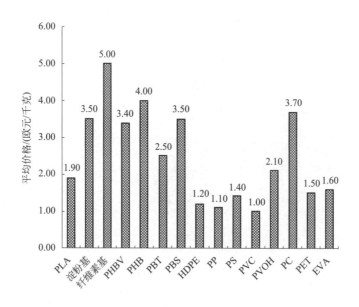

图 1-9　2009 年不同聚合物的平均价格

太可能直接竞争。PVOH 具有亲水性，可用作上浆剂、黏合剂和纸张涂料。只有少量的 PVOH 用于制造食品包装膜。PVOH 在 90℃ 时可溶于水。相反，PLA 是疏水性的，并且具有替代一些现有聚烯烃聚合物的潜力。与 PLA 相比，淀粉基塑料的价格更高；这是由于淀粉的技术工艺非常复杂。淀粉需要与其他聚合物如 PP 或 PLA 等共混，导致淀粉与 PP 或 PLA 熔融共混成本提高，加工难度增加。虽然纤维素是最常用的可生物降解塑料，但由于用途特殊，其价格仍然较高。纤维素的注塑能力也很有限。纤维素的额外处理和改性对注射成型的加工性能至关重要。

从图 1-9 中的直接比较来看，PLA 是最接近商业化聚合物聚乙烯（PE）、PP、聚苯乙烯（PS）、PET 和乙烯-乙酸乙烯酯（EVA）的竞争对手。同时，PLA 的价格远低于 PC，PLA 替代 PC 的潜力很大，特别是在电子/电器外壳的制造方面。富士通（Fujitsu）推出了一款由 PC 和 PLA 制造的笔记本电脑外壳。与传统的 PC-ABS 外壳相比，PC-PLA 笔记本电脑外壳降低了 14.8% 的碳排放。总的来说，PLA 树脂与商品塑料相比，价格相对较高。然而，在不久的将来，生产效率的提高和市场竞争有可能提供更好的价格。

虽然 PLA 是在 19 世纪初首次合成的，但 PLA 的发展经历了很长时间才达到生产的可行性。在商业化的早期阶段，由于合成成本很高且不是批量生产的，PLA 仅限于应用在生物医学设备中。为了获得高分子量 PLA，需要关键工艺控制直接缩聚。20 世纪 90 年代，PLA 的市场开始扩大，嘉吉公司于 1992 年建立了第一个中试工厂，采用丙交酯单体间接聚合的方法提高 PLA 的产量。1997 年，嘉吉和陶氏化学合资成立了 Cargill Dow 公司，以品牌名 Ingeo 推出了最初的商业产品。2002 年在美国布莱尔（Blair）建了一座工厂，耗资 3 亿美元。后来，在 2007 年，陶氏化学将其持有的 50% 的 NatureWorks 股份出售给了日本帝人（Teijin）公司。帝人一直致力于开发绿色塑料技术，以扩大现有的聚合物树脂的范围。在经济衰退期间，帝人进行了重组，将其 50% 的所有权转让给嘉吉（Teijin Limited，2009；NatureWorks，2009a）。帝人现在正致力于开发他们的 PLA 产品 BIOFRONT——一种可替代 PET 的耐热型的 PLA 塑料。BIOFRONT 的熔融温度比现有的聚 L-乳酸提高了 40℃。帝人的 BIOFRONT 是与马自达（Mazda）合作生产的，目的是开发一种由 100% 生物纤维制成的汽车座椅面料（Teijin，2007）。帝人与松下电器（Panasonic Electric Works）合作开发一种 PLA 化合物 MBA900H，其具有优异的可塑性。自帝人公司退出以后，NatureWorks 成为嘉吉公司的全资子公司。在 2009 年 3 月的一则公司新闻稿中，NatureWorks 宣布公司正在评估生产 Ingeo 的新工厂计划（NatureWorks，2009 b）。美国、欧洲和亚洲的零售商的几百个知名品牌都在使用 Ingeo（表 1-4）。

表 1-4　聚乳酸产品应用实例

公司	应用领域	市场产品	
CL Chemical Fibers	纺粘织物	医疗应用,购物袋和风景画纺织品	
Dyne-A-Pak	肉类泡沫盘	Dyne-A-Pak 天然托盘	

续表

公司	应用领域	市场产品	
Bodin（法国）	泡沫托盘	肉，鱼和奶酪托盘	
CDS srl	食品容器	刀叉勺	
Cargo Cosmetics	外壳	化妆品外壳	
DS Technical Nonwoven	展会级地毯	生态冲压地毯	
Sant'Anna，Swangold，Cool Change，Good Water，Primo Water	瓶子	果汁和纯净水瓶	
Natures Organics	PLA 瓶子	澳大利亚洗发水瓶	
Naturally Iowa	EarthFirst 收缩套标签	Yogurt 7.0 酸奶瓶	
Priori	化妆品包装	CoffeeBerry 品牌化妆品包装	
Frito-Lay	包装袋	SunChips 品牌薯条包装	
InnoWare Plastics	深扣式托盘和盖子	八角型可视生态包装	
Ahlastrom	无纺布	茶包	

续表

公司	应用领域	市场产品	
意大利电信和 MID 产品设计工作室（Telecom Italia and MID product design studio）	电信外壳	无绳电话	
比利时家乐福	薄膜	托盘的透明薄膜包装	
Kik & Boo	纤维	填充 PLA 纤维的毛绒玩具	
Stilolinea	文具	笔	
美国 DDCLAB	布料	Slimfit 的普通衬衫和长裤	
Pacific Coast Feather Company	纤维填充	床罩，枕头	
Method	纤维布	清扫器抹布	
Valor Brands	纤维	纸尿裤：Natural Choice 品牌	
Kimberly-Clark	纤维	Huggies Pure & Natural 纸尿裤	
富士通（Fujitsu）	电脑外壳	FMV-BIBLO 笔记本	

续表

公司	应用领域	市场产品	
丰田（Toyota）	汽车行业	丰田 Eco-Plastic：备用轮胎套和地板垫	
Bioserie	电子产品套	iPhone 保护套	

科碧恩［Corbion，原名普拉克（Purac）］，目前是世界最大的乳酸生产商，在泰国经营着一家乳酸工厂，2016 年的年产量为 12 万吨。整个工厂计划在未来将年产能提高到 20.5 万吨。目前，科碧恩在荷兰、西班牙、巴西和美国的工厂为全球供应超过 60% 的乳酸。Corbion-Purac 生产的 PLA 和 PLA 共聚物已用于如缝合线、缝合针、医用钉和组织支架材料等生物医学方面。随着 PLA 市场的成熟，普拉克为进一步拓展业务，决定将其生产的乳酸用于 PLA 的生产。由于生产的乳酸量够大，科碧恩有条件将乳酸转化为 L-丙交酯和 D-丙交酯，品牌为 PURALACT。科碧恩在泰国的丙交酯工厂投资了 4500 万欧元生产了 7.5 万吨 PLA。

荷兰的普拉克和瑞士的苏尔寿化工（Sulzer Chemtech）公司已联手生产 PLA 泡沫材料。Synbra 是荷兰埃顿-吕尔（Etten-Leur）的一家公司，致力于为普拉克-苏尔寿（Purac-Sulzer）公司解决 PLA 泡沫技术，扩大其产品范围，包括一种绿色聚合物泡沫 BioFoam（图 1-10）。Synbra 从事 StyroFoam 制造业务已有 70 多年历史。Synbra 的可发泡型 PLA 利用的是普拉克在西班牙的丙交酯工厂生产的丙交酯。普拉克在西班牙的工厂一旦全面投产，将拥有每年 1×10^7 lb（1lb＝0.45kg）的产能。2010 年 9 月，普拉克与阿科玛（Arkema）合作，利用普拉克的丙交酯开发出含有 PLA 链段的高纯度功能性嵌段共聚物。这一开发的结果是改进了目前的丙交酯聚合工艺，使其不含金属残留物，从而确保医疗消费品的包装安全。此外，普拉克还与一家日本薄膜、纤维和生物技术公司东洋纺（Toyobo）合作，以 Vyloecol 为品牌，为欧洲市场生产了一种无定形和可生物降解的 PLA 产品。普拉克-东洋纺（Purac-Toyobo）与普拉克-苏尔寿使用的生产技术不同，其开发的 Vyloecol 是一种获得专利的无定形 PLA，用于包装薄膜和包装材料的涂层或黏合剂。

普拉克还与银河（Galactic）和道达尔石油化工（Total Petrochemicals）公司一起积极参与欧盟的 PLA 生产。他们于 2007 年 9 月成立了一家对半持股的合资企业 Futerro 开发 PLA 技术。初期项目是建设一个 1500 万吨 PLA 产能的示范工厂，这个试点单位耗资 1500 万美元。银河生产基地位于比利时埃斯卡纳夫勒（Escanaffles）。丙交酯单体是从甜菜中发酵提取的。另一家合资企业 Pyramid Bioplastics Guben GmbH 也在德国东部古本（Guben）建造和经营一家生产 PLA 的工厂。该公司是由瑞士祖格（Zug）的金字塔技术有限公司（Pyramid Technologies Ltd.）和德国古本生物塑料有限公司合资。当时预计到 2012 年，第一个工厂的年产能达到 6 万吨。一家中试工厂生产商 Hycail 在 2006 年出售给曾生产过少量

(a)

(b)

图 1-10　苏尔寿在瑞士的 23kg/h 中试工厂，使用了普拉克（Purac）的新型丙交酯单体（a）和
从 2011 年开始在泰国运营的普拉克的 75000t/a 的丙交酯单体工厂（b）

PLA 的泰莱（Tate ＆ Lyle）；但是，该工厂在两年后关闭了。

在亚洲，已经成立了许多公司来探索 PLA 技术。日本是第一个参与 PLA 研发的国家。随着 PLA 的市场增长，中国也紧随其后。尽管日本比其他亚洲国家更早涉足 PLA 技术，但由于生产成本高、缺乏原材料以及市场不成熟和无法接受这种优质塑料较高的价格，一些雄心勃勃的大公司只得停产。Shizmadu 最初运营了一个试验工厂，生产少量商业化的 PLA，但是，现在工厂也已经停止生产，技术被出售给丰田汽车公司。丰田将其产量提高到1000t/a，主要用于汽车应用。2008 年，这家工厂被卖给了帝人，现在帝人正在对 BIO-FRONT 产品进行扩产。2008 年，该公司计划在 2011 年将 BIOFRONT 的产能提高到5000t/a。尤尼吉可（Unitika）有限公司是一家拥有 120 年历史的纺织公司，以 Teramac 品牌名销售 PLA 产品。Teramac 树脂可以使用多种塑料加工技术成型，包括注射、挤出、吹塑、发泡成型和乳液聚合。韩国东丽（Toray）公司已经启动了 Ecodear PLA 薄膜和片材的全面商业化。Ecodear 具有与石油基塑料薄膜相当的耐热性、耐冲击性、柔韧性和高透明性。

自 2007 年以来，中国发布了许多项目；但是，不少项目缺乏进一步的发展（Jem et al.，2010）。浙江海正生物材料有限公司是中国第一家规模化生产 PLA 的企业，年产量5000t。当时其他公司的工厂规模较小：上海同杰良生物材料有限公司拥有年产 300t PLA 的试点工厂，南通九鼎生物工程有限公司拥有年产 1000t PLA 的大点工厂。2009 年底，南通九鼎生物工程有限公司获得中国国家发展和改革委员会 140 万美元经费，用于扩建其 PLA

项目（CCM International，2010）。扩建项目，总投资 1900 万美元，年产量达到 2 万 t。医疗设备和用品制造商河南飘安集团购买了日本日立（Hitachi）工业设备技术有限公司的 PLA 专利技术。河南飘安集团预计每年生产 10000t PLA。由于中国可生物降解聚合物市场尚处于起步阶段，缺乏环保用可生物降解聚合物的地方性法规，因此中国生产的 PLA 大部分是出口产品，而不是内销产品。

全世界 PLA 树脂生产商名单见表 1-5。

表 1-5　聚乳酸树脂主要生产商

生产商	生产能力/(t/a)	所在位置
NatureWorks	150000	美国内布拉斯加州
道达尔科碧恩(Total Corbion)	75000	泰国罗勇
银河-Futerro(Galactic-Futerro)	1500	比利时
浙江海正生物材料	5000	中国浙江
尤尼吉可-Terramac(Unitika-Terramac)	5000	日本
Tyssenkrupp-UIF Polycondensation Technologies	500	德国古本

1.3　聚乳酸的一般性质及应用

1.3.1　家用聚乳酸

NatureWorks 是全球最大的 PLA 生产商。其产品范围包括注塑、挤出、吹塑、热成型、薄膜和纤维应用。NatureWorks 的 PLA 树脂 Ingeo，以每年 140000t 的速度在美国内布拉斯加州的工厂生产出来。该公司在全球有 19 个销售点，进行销售和推广他们的产品。NatureWorks 已经启动了一个联合品牌合作计划，以更好地定位 Ingeo 的市场。目前，有 900 多家公司参与了这一合作计划，成功地强化了 Ingeo 的全球品牌地位。

表 1-6～表 1-8 总结了 Ingeo 的特性。与聚乙烯、聚丙烯等商品塑料一样，Ingeo 的选择是根据加工工艺和产品的最终用途决定的。据 NatureWorks 首席技术官帕特里克·格鲁伯（Patrick Gruber）及其同事（Drumright et al.，2000）介绍，PLA 的各种牌号是根据化学立构纯度、分子量和添加剂数量的原则制定的。控制 PLA 的化学立构组成对熔点、结晶速率以及最终结晶程度有显著影响（Drumright et al.，2000）。纯 L 或 D 化学立构的 PLA 熔点为 180℃，玻璃化转变温度为 60℃（Nijenhuis et al，1991）。D-丙交酯或内消旋丙交酯共聚影响化学立构纯度。在聚 L-乳酸（PLLA）中加入 15% 的内消旋丙交酯或 D-丙交酯后，PLA 的结晶度被完全破坏。L 和 D 化学立构体的共聚导致生成的聚合物是无定形结构。然而，为了避免用在热食包装器皿的 PLA 发生热变形，所得聚合物的熔点越高越好。普拉克声称，通过在共聚过程中控制丙交酯的立体复合物和立体嵌段，可将熔融温度有效地提高到 230℃，几乎与聚苯乙烯一样好（聚苯乙烯的熔点约为 240℃）。尽管如此，所得聚合物的流变性能与加工工艺相适应是非常重要的。PLA 是典型的脂肪族

聚酯，强度相对较差，并缺乏剪切敏感性。在 PLA 中引入支链可以使聚合物分子链变长，缠结度变好，从而提高吹膜时的熔体强度（Henton et al.，2005）。然而，制造商很少披露此类改性的细节。在第 2 章聚乳酸的合成和生产中，将进一步讨论 PLA 流变性能的研究工作细节。

表 1-6 用于热成型和注射成型的 NatureWorks 聚乳酸牌号

项目	2003D	3001D	3051D	3251D	3801X
密度/(g/cm³)	1.24[①]	1.24[①]	1.25[①]	1.24[①]	1.33[①]
熔体流动速率/(g/10min)	5～7[②]	10～30[③]	10～25[②]	70～85[②]	8[③]
拉伸强度/MPa	53[④]	—	—	—	—
屈服强度/MPa	60[④]	48[⑥]	48[⑥]	48[⑥]	25.9[⑥]
拉伸模量/MPa	3500[④]	—	—	—	2980[④]
断裂伸长率/%	6[④]	2.5[⑥]	2.5[⑥]	2.5[⑥]	8.1[⑥]
悬臂梁缺口冲击强度/(J/m)	12.81[⑤]	0.16[⑤]	0.16[⑥]	0.16[⑥]	144[⑤]
弯曲强度/MPa	—	83[⑦]	83[⑦]	83[⑦]	44[⑦]
弯曲模量/MPa	—	3828[⑦]	3828[⑦]	—	2850[⑦]
结晶温度/℃	—	—	150～165[⑧]	—	160～170[⑧]
玻璃化转变温度/℃	—	—	55～65[⑨]	—	45[⑨]
应用领域	用于食品包装、乳制品容器、食品容器、透明容器、铰链器皿和冷饮杯的热成型生产的一般挤出成型	专为热变形温度＜55℃的透明餐具、杯子、盘子等的注射成型应用而设计	专为要求透明和热变形温度＜55℃的注射成型应用而设计	专为具有更高熔体流动能力的注射应用而设计。要求高光泽度、抗紫外线性和高硬度	专为高温和高冲击力应用的注射成型而设计。结晶更快，循环时间更短。无需与食物接触，可在热变形温度65～140℃下使用

①ASTM D792；②ASTM D1238（210℃/2.16kg）；③ASTM D1238（190℃/2.16kg）；④ASTM D882；⑤ASTM D256；⑥ASTM D638；⑦ASTM D790；⑧ASTM D3418；⑨ASTM D3417。

资料来源：NatureWorks。

表 1-7 适用于薄膜级和瓶级的 NatureWorks 聚乳酸牌号

项目		4043D	4060D	7001D	7032D
密度/(g/cm³)		1.24[④]	1.24[④]	1.24[①]	1.24[①]
熔体流动速率/(g/10min)		—	—	5～15[②]	5～15[②]
拉伸强度/kp-si[⑩]	MD	16[③]	—	—	—
	TD	21[③]	—	—	—
拉伸模量/kp-si[⑩]	MD	480[③]	—	—	—
	TD	560[③]	—	—	—
断裂伸长率/%	MD	160[③]	—	—	—
	TD	100[③]	—	—	—
埃尔门多夫撕裂强度/(g/25μm)	MD	15[⑤]	—	—	—
	TD	13[⑤]	—	—	—

续表

项目		4043D	4060D	7001D	7032D
渗透率⑬	氧气/[cm³·25μm/(m²·24h·atm)]	550⑥	550⑥	550⑥	550⑥
	二氧化碳/[cm³·25μm/(m²·24h·atm)]	3000⑥	330⑥	3000⑥	3000⑥
	水蒸气/[g·25μm/(m²·24h·atm)]	325⑦	325⑦	325⑦	325⑦
光学特性	雾度/%	2.1⑧	2⑧	—	—
	光泽度(20°)	90⑧	90⑧	—	—
热特性/℃	熔点	135⑧	—	145~155⑨	160⑨
	玻璃化转变温度	—	52~58⑨	52~58⑨	55~60⑩
	密封起始温度	—	80⑪	—	—
应用领域		专为双轴取向薄膜应用而设计。出色的光学效果,扭曲和死角。隔绝气味、油脂,卓越的耐油性	专为共挤出取向膜的热封层而设计。优异的热封性和热粘性	专为注射拉伸吹塑瓶而设计。用于新鲜乳制品、食用油、淡水和液体卫生用品	专为注射拉伸吹塑瓶而设计。适用于需要热定型的应用,包括果汁、运动饮料、果酱和果冻

①ASTM D792；②ASTM D1238（210℃/2.16kg）；③ASTM D882；④ASTM D1505；⑤ASTM D1992；⑥ASTM D1434；⑦ASTM E96；⑧ASTM D1003；⑨ASTM D3418；⑩ASTM D3417；⑪ASTM F88；⑫1kpsi=6.895MPa；⑬1atm=0.1013MPa。

资料来源：NatureWorks。

表 1-8　适用于纤维的 NatureWorks 聚乳酸牌号

项目	5051X	6060D	6201D	6202D	6204D	6251D	6302D	6550D	6400D	6751D
密度/(g/cm³)	1.24①	1.24①	1.24①	1.24①	1.24①	1.24①	1.24①	1.24①	1.24①	1.24①
熔体流动速率/(g/10min)	—	10②	15~30②	15~30②	15~30②	70~85②	20②	65②	4~8②	15②
结晶温度/℃	145~155③	125~135③	160~170③	160~170③	160~170③	160~170③	125~135③	146~160③	160~170③	150~160③
玻璃化转变温度/℃	55~65④	55~60④	55~60④	55~60④	55~65④	55~60④	55~60④	55~60④	55~60④	55~60④
单丝纤度	>1.5	>4	>0.5	>0.5	>0.5	1~2	>4	—	10~20	>1.5
韧性/(g/d)	2.5~4.0⑤	3.5⑤	2.5~5.0⑤	2.5~5.0⑤	2.5~5.0⑤	—	3.5⑤	—	2.0~2.4⑤	2.5~4.0⑤
伸长率/%	10~70⑤	50⑤	10~70⑤	10~70⑤	10~70⑤	—	50⑤	—	10~70⑤	10~70⑤
模量/(g/d)	20~40⑤	—	30~40⑤	30~40⑤	30~40⑤	—	—	—	—	20~40⑤
热风收缩/%	<8⑥	—	5~15⑥	<8⑦	5~15⑦	—	—	—	—	8
应用领域	水刺无纺布湿巾	100%连续长丝机织,针织服装,紧密的短纤混纺面料,包括与棉、羊毛或其他纤维的混纺,用于家居装饰和土木工程	皮芯结构的低熔点黏合剂聚合物。适用于热黏合非织造布	纤维填料,非织造布,农用机织,家用物品	100%连续长丝机织和针织服装,紧密的短纤混纺面料,包括与棉、羊毛或其他纤维的混纺,用于家居装饰和土木工程	适用于湿巾、土工布、医院服装、吸收垫衬里和个人卫生用品,农业/园艺产品	皮芯结构的低熔点黏合剂。适用于热黏合非织造布	专为使用常规双组分PET纺粘设备挤出纺粘非织造布而设计,其中长丝速度>4000m/min	适用于散装连续长丝,簇绒地毯圈/切绒,宽幅地毯和地毯垫	适用于无纺布(水刺抹布)和多股细绳

①ASTM D792；②ASTM D1238（210℃/2.16kg）；③ASTM D3417；④ASTM D2256；⑤ASTM D3418；⑥ASTM D2102,120℃,10min；⑦ASTM D2102,130℃,10min。

资料来源：Natureworks。

尤尼吉可有限公司和 FKuR 塑料有限公司分别以 BioFlex 和 Terramac 的品牌名销售其基于 NatureWorks 公司 Ingeo 的产品。虽然两家制造商都强调他们的产品基于 Ingeo，但产品中都加入了一些改性剂或添加剂，以改善 PLA 的原始性能。从表 1-9～表 1-11 可以看出，Terramac 系列的热变形温度高于 Ingeo 系列。较高的热变形温度对某些产品来说至关重要，特别是热食和热饮的食品包装。转换分析单位后，Bio-Flex（表 1-12）也具有与 Ingeo 不同的特性。其他制造商对 PLA 的改进被认为是使 PLA 满足广泛市场需求的积极举措。尤尼吉可 Terramac 系列产品中还包括 PLA 的泡沫和乳液。PLA 泡沫的目标是取代 Stryrofoam，同时减少环境污染。乳液级 PLA 适合做涂层剂。同样，丰田生产的以 Vyloecol 为品牌名的 PLA 主要用作通用涂层剂（表 1-13）。

表 1-9　注塑级尤尼吉可-Terramac（Unitika-Terramac）聚乳酸

项目	ISO	基本级 TE-2000	高冲击等级 TE-1030	高冲击等级 TE-1070	耐热等级 TE-7000	耐热等级 TE-7307	耐热等级 TE-7300	高耐久性等级 TE-8210	高耐久性等级 TE-8300
密度/(g/cm³)	1183	1.25	1.24	1.24	1.27	1.42	1.47	1.42	1.47
熔点/℃	—	170	170	170	170	170	170	170	170
断裂强度/MPa	527	63	51	34	70	54	54	50	56
断裂伸长率/%	527	4	170	＞200	2	2	1	2	1
弯曲强度/MPa	178	106	77	50	110	85	98	90	104
弯曲模量/GPa	178	4.3	2.6	1.4	4.6	7.5	9.5	6.8	9.3
简支梁缺口冲击强度/(kJ/m²)	179	1.6	2.3	5.6	2.0	2.5	2.4	4.0	2.8
在 0.45MPa 载荷下的挠曲温度/℃	75	58	51	54	11	120	140	120	140
成型收缩率/%	—	0.3～0.5	0.3～0.5	0.3～0.5	1.0～1.2	1.0～1.2	1.0～1.2	1.0～1.2	1.0～1.2

表 1-10　用于挤出，吹塑和泡沫片材的 Unitika-Terramac 聚乳酸牌号

项目	ISO	基本级 TP-4000	软 TP-4030	泡沫 HV-6250H
密度/(g/cm³)	1183	1.25	1.24	1.27
熔点/℃	—	170	170	170
断裂强度/MPa	527	66	50	69
断裂伸长率/%	527	5	44	2
弯曲强度/MPa	178	108	71	111
弯曲模量/GPa	178	4.6	2.4	4.7
简支梁缺口冲击强度/(kJ/m²)	179	1.6	2.6	1.9
在 0.45MPa 载荷下的挠曲温度/℃	75	59	52	120
成型收缩率/%	—	3～5	3～5	1～3

表 1-11　Unitika-Terramac 聚乳酸乳液牌号

项目	标准型 LAE-013N
固含量(质量分数)/%	50～55
pH	3.5～5.5
粒径/μm	＜1
黏度/(mPa·s)	300～500
最低成膜温度/℃	60～70

表1-12　FKuR Kunststoff GmbH 聚乳酸牌号

项目	测试方法	Bio-Flex A 4100 CK	Bio-Flex F 1110	Bio-Flex F 1130	Bio-Flex F 2110	测试方法	Bio-Flex F 6510	Bio-Flex S 5630	Bio-Flex S 6540
拉伸模量/MPa	ISO 527	1840	230	390	730	ISO 527	2.600	2160	2800
拉伸强度/MPa	ISO 527	44	16	17	20	ISO 527	47	32	31
拉伸应变/%	ISO 527	5	>300	>300	>300	ISO 527	4	6	5
断裂应力/MPa	ISO 527	22	未断裂	未断裂	未断裂	ISO 527	23	29	28
断裂应变/%	ISO 527	12	未断裂	未断裂	未断裂	ISO 527	19	9	7
弯曲模量/MPa	ISO 178	1770	215	370	680	ISO 178	2.650	2400	2890
断裂挠曲/%	ISO 178	未断裂	未断裂	未断裂	未断裂	ISO 178	未断裂	未断裂	6
在3.5%的弯曲应力/MPa	ISO 178	48	6	9	17	ISO 178	64	46	50
室温下简支梁缺口冲击强度/(kJ/m²)	ISO 179-1/1eA	3	未断裂	未断裂	83	ISO 179-1/1eA	7	3	3
室温下简支梁冲击强度/(kJ/m²)	ISO 179-1/1eU	44	未断裂	未断裂	未断裂	ISO 179-1/1eU	未断裂	51	36
密度/(g/cm³)	ISO 1183	1.24	1.28	1.40	1.27	ISO 1183	1.30	1.55	1.62
熔体温度/℃	ISO 3146-C	>155	>155	>155	145~160	ISO 3146-C	150~170	140~160	110~150
维卡软化温度/℃	ISO 360	44	68	89	78	ISO 360	60	105	105
热变形温度(HDT B)/℃	ISO 75	40	N/A不适用	N/A	N/A	ISO 75	N/A	68	N/A
熔体流动速率(190℃/2.16g)/(g/10min)	ISO 1133	10~12	2~4	2~4	3~5	ISO 1133	2.5~4.5	10~12	8~10
水蒸气透过率/(g/m²·d)	ISO 15 106-3	170	—	70	130	ISO 15 106-3	130	—	
氧气透过率[cm³/(m²·d·bar)]①	ISO 15 105-2	130	—	850	1450	ISO 15 105-2	1.060	—	
氮气透过率(25μm膜)[cm³/(m²·d·bar)]	DIN 53380-2	65	—	160	230	DIN 53380-2	150	—	
应用领域		薄膜挤出	薄膜挤出	薄膜挤出	薄膜挤出		薄膜挤出	热成型和注射成型	注射成型

① 1bar=0.1MPa。

表 1-13　海正（Hisun）生物材料聚乳酸牌号

项目	测试方法	REVODE201	REVODE101
密度/（g/cm³）	GB/T 1033—1986	1.25±0.05	1.25±0.05
熔体流动速率(190℃/2.16kg)/（g/10min）	GB/T 3682—2000	10～30	2～10
熔点/℃	GB/T 19466.3—2004	137～155	140～155
玻璃化转变温度/℃	GB/T 19466.2—2004	57～60	57～60
拉伸强度/MPa	GB/T1040—1992	45	50
断裂伸长率/%	GB/T 1040—1992	3.0	3.0
悬臂梁冲击强度/（kJ/m²）	GB/T 1040—1992	1～3	1～3
应用领域		专为餐具、玩具、盘子、杯子等的注射成型而设计	可以使用常规挤出设备轻松进行加工，生产厚度在 0.2～10mm 之间的板材以进行热成型。适用于乳制品容器，食品服务用具，透明食品容器和冷饮杯

除了转化和改进 Ingeo 外，浙江海正生物材料有限公司还在其位于中国的工厂生产了另外两个等级：REVOD201 和 REVODE101（表 1-14），分别用于注塑和挤压板材热成型应用。银河和道达尔石化合资公司引进了三个牌号的 Futerro 聚乳酸，用于热成型、纤维和注塑应用（表 1-15）。其他制造商，如三井（Mitsui）、帝人、普拉克、东丽和一些中国制造商，未提供有关其产品等级的数据。这可能是由于制造商的技术仍处于试验阶段，因此他们尚未在市场大规模生产之前提供详细的产品规格。

表 1-14　Futerro 聚乳酸牌号

项目	测试方法	Futerro 聚乳酸——挤出级	Futerro 聚乳酸——纤维熔体纺丝级	Futerro 聚乳酸——注射级
密度（25℃）/（g/cm³）	ISO 1183	1.24	1.24	1.24
熔体流动速率（190℃/2.16kg）/（g/10min）	ISO 1133	2～4	10～15	10～30
雾度（2mm）/%	ISO 14782	<5	<5	<5
玻璃化转变温度/℃	ISO 11357	52～60	52～60	52～60
结晶温度/℃	ISO 11357	145～175	145～175	145～175
拉伸强度/MPa	ISO 527	55	55	55
屈服强度/MPa	ISO 527	60	60	60
拉伸模量/MPa	ISO 527	3500	3500	3500
断裂伸长率/%	ISO 527	6.0	6.0	6.0
悬臂梁缺口冲击强度/（kJ/m²）	ISO 180	3.5	3.5	3.5
弯曲强度/MPa	ISO 178	90	90	90
应用领域		专为挤出和热成型应用而设计	专为挤出成机械拉伸的短纤维或连续长丝为设计。可用于土木工程应用中的机织和针织服装，织物或网	专为变形温度<55℃的注塑应用而设计

表 1-15 东洋纺（Toyobo）聚乳酸牌号

项目	Vyloecol BE-400	Vyloecol BE-600
形态	颗粒	片
分子量	43000	25000
相对密度（30℃）	1.26	1.24
T_g/℃	50	30
羟值/（mgKOH/g）	3	11
功能与应用	通用级，各种涂料的助剂	气相沉积膜的锚固涂料，印刷油墨的锚固涂料

1.3.2 生物医用聚乳酸及其共聚物

除了在生产环保型家用物品替代现有的石油基塑料产品方面之外，由于生物降解性和较好的力学性能，PLA 也广泛应用在生物医学领域，以生产骨折后内部固定用的可生物吸收植入物和装置（Daniels et al.，1990；Yuan et al.，2002；Wokadala et al.，2015）。此外，由于其生物相容性、生物降解性、无毒性和低免疫原性，它还在生物医学中被用作受控药物传递载体（Tyler et al.，2016）。生物医学中应用的大多数 PLA 是由 L-乳酸生产的。由聚L-乳酸制成的植入物在酶的作用下很容易被人体降解和吸收。不幸的是，立体异构体 D-乳酸并不能被体内的酶降解。然而，在体液中长时间的水解最终会分解大部分聚 D-乳酸。这种降解机理将在第 2 章聚乳酸的合成与生产中讨论。

大量 PLA 共聚物被合成用于组织工程。合成此类共聚物的主要目的是微调降解周期，从几周到几年（Morita et al.，2002）。通常，乙交酯和 ε-己内酯单体与丙交酯共聚。从表 1-16 可以看出，37℃下体外聚合时，与乙交酯和 ε-己内酯共聚后的聚 L-乳酸质量显著增加。这对于组织工程支架和创面敷料的制备具有重要意义。共聚物的降解是为了配合组织的生长和处方植入物的质量和强度的损失。最终，支架结构将被病人的永久组织所代替。

表 1-16 在组织工程中用作支架的合成可生物降解聚合物的物理性质

性质	聚乙交酯	聚（L-丙交酯）	聚（ε-己内酯）	聚（L-丙交酯-co-乙交酯）（10/90）	聚（L-丙交酯-co-ε-己内酯）（75/25）	L-丙交酯的共聚物
T_m/℃ [①]	230	170	60	200	130～150	90～120
T_g/℃ [②]	36	56	—60	40	15～30	—17
形态	纤维	纤维，海绵，薄膜	纤维，海绵，薄膜	纤维	纤维，海绵，薄膜	纤维，海绵，薄膜
拉伸强度/MPa	860（纤维）	900（纤维）	10～80（纤维）	850（纤维）	500（纤维）	12（薄膜）
杨氏模量/GPa	8.4（纤维）	8.5（纤维）	0.3～0.4（纤维）	8.6（纤维）	4.8（纤维）	0.9（薄膜）
断裂伸长率/%	30（纤维）	25（纤维）	20～120（纤维）	24（纤维）	70（纤维）	600（纤维）

续表

性质	聚乙交酯	聚(L-丙交酯)	聚(ε-己内酯)	聚(L-丙交酯-co-乙交酯)(10/90)	聚(L-丙交酯-co-ε-己内酯)(75/25)	L-丙交酯的共聚物
P_{two}③	2～3 个月	3～5 年	＞5 年	10 周	1 年	6～8 个月
P_{t50}④	2～3 周	6～12 个月	—	3 周	8～10 周	4～6 周

① 熔点。

② 玻璃化转变温度。

③ 直到聚合物质量变为零的时间（在 37℃ 的盐水中）。

④ 直到聚合物的拉伸强度达到 50％（在 37℃ 的盐水中）的时间。

资料来源：Morita, S.-I., Ikada, Y., Lewandrowski, K.-U., Wise, D. L., Trantolo, D. J., Gresser, J. D., et al., 2002, Lactide copolymers for scaffolds in tissue engineering tissue engineering and biodegradable equivalents scientific and clinical applications. In: Lewandrowski, K.-U., Wise, D. L., Trantolo, D. J., Gresser, J. D., Yaszemski, M. J., Altobelli, D. E. (Eds.), Tissue Engineering and Biodegradable Equivalents Scientific and Clinical Applications. Marcel Dekker, New York, Basel, pp. 111 122, with permission from Marcel Dekker.

PLA 及其共聚物可用于各种生物医学应用，如缝合、固定器、螺钉和支架。它们在口腔、矫形、耳郭和颅面整形手术中都有应用（表 1-17）。螺钉和固定器采用注射成型法生

表 1-17　生物医学应用中的聚乳酸

聚合物	应用领域	产品
聚乳酸	骨外科，口腔颌面外科	他喜龙（Takiron）：Osteotrans MX，Fixsorb MX（螺钉，直钉，针） Gunze：Grandfix Neofix（螺钉，直钉，针） Arthrex：Bio-Tenodesis 界面螺钉，Bio-Corkscrew 缝合锚钉
聚（D,L-丙交酯-co-乙交酯）	缝线	Conmed Linvatec：SmartScrew SmartNail SmartTack SmartPin BioScrew（智能螺钉，智能直钉，智能平头钉，智能针，生物螺钉）
聚（D, L-丙交酯-co-乙交酯）85/15	药物输送，口腔颌面外科	史赛克（Stryker）：Biosteon Biozip 界面螺钉，锚
聚（D, L-丙交酯-co-乙交酯）82/18	普外科缝线，牙周手术，普外科	Zimmer：Bio-statak（缝合锚）前列腺支架，缝合锚，骨水泥塞 Dermik 实验室：Sculptra 可注射面部修复 肯西·纳什（Kensey Nash）：EpiGuide
聚（D, L-丙交酯-co-乙交酯）10/90		USS 运动医学：Polysorb 合成可吸收缝线 Makar 仪器：Biologically Quiet Interference Screw（生物稳态界面螺钉），85/15 钉 Biomet：ALLthread LactoSorb，螺钉，板，网，手术夹，针，锚
聚（L-丙交酯-co-D, L-丙交酯）98/2	骨科手术，口腔颌面外科	Ethicon：Vicryl 缝线，Vicryl 网 PhusilineInterferenceScrew，Sage ConMed：Bio-Mini Revo
聚（L-丙交酯-co-D-丙交酯）98/4		苏尔寿（Sulzer）：Sysorb Screw(50/50) Geistlich：ResorPin 70/30
聚（L-丙交酯-co-D, L-丙交酯）50/50		肯西·纳什（Kensey Nash）：Drilac 外科敷料

续表

聚合物	应用领域	产品
聚（L-丙交酯-co-D，L-丙交酯）70/30		
聚（D-丙交酯-co-D，L-丙交酯-co-L-丙交酯）		
聚（D，L-丙交酯-co-己内酯）	神经再生	AscensionOrthopedics；Neurolac Polyganics；Vivosorb

产，缝合线采用纤维纺丝工艺生产。生物可吸收支架的制备采用了一系列技术，包括相分离、溶剂蒸发、浇铸/盐浸和纤维黏合以形成聚合物网格。PLA 共聚物也广泛用作药物载体（表 1-18）。此类药物载体含有活性药物，这些药物可以有效地传递到靶向细胞，然后以受控速率释放（Yin et al.，2010；Seo et al.，2007）。诺雷德——市场上最著名的产品之一，是一种聚乳酸-co-甘醇酯，含有作为治疗乳腺癌的控释药物戈舍瑞林（Jain et al.，2010）。诺雷德可缓慢释放药物，抑制激素依赖性癌细胞的生长。美国食品和药物管理局也批准诺雷德治疗前列腺癌。市场上还有其他与 PLA 共聚物相关的药物输送系统。

表 1-18　市售聚乳酸和共聚物输送载体清单以及相应的治疗方法及其指示

输送系统	材料组成	产品名称	治疗剂	药物类型：适应证
微球	PLA(聚乳酸)	Lupron Depot	醋酸亮丙瑞林	肽激素：癌症和阿尔茨海默病
	PLGA(聚丙交酯-乙交酯)	Eligard	醋酸亮丙瑞林	肽激素：癌症和阿尔茨海默病
		Risperdal Consta	利培酮	肽：精神分裂症
		Trelstar LA	雷公藤甲素	肽激素：前列腺癌
	PLGA-葡萄糖	Sandostatin LAR	奥曲肽	肽：抗生长激素
植入物	PLGA	Durin	亮丙瑞林	肽激素：癌症和阿尔茨海默病
凝胶	PLGA	Zoladex	醋酸戈塞瑞林	肽激素：前列腺癌/乳腺癌
		Oncogel	紫杉醇	小分子：抗癌

资料来源：Extracted from Branco，M. C.，Schneider，J. P.，2009. Self-assembling materials for therapeutic delivery. Acta Biomater. 5 (3)，817-831 (Branco and Schneider，2009)。

普拉克全球主要的生产生物医学和药物释控级 PLA 及其共聚物的公司；其商品名为 Purasorb。Durect 公司也销售一种生物可吸收聚合物，商品名为 Lactel。从两个制造商的牌号特性（表 1-19～表 1-21）可以看出，PLA 共聚物是生产最广泛的等级。所有等级的聚合物都要测试其固有黏度，作为合成聚合物分子量的指导。这在生物医学应用中是非常重要的，因为它可以确保人体吸收的适当速率。当聚合物暴露于水介质或组织中时，聚合物的酯键通过水解反应，与吸收水反应。随着时间的推移，长聚合物链被分解成较短的链，形成水溶性碎片。最终，水溶性碎片从最初的聚合物结构中扩散，水解为乙醇酸和乳酸，供肝脏代谢。一般来说，当分子量低、乙交酯含量高时，降解率较高（Durect，2010）。第 4 章聚乳酸的化学性质描述了降解的详细过程。总的来说，PLA 及其共聚物对医疗行业的贡献非常大。

表 1-19　医疗设备用普拉克（Purac）Purasorb 聚乳酸

牌号	结构	固有黏度中点/(dL／g)
Purasorb PL 18	聚（L-丙交酯）	1.8
Purasorb PL 24		2.4
Purasorb PL 32		3.2
Purasorb PL 38		3.8
Purasorb PL 49		4.9
Purasorb PL 65		6.5
Purasorb PD 24	聚（D-丙交酯）	2.4
Purasorb PDL 45	聚（D,L-丙交酯）	4.5
Purasorb PDL 8038	聚（L-丙交酯-*co*-D,L-丙交酯）　80/20	3.8
Purasorb PDL 8058		5.8
Purasorb PDL 7028	聚（L-丙交酯-*co*-D,L-丙交酯）　70/30	2.8
Purasorb PDL 7038		3.8
Purasorb PDL 7060		6.0
Purasorb PLD 9620	聚（L-丙交酯-*co*-D-丙交酯）　96/04	2.0
Purasorb PLD 9655		5.5
Purasorb PLG 8523	聚（L-丙交酯-*co*-乙交酯）　85/15	2.3
Purasorb PLG 8531		3.1
Purasorb PLG 8560		6.0
Purasorb PLG 8218	聚（L-丙交酯-*co*-乙交酯）　82/18	1.8
Purasorb PLG 8055	聚（L-丙交酯-*co*-乙交酯）　80/20	5.5
Purasorb PLG 1017	聚（L-丙交酯-*co*-乙交酯）　10/90	1.7
Purasorb PLC 9517	聚（L-丙交酯-*co*-己内酯）　95/05	1.7
Purasorb PLC 9538		3.8
Purasorb PLC 8516	聚（L-丙交酯-*co*-己内酯）　85/15	1.6
Purasorb PLC 7015	聚（L-丙交酯-*co*-己内酯）　70/30	1.5
Purasorb PDLG 8531	聚（D,L-丙交酯-*co*-乙交酯）　85/15	3.1
Purasorb PDLG 5010	聚（D,L-丙交酯-*co*-乙交酯）　50/50	1.0

表 1-20　用于药物递送的普拉克（Purac）Purasorb 聚乳酸

牌号	结构	固有黏度中点/(dL/g)
Purasorb PDL 02A-酸终止	聚（D,L-丙交酯）	0.2
Purasorb PDL 02		0.2
Purasorb PDL 04		0.4
Purasorb PDL 05		0.5
Purasorb PDL 20		2.0

续表

牌号	结构		固有黏度中点/(dL/g)
Purasorb PDLG 7502	聚(D,L-丙交酯-*co*-乙交酯)	75/25	0.2
Purasorb PDLG 7502A-酸终止	聚(D,L-丙交酯-*co*-乙交酯)	75/25	0.2
Purasorb PDLG 7507	聚(D,L-丙交酯-*co*-乙交酯)	75/25	0.7
Purasorb PDLG 5002	聚(D,L-丙交酯-*co*-乙交酯)	50/50	0.2
Purasorb PDLG 5002A-酸终止	聚(D,L-丙交酯-*co*-乙交酯)	50/50	0.2
Purasorb PDLG 5004	聚(D,L-丙交酯-*co*-乙交酯)	50/50	0.4
Purasorb PDLG 5004A-酸终止	聚(D,L-丙交酯-*co*-乙交酯)	50/50	0.4
Purasorb PDLG 5010	聚(D,L-丙交酯-*co*-乙交酯)	50/50	1.0

表 1-21　Durect Lactel 可吸收聚合物

牌号	化学名称		固有黏度中点/(dL/g)
B6017-1	聚(D,L-丙交酯-*co*-乙交酯)	50/50	0.2
B6010-1	聚(D,L-丙交酯-*co*-乙交酯)	50/50	0.4
B6010-2	聚(D,L-丙交酯-*co*-乙交酯)	50/50	0.65
B6010-3	聚(D,L-丙交酯-*co*-乙交酯)	50/50	0.85
B6001-1	聚(D,L-丙交酯-*co*-乙交酯)	65/35	0.65
B6007-1	聚(D,L-丙交酯-*co*-乙交酯)	75/25	0.65
B6006-1	聚(D,L-丙交酯-*co*-乙交酯)	85/15	0.65
B6005-1	聚(D,L-丙交酯)		0.40
B6005-2	聚(D,L-丙交酯)		0.65
B6002-2	聚(L-丙交酯)		1.05
B6013-1	聚(D,L-丙交酯-*co*-乙交酯)	50/50	0.20
B6013-2	聚(D,L-丙交酯-*co*-乙交酯)	50/50	0.65
B6015-1	聚(D,L-丙交酯-*co*-ε-己内酯)	25/75	0.8
B6016-1	聚(D,L-丙交酯-*co*-ε-己内酯)	80/20	0.8

1.4　结论

PLA 已经存在了几十年，但直到最近几年，其应用增长才迅速扩大。PLA 是一种可生物降解聚合物，具有替代现有石油基商品聚合物的潜力，有助于克服塑料垃圾在填埋区中的积累。除了在普通产品和包装产品中的应用外，由于其与活体组织的相容性，在外科手术中具有生物医学应用。PLA 之所以受到青睐，是因为它可以从可再生的农业资源中大规模生产，从而减少社会对石化产品的依赖。持续的研究和开发使减少与生产过程有关的温室气体排放成为可能。总而言之，PLA 作为一种可生物降解的聚合物，在未来的可持续发展中具有巨大的潜力和市场前景。

<h2 align="center">参 考 文 献</h2>

Accenture，2008. Trends in manufacturing polymers：achieving high performance in a multi-polar world. Accessed from：<www. accenture. com>.

Auras，R.，Harte，B.，Selke，S.，et al.，2004. An overview of polylactides as packaging materials. Macromol. Biosci. 4 (2004)，835-864.

BASF Corporation，2009. Totally convincing：ecoflexs® the biodegradable plastic that behaves just like a natural material. Trade Brochure.

Branco，M. C.，Schneider，J. P.，2009. Self-assembling materials for therapeutic delivery. Acta Biomater. 5 (3)，817-831.

Buchanan，C. M.，Gardner，R. M.，Komarek，R. J.，et al.，1993. Aerobic biodegradation of cellulose acetate. J. Appl. Polym. Sci. 47 (1993)，1709-1719.

CCM International Limited，2010. Corn products. China News 3 (1).

Daniels，A. U.，Chang，M. K. O.，Andriano，K. P.，et al.，1990. Mechanical properties of biodegradable polymers and composites proposed for internal fixation of bone. J. Appl. Biomater. 1 (1990)，57-78.

Darney，P. D.，Monroe，S. E.，Klaisle，C. M.，Alvarado，A.，et al.，1989. Clinical evaluation of the Capronor contraceptive implant：preliminary report. Am. J. Obstet. Gynecol. 160，1292-1295. 1989.

Drumright，R. E.，Gruber，P. R.，Henton，D. E.，et al.，2000. Polylactic acid technology. Adv. Mater. 12 (2000)，1841-1846.

Durect，2010. <www. absorbables. com/biodegradation. htm> (accessed 22. 11. 10.).

Economic Assessment Office—National Institute of Standards and Technology，2007. Cargill，Inc. Research Center—Improving Biodegradable Plastic Manufactured from Corn，Advance Technology Program. <http：//statusreports. atp. nist. gov> (assessed 04. 09. 10.).

European Bioplastics，2009. Fact Sheet Nov 2009 Industrial Composting. Available from：<www. european-bioplastics. org>.

European Bioplastic，2017. Bioplastic Market data 2017. Available from：<www. european-bioplastics. org>.

EuropePlastic，2017. Plastics—the Facts 2017. Available from：<https：//www. plasticseurope. org/>.

Henton，D. E.，Gruber，P.，Lunt，J.，Randall，J.，Mohanty，A. K.，Misra，M.，et al.，2005. Polylactic acid technology natural fibers，biopolymers，and biocomposites. In：Mohanty，A. K.，Misra，M.，Drzal，L. T. (Eds.)，Natural Fibers，Biopolymers，and Biocomposites. Taylor & Francis，Boca Raton，FL，FL2005527-577.

IDEHLG—Ireland Department of the Environment，Heritage and Local Government，2007. Waste Management (Environmental Levy) (Plastic Bag) (Amendment) (No. 2) Regulations 2007.

Jain，R.，Jindal，K. C.，Devarajan，S. K.，et al.，2010. Injectable depot compositions and its process of preparation. US Patent 20100015195.

Jem，K. J.，Pol，J. F.，Vos，S.，et al.，2010. Microbial lactic acid，its polymer poly (lactic acid)，and their industrial applications. In：Chen，G. Q. (Ed.)，Plastics From Bacteria：Natural Functions and Applications，Microbiology Monographs，vol. 14. Springer. Available from：http：//dx. doi. org/10. 1007/978-3-642-03287_5_13.

Leaversuch，R.，2002. Biodegradable polyester：packaging goes green. Feature Article，<http：//www. ptonline. com/articles/200209fa3. html> (accessed 11. 09. 10.).

Morita，S. -I.，Ikada，Y.，Lewandrowski，K. -U.，Wise，D. L.，Trantolo，D. J.，Gresser，J. D.，et al.，2002. Lactide copolymers for scaffolds in tissue engineering tissue engineering and biodegradable equivalents scientific and clinical applications. In：Lewandrowski，K. -U.，Wise，D. L.，Trantolo，D. J.，Gresser，J. D.，Yaszemski，M. J.，Altobelli，D. E. (Eds.)，Tissue Engineering and Biodegradable Equivalents Scientific and Clinical Applications. Marcel Dekker，New York，Basel，pp. 111-122.

NatureWorks LLC, 2009a. Cargill Acquires Full NatureWorks Ownership From Teijin. <http：//www. natureworksllc. com/news-and-events/pressreleases/ 2009/07-01-09-ownership-change. aspx>.

NatureWorks LLC, 2009b. NatureWorks Assesses Second Ingeo Manufacturing Location. <http：//www. natureworksllc. com/news-andevents/press-releases/2009/03-12-09-manufacturing-location2. aspx>.

Nijenhuis, A. J., Grijpma, D. W., Pennings, A. J., et al., 1991. Highly crystalline as-polymerized poly (L-lactide). Polym. Bull. 26 (1991), 71-77.

PlasticsEurope, 2009. The compelling facts about plastics 2009：An analysis of European plastics production, demand and recovery for 2008. Accessed at www. plasticseurope. org.

Plastics Today, 2010. Q1 Earning at Dow, ExxonMobil, and BASF Point to Global Plastics Demand Growth. Accessed from：<www. plasticstoday. com>.

Seo, M. -h., Choi, I. -j., Cho, Y. -h., et al., 2007. Positively charged amphiphilic block copolymer as drug carrier and complex thereof with negatively charged drug. US Patent 7226616.

Shen, L., Haufe, J., Patel, M. K., 2009. Product overview and market projection of emerging bio-based plastics. PRO-BIP 2009, Final report, report commissioned by European Polysaccharide Network of Excellence (EPNOE) and European Bioplastics, Group Science, Technology and Society, Universiteit Utrecht, the Netherlands.

Teijin, 2007. Teijin Launches BioFront Heat-Resistance Bio Plastic—100% BioFront Car Set Fabrics Developed With Mazda. <http：//www. teijin. co. jp/english/news/2007/ebd070912. html>.

Teijin Limited, 2009. Teijin Expands Hygrothermal Resistance of BioFront Bioplastic Upgraded Version Now Offers High Durability Comparable to PET. <http：//www. teijin. co. jp/english/news/2009/ebd090708. html>.

Tyler, B., Gullotti, D., Mangraviti, A., Utsuki, T., Brem, H., et al., 2016. Polylactic acid (PLA) controlled delivery carriers for biomedical applications. Adv. Drug Deliv. Rev. 107, 163-175.

Wokadala, O. C., Ray, S. S., Bandyopadhyay, J., Wesley-Smith, J., Emmambux, N. M., et al., 2015. Morphology, thermal properties and crystallization kinetics of ternary blends of the polylactide and starch biopolymers and nanoclay：the role of nanoclay hydrophobicity. Polymer 71, 82-92.

Yin, H., Yu, S., Casey, P. S., Chow, G. M., et al., 2010. Synthesis and properties of poly (D, L-lactide) drug carrier with maghemite nanoparticles. Mater. Sci. Eng. C. 30, 618-623.

Yuan, X., Mak, A. F. T., Yao, K., et al., 2002. In vitro degradation of poly (L-lactic acid) fibers in phosphate buffered saline. J. Appl. Polym. Sci. 85, 936-943.

第2章
聚乳酸的合成与生产

2.1　简介

聚乳酸（PLA）是由乳酸（LA）单体合成的。聚乳酸的生产有直接缩聚法（DP）和开环聚合法（ROP）。虽然 DP 生产聚乳酸比 ROP 简单，但 ROP 可以生产低分子量的脆性聚乳酸。一般来说，聚乳酸的生产涉及几种物质，它们之间的关系如图 2-1 所示。这个过程中的 LA 是从糖的发酵中获得的。LA 转化为丙交酯，最终转化为 PLA。应该注意的是，在英文中对于乳酸的聚合物有两个不同的术语"poly（lactic acid）"和"polylactide"（也称聚丙交酯）。这两个术语可以互换使用；但是，科学上有区别，因为"polylactic"是通过 ROP 路线产生的，而"poly（lactide acid）"是通过 DP 路线产生的。一般来说，"poly（lactic acid）"被广泛用于指由 LA 生产的聚合物［这里解释了"poly（lactic acid）"和"polylactide"的区别，以帮助读者理解］。

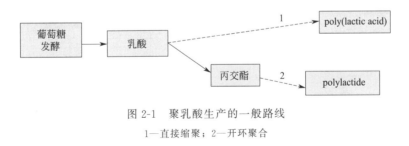

图 2-1　聚乳酸生产的一般路线
1—直接缩聚；2—开环聚合

2.2　乳酸的生产

LA 是生产 PLA 的基本构成单元。化学上称为 2-羟基丙酸，具有手性立体异构体 L（左旋）（－）和 D（右旋）（＋）。其物理性质列于表 2-1。自然生成的 LA 大多以 L 形式存在，而化学合成的乳酸可以是外消旋 D 和 L 的混合物。LA 是一种生物稳定物质，具有很高的水溶性。在 LA 大量应用于生物可降解高分子材料之前，LA 在工业上被广泛用于金属清洗溶剂、洗涤剂、保湿剂、媒染剂和制革剂。用作保湿剂意味着它在化妆品和个人卫生产品中能起到保湿作用，而用作媒染剂则与它在染色过程中作为添加剂有关，可以提高纺织品对染料的接受度。在涂料和油墨的制造过程中也加 LA，以便更好地吸附在印刷品表面。它也被用于食品工业，为饮料提供酸味。以乳酸钙的形式添加 LA，可以在保持食物原有风味的同时控制病原菌生长，延长肉、禽和鱼的保质期。许多乳制品，包括酸奶和奶酪，尝起来有点酸，也是由于添加了 LA，它在这些产品中提供了额外的抗菌作用。

表 2-1　乳酸的物理性质

项目	指标	项目	指标
CAS 登记号	50-21-5(D,L-乳酸) 79-33-4(L-乳酸) 10326-41-7(D-乳酸)	味道	轻度酸味
		熔点/℃	53
		沸点/℃	>200
化学式	$C_3H_6O_3$	水中溶解度/(g/100g H_2O)	混溶
化学名称	2-羟基丙酸	解离常数 K_a	1.38×10^{-4}
分子量	90.08	pK_a	3.86
外观	水溶液	pH(0.1%溶液,25℃)	2.9

当糖原（储存在哺乳动物细胞中的一种糖类）被肌肉厌氧利用以产生能量时（也就是在供氧不足的情况下），LA 和乳酸盐自然存在于哺乳动物体内。尽管在无氧运动中肌肉产生的 LA 和乳酸盐会导致疲劳和疼痛，但乳酸盐已经被发现是一种重要的化学物质，用于持续运动——乳酸作为燃料被一块肌肉产生，能很容易被另一块肌肉消耗。酸痛的感觉是由于糖酵解反应引起的酸性离子的积聚。

1780 年，卡尔·威廉·舍勒（Carl Wilhelm Scheele）首次发现 LA。最早的技术是1881 年法国科学家弗雷姆（Frémy）发明的，从那时起，LA 就开始采用发酵工艺进行工业化生产。纯乳酸有两个立体异构体（也称为对映体），如图 2-2 所示。这两种立体异构体是由生物体内不同的乳酸脱氢酶合成的。目前，85%的 LA 被食品相关行业消耗，而剩余的用于非食品应用，如生物聚合物、溶剂的生产（John et al.，2009）。

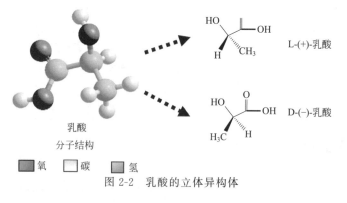

图 2-2　乳酸的立体异构体

L-乳酸在人体内可以通过酶的作用进行代谢。然而，摄入 D-乳酸时应谨慎：根据FAO/WHO 指南（Deshpande，2002），规定成人每日最高摄入量是 100mg/kg，严格地说，婴儿食品中不应该含有 D-乳酸或 D,L-乳酸。尽管人体不产生 D-乳酸酶，但少量摄入被认为是安全的，因为 D-乳酸的高溶解度促进体液中的水解，随后被人体排泄系统排出。

全球生产的大部分 LA 都是通过发酵过程制成的。据一篇关于 LA 菌发酵的综述论文

（Reddy et al.，2008 年）报道，在厚壁菌门中，能产 LA 的菌属约有 20 个；这些细菌包括乳球菌、乳酸杆菌、链球菌、亮色单胞菌、足球菌、气球菌、卡诺杆菌、肠球菌、雌激素球菌、四倍体球菌、迷走神经球菌和魏斯氏菌。在许多能产生 LA 的菌属中，乳酸杆菌是最重要的，约有 80 个菌种（Axelsson，2004）。其中包括嗜淀粉乳杆菌、巴氏乳杆菌、干酪乳杆菌、麦芽乳杆菌和唾液乳杆菌。德氏乳杆菌、延氏乳杆菌和嗜酸乳杆菌的菌株同时产生 D-乳酸和两种立体异构体的混合物（Nampoothiri et al.，2010）。如表 2-2 所示，一些乳酸杆菌能够使用各种糖精进行发酵。

表 2-2　产生乳酸的乳酸杆菌种发酵产生的各种糖

乳酸杆菌	糖	乳酸杆菌	糖
德氏乳杆菌亚德氏菌亚种	蔗糖	淀粉乳杆菌	淀粉
德氏乳杆菌保加利亚亚种	乳糖	乳酸乳杆菌	葡萄糖、蔗糖和半乳糖
瑞士乳杆菌	乳糖和半乳糖	戊糖乳杆菌	亚硫酸废液

　　虽然细菌有机体和糖类是发酵过程中必不可少的成分，但有机体需要多种营养物质来确保其健康功能，包括维生素 B、氨基酸、肽、矿物质、脂肪酸、核苷酸和糖类。其数量取决于物种，这些营养素的来源可以是农业衍生物，如玉米浆和酵母提取物。LA 细菌是异养的，这意味着它们缺乏生物合成能力（Reddy et al.，2008）。添加复合营养素会显著增加生产成本，但乳酸的纯度更高。

　　在 LA 发酵过程中，LA 菌在厌氧条件下以低能生产的方式生长。与呼吸型细菌相比，这种低产能的细菌生长缓慢。LA 菌在 5～45℃ 的温度和温和的酸性条件下（pH＝5.5～6.5）存活良好。Reddy 等（2008）根据乳酸菌属的发酵模式将其分为三组（表 2-3）。图 2-3 显示了每种模式的产品。发酵不同类型的、富含糖类的物质会改变 LA 的产量（表 2-4）。除乳酸菌外，还有其他微生物来源的真菌如米根霉也能产生乳酸，但需在有氧条件下。然而，由于这些真菌生长缓慢，生产率低，对发酵不利，而且需要大量搅拌和通风，导致长期操作的能耗成本很高（Jem et al.，2010）。尽管重点放在利用野生微生物生产 LA 上，但也有人尝试通过代谢工程提高 L-乳酸产量，如表 2-5 所示。

表 2-3　乳酸杆菌属的发酵模式（Reddy et al.，2008）

同型发酵	从葡萄糖中产生超过 85％ 的乳酸(LA)的能力,相当于将 1mol 葡萄糖发酵为 2mol 丙二酸,同时每代谢 1 分子糖产生 2mol ATP。
异型发酵	通常在此过程中生产 LA 与副产物一起产生的 LA 的量较低,约为 50％。每摩尔葡萄糖产生 1mol LA,1mol 乙醇和 1mol 二氧化碳。由于每摩尔葡萄糖仅产生 1mol 的 ATP,因此每摩尔代谢的葡萄糖的生长量降低
罕见的异型发酵	产生 D,L-乳酸、乙酸和二氧化碳的鲜为人知的发酵菌种

资料来源：Reddy，2008。

表 2-4　对应于微生物的淀粉和纤维素材料的乳酸（LA）产量

基质	微生物	LA 产量
小麦和米糠	乳杆菌 sp.	129g/L
玉米芯	根霉 sp. MK.96-1196	90g/L

续表

基质	微生物	LA 产量
预处理木材	德氏乳杆菌	48~62g/L
纤维素	棒状乳杆菌 ssp. Torquens	0.89g/g
大麦	干酪乳杆菌 NRRLB-441	0.87~0.98g/g
木薯蔗渣	德氏乳杆菌 NCIM 2025,干酪乳杆菌	0.9~0.98g/g
小麦淀粉	乳酸乳球菌 ssp. ATCC 19435	0.77~1g/g
全麦	乳酸菌和德氏乳杆菌	0.93~0.95g/g
马铃薯淀粉	米根霉,R. arrhizuso	0.87~0.97g/g
玉米,大米,小麦淀粉	淀粉乳杆菌 ATCC 33620	<0.70g/g
玉米淀粉	支链淀粉 NRRL B-4542	0.935g/g

资料来源:经 Elsevier 许可转载。

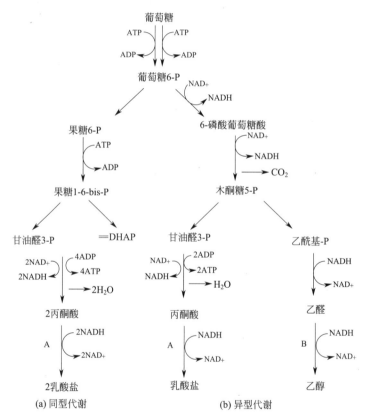

图 2-3 乳酸菌的代谢 (Reddy et al., 2008)

资料来源:经 Elsevier 许可转载。

表 2-5 改性菌株以提高 L-乳酸的产量 (Narayanan et al., 2004)

品种	改性
瑞士乳杆菌	D-乳酸脱氢酶基因的失活使 L-乳酸的数量增加两倍
植物乳杆菌	分离出植物乳杆菌的 L-乳酸脱氢酶基因,并将其克隆到大肠杆菌中。这使得 L-乳酸脱氢酶活性提高了 13 倍

品种	改性
乳酸乳球菌	增加 lac 操纵子的数量会增加 L-乳酸脱氢酶,导致乳酸(LA)的产量略有增加: ·操纵子:基因组材料的功能单位,包含在单个调节信号或启动子控制下的一组基因 ·lac 操纵子:肠细菌中乳糖的运输和代谢需要 lac 操纵子
约翰逊乳杆菌	分离 D-乳酸脱氢酶基因,并使用该基因的体外截短拷贝使野生株的基因组拷贝失活。由于降低了 L-乳酸脱氢酶的活性,丙酮酸重组为 L-乳酸,而副产物的含量增加,如乙醛、乙酰丁香和二乙酰
大肠杆菌	通过乳酸发酵产生 D-乳酸,脱氢酶和磷酸转乙酰酶双重突变体能够在葡萄糖上厌氧生长。引入 L-乳酸脱氢酶基因,发酵产生 L-乳酸
米根霉	该突变体在具有 5% 野生型醇脱氢酶活性的极限氧气条件下生长,从而导致丙酮酸形成 LA

大多数 LA 的批量商业发酵过程需要 3~6 天才能完成;使用的糖浓度在 5%~10% 之间(Garlotta, 2001)。几十年来,许多 LA 发酵工艺已获得专利。这些专利大多对发酵过程保密,同时它们也提供了 LA 分离技术。在美国专利 6319382 B1 中,发明人 Norddahl (2001) 添加乳清蛋白作为 LA 细菌的营养基质,并将蛋白酶添加到发酵罐中,以使蛋白质在发酵过程中水解从而供应氨基酸。此外,使用的水介质包括酵母提取物、K_2HPO_4、$MgSO_4$·$7H_2O$、$MnSO_4$·$2H_2O$、吐温 (Tween) 80、乳糖和半胱氨酸盐酸盐,以确保乳酸细菌的最佳反应性 (Norddahl, 2001; Tsao et al., 1998; Robison, 1988)。在发酵过程中,对水浆的 pH 值进行监测,以保持接近中性的温和酸性条件。其目的是避免 LA 在发酵培养基中积累,从而抑制细菌的产生。因此,碱基如氢氧化钙、氢氧化钠或氨的连续加入有助于将生成的 LA 转化为乳酸盐。乳酸盐随后可以通过与酸的反应转化为 LA。氨比其他碱更可取,因为它具有为细菌提供氮营养的优势 (Norddahl, 2001)。这表明与氢氧化钠相比,细菌增长更快。大多数工艺采用氢氧化钙来控制含水混合物的 pH 值,包括由 NatureWorks 使用的生产过程 (Vink et al., 2010)。然后向 LA 培养基中添加硫酸以回收 LA,从而形成和沉淀石膏(即二水合硫酸钙 $CaSO_4$·$2H_2O$)。石膏通过过滤从培养基中分离出来,这种石膏是一种副产品,可以作为建筑材料或土壤改良剂出售。据估计,每生产 1t LA 可产生多达 1t 的石膏 (Garlotta, 2001)。

发酵罐中的 LA 发酵液需要彻底分离才能回收纯 LA。分离方法包括电渗析、反渗透、液体萃取、离子交换酸化、离子交换纯化、蒸馏、不溶盐工艺或酯化等。Henton 等 (2005) 全面总结了 LA 纯化技术及其优缺点(表 2-6)。尽管回收 D-乳酸和 L-乳酸没有区别,但应避免极端条件(例如高温),因为 D-乳酸和 L-乳酸相互转化的可能性很高,从而形成外消旋混合物。为了达到严格的口服要求,食品和药物应用需要高度光学纯度的 L-乳酸(>99%)。因为不同旋光性的 LA 对 PLA 的熔点、机械强度和降解性能有不同的影响,因此对于质量控制来说,首选单光学性的 LA。

表 2-6 乳酸纯化技术

技术	特点	优点/缺点
电渗析	可用于通过电势驱动的膜连续去除乳酸(LA)(乳酸离子)	①不需要酸化发酵; ②能源成本和资金

续表

技术	特点	优点/缺点
反渗透	通过膜连续去除 LA	①由于能够在发酵罐中保持低酸水平,因此生产率更高; ②膜结垢; ③需要酸性 pH 稳定的生物
液体萃取	通过优先分配到溶剂中,从发酵液或酸化汤中连续去除 LA	①适用于连续过程,可有效去除许多非酸性杂质; ②资金成本高; ③溶剂损失成本
离子交换(酸化)	乳酸盐被强酸离子交换树脂酸化	①消除了在发酵中添加强酸的需要; ②树脂成本和树脂再生问题
离子交换(纯化)	通过与含氨基的树脂络合将 LA 从水溶液中除去	①这相当于固态叔胺的萃取技术,没有溶剂损失的问题; ②树脂再生; ③树脂的成本和可获得性
蒸馏法	通过真空蒸汽蒸馏将 LA 与易挥发成分分离	①LA 可以用水蒸气蒸馏; ②蒸馏前必须进行大量纯化; ③根据条件,可能会发生一些降解和低聚
不溶盐工艺	发酵或纯化过程的浓度应超过分离和酸化的乳酸盐(例如 CaSO$_4$)的溶解度	①利用低成本资金的简单流程; ②CaSO$_4$ 的结晶会夹杂杂质,并产生相对不纯的酸
酯化	制备乳酸酯并蒸馏挥发性酯	①酯的蒸馏和分离得到高质量的产品; ②需要转化为酸

资料来源:经 Elsevier 许可转载。

目前,NatureWorks 拥有最大的单一 LA 生产设施,每年以玉米为原料生产 18 万 t LA。NatureWorks 生产的 LA 主要用于转化为 Ingeo PLA。同时,普拉克是最大的 LA 生产商,其产品广泛应用于食品、饮料和制药行业,还生产主要用于外科应用(如缝合针、缝合线和螺钉)的 PLA。普拉克还参与了 LA 与其他单体——乙交酯、ε-己内酯或 DL-乳酸的共聚研究。该公司在泰国新建了一家 LA 工厂,自 2007 年开始运营。利用当地收获的甘蔗为原料,该厂的初期产能被设计为 10 万 t。虽然 LA 主要使用廉价的农业原料生产,但有两家公司仍然使用化学合成方法生产 LA 的外消旋混合物,分别是日本的武藏野(Musashino)和美国的斯特林(Sterling)化学公司。化学合成和普通发酵过程经历不同的反应途径(Narayanan et al.,2004)。概述如下。

化学合成方法:

(1) 添加氰化氢

$$CH_3CHO + HCN \xrightarrow{\text{催化剂}} CH_3CHOHCN$$

乙醛　　　　氰化氢　　　　　　乳腈

（2）H_2SO_4 水解

$$CH_3CHOHCN + H_2O + 1/2H_2SO_4 \longrightarrow CH_3CHOHCOOH + 1/2(NH_4)SO_4$$

乳腈　　　　　　硫酸　　　　　　乳酸　　　　　铵盐

（3）酯化

$$CH_3CHOHCOOH + CH_3OH \longrightarrow CH_3CHOHCOOCH_3 + H_2O$$

乳酸　　　　　　甲醇　　　　　　乳酸甲酯

（4）H_2O 水解

$$CH_3CHOHCOOCH_3 + H_2O \longrightarrow CH_3CHOHCOOH + CH_3OH$$

乳酸甲酯　　　　　　　　　乳酸　　　　甲醇

发酵方法：

（1）发酵和中和

$$C_6H_{12}O_6 + Ca(OH)_2 \xrightarrow{发酵} (2CH_3CHOHCOO^-)Ca^{2+} + 2H_2O$$

糖类　　　氢氧化钙　　　　　　乳酸钙

（2）H_2SO_4 水解

$$2(CH_3CHOHCOO^-)Ca^{2+} + H_2SO_4 \longrightarrow 2CH_3CHOHCOOH + CaSO_4$$

乳酸钙　　　　　　　　硫酸　　　　　乳酸　　　　硫酸钙

（3）酯化

$$CH_3CHOHCOOH + CH_3OH \longrightarrow CH_3CHOHCOOCH_3 + H_2O$$

乳酸　　　甲醇　　　　　　乳酸甲酯

（4）H_2O 水解

$$CH_3CHOHCOOCH_3 + H_2O \longrightarrow CH_3CHOHCOOH + CH_3OH$$

乳酸甲酯　　　　　　　　乳酸　　　　甲醇

商业纯化的乳酸以 50%～80% 的浓度出售。典型的食品级 LA 浓度不同，取决于与之混合的碳水化合物，主要是为了改善口感、营养价值，或作防腐剂。由欧洲 LA 主要制造商之一银河（Galactic S. A.）生产的食品级乳酸 Galacid 的营养数据如表 2-7 所示。小规模应用的工业级 LA 在水溶液中以 80%～88% 的纯度出售，例如酚醛树脂的终止剂、醇酸树脂改性剂、焊剂、平版印刷和纺织印刷显影剂、黏合剂配方、电镀和电抛光浴或洗涤剂助剂。

表 2-7　Galacid 的营养数据（每 100g）

营养数据	浓度				
	50%	80%	85%	88%	90%
能量/kJ	745～760	1196～1211	1271～1287	1317～1332	1347～1362
总糖类	49.5～50.5	79.5～80.5	84.5～85.5	87.5～88.5	89.5～90.5

药品级 LA 的售价为 1000～1500 美元/t，而根据应用领域的不同，工业级 LA 可以便宜 20%。由于实施高效发酵工艺的成熟度以及 PLA 在当地市场的需求，中国许多新的 LA 生产厂家在短期内尚未证明其可行性。然而，从长远角度看，LA 的多种用途将保持其市场

利益。

发酵是生产 LA 最常用的方法。这里概述的方法（Ohara et al.，2003）可用于合成乳酸形式的 LA，用于预聚物 LA 的生产。

丙交酯形式乳酸的合成方法如下：

（1）首先，准备 5 L 的培养基，其中包含 500 g 葡萄糖，100 g 酵母提取物和 100 g 多聚蛋白胨。使用高压灭菌器对培养基进行灭菌，最后植入来自以下流动属中的一种的微生物：乳杆菌、链球菌、根瘤菌、芽孢杆菌或亮黏菌。

（2）将混合物在 37℃的温度下培养，使用 6mol/L 氨水将 pH 保持在 7.0。培养需要 15h 才能完成。

（3）使用 1000g 乙醇浓缩培养物，并在冷凝器中在 90～100℃之间回流 3h 以获得乳酸乙酯。

（4）使用连接在冷凝器末端的气体洗涤瓶分离消耗的氨，并用冰水冷却。该氨气捕集系统能够收集高达 98%的氨气。

（5）将剩余的反应混合物保持在 80℃以通过蒸馏蒸发 750g 未反应的乙醇。

（6）将反应混合物进一步升高至 120℃的温度以除去水。

（7）除去水后，反应混合物在压力 50mmHg、液体温度为 70～100℃下进行蒸馏，得到 650g 纯化的乳酸乙酯用于缩聚过程（1mmHg=0.1333kPa）。

如步骤（3）所示，乙醇通过酯化反应与发酵的 LA 反应生成乳酸乙酯（通常称为乳酸酯）。乳酸酯比 LA 更适合转化为乳酸预聚物的原因是 LA 具有腐蚀性。因此，用乳酸酯合成 PLA 可以避免耐腐蚀反应器和设备的投资，从而有助于降低成本。从长远来看，这意味着成本大幅降低。

2.3 丙交酯和聚乳酸的生产

丙交酯是用 ROP 法生产 PLA 的中间物质。从图 2-4 可以看出，尽管 DP 和 ROP 都涉及 LA 预聚物的生产步骤，但通过丙交酯的形成可以完成聚合，而无需使用偶联剂。偶联剂的作用是增加 PLA 的分子量。事实上，LA 预聚物是低分子量 PLA（$M_w = 1000～5000$）。这种低分子量的 PLA 是不能用的，它强度低、玻璃状、易碎。根据 Garlotta（2001）的研究，预聚物的直接反应主要使用低分子量 PLA，是因为一旦聚合结束，末端基团便缺乏反应性，水过多，且聚合物熔体黏度高。20 世纪中期卡雷瑟斯（Carothers）首次对丙交酯进行了开环聚合，后来杜邦（DuPont）重振这项技术专利，并开始了 PLA 的批量生产。根据选择不同的引发剂类型，丙交酯分子可进行阴离子或阳离子开环聚合。在引发剂的作用下，自由基的形成促进了链式反应的进行，从而形成了高分子量聚合物。

2.3.1 丙交酯生产技术回顾

自 20 世纪 30 年代以来，人们一直研究丙交酯生产技术，Carothers 等（1932）发表了一篇关于六元环酯可逆聚合的相关论文。然后，由于丙交酯的纯度不足以进行大规模生产，

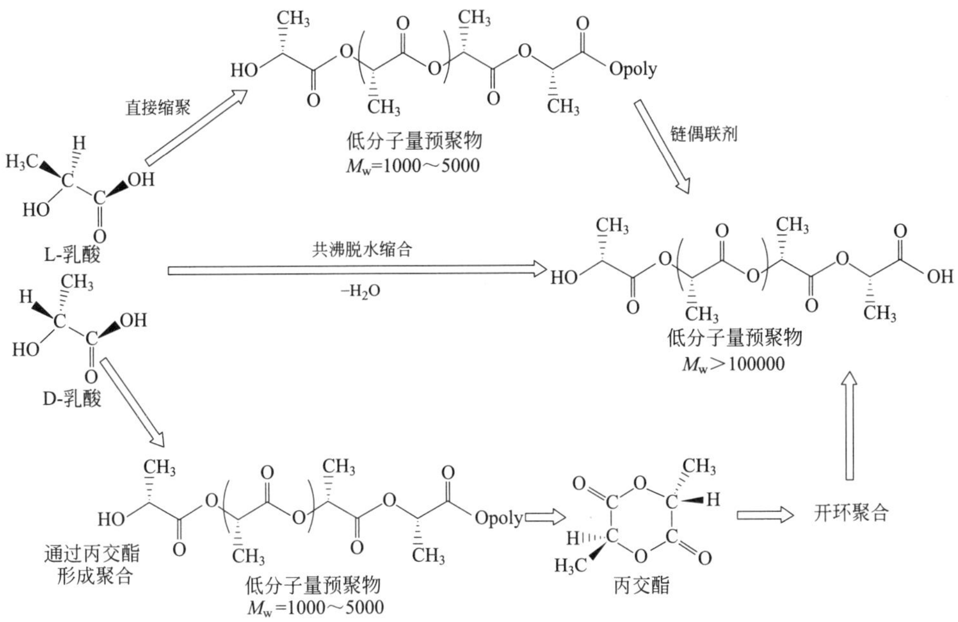

图 2-4　由乳酸生产聚乳酸的反应途径

资料来源：经 Elsevier 许可转载。

丙交酯技术经历了一段不活跃的时期。在杜邦公司开发出一种提纯技术后，丙交酯技术发展良好。最终导致了 NatureWorks 的大规模生产。本节主要介绍嘉吉-杜邦公司（现称为 NatureWorks）早期大规模生产丙交酯的情况，以及一些相关的丙交酯技术。

美国专利 5274073，题为"生产纯丙交酯的连续工艺"，由 Gruber 等（1993）发明，描述了可概括为图 2-5 所示步骤的丙交酯生产方法。最初，粗制 LA 被送入蒸发器。通常，这是商业生产的 LA，由 15% 的 LA 和 85% 的水组成。制成这种溶液是由于发酵过程是在水介质中进行的。蒸发器是用来蒸发水作为顶部产品，而余下的是浓缩 LA。发酵生产的 LA 含有与 L-和 D-乳酸的对映体混合的其他杂质。这些杂质包括糖类、蛋白质、氨基酸、盐、金属离子、醛、酮、羧酸和羧酸酯，可能影响丙交酯的生产质量，进而影响 PLA 的生产质量。因此，可以根据具体实际情况设计一个蒸发器以满足其纯度要求。然而，传统的蒸发器，例如多效蒸发器、刮膜蒸发器或降膜蒸发器，可以提供对粗制 LA 的基本分离。蒸发器最好在低于大气压下进行操作，以减少加热时能量的消耗，同时，避免 D-丙交酯、L-丙交酯或内消旋丙交酯的外消旋立体络合物也很重要（图 2-6），其在聚合形成聚 D,L-乳酸时容易引起质量问题。在离开蒸发器时，粗制 LA 已浓缩到 85% 以上。

在下一阶段，浓缩的 LA 被转移到预聚物反应器中。预聚物反应器实际上是第二个蒸发器，可进一步从 LA 中除去水分。同时进行缩聚反应，得到分子量为 400～2500 的 PLA。当 LA 发生缩合聚合时，烷氧基与最近的 LA 分子羟基裂解的氢发生反应。因此剩余的产物是长的 LA 键和过量的水分子。为了确保反应朝图 2-7 所示的反应路径的右侧进行，去除水

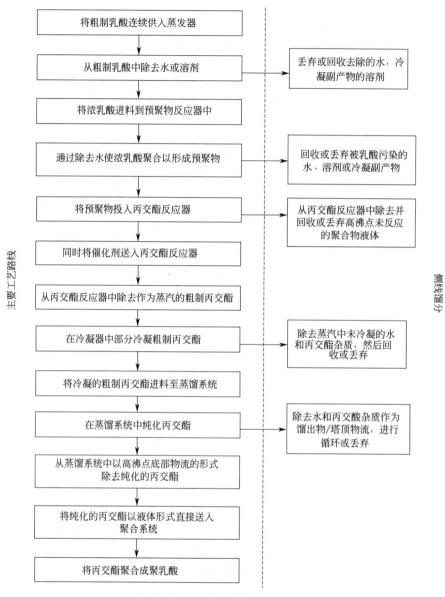

图 2-5　丙交酯生产的工艺流程

L-丙交酯　　　　　内消旋丙交酯　　　　　D-丙交酯

图 2-6　丙交酯立体复合物

资料来源：经 Elsevier 许可转载。

是很重要的。在聚合反应过程中，由于反应体系的固有平衡，也会发生解聚反应。Gruber
等（1993）提出如图 2-8 所示的平衡反应。

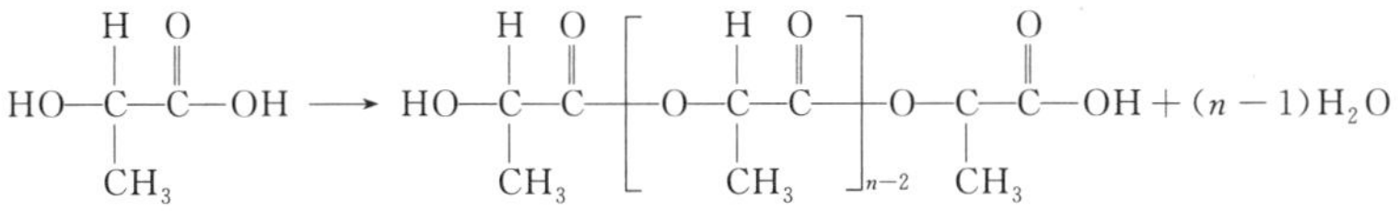

图 2-7　乳酸的缩聚反应

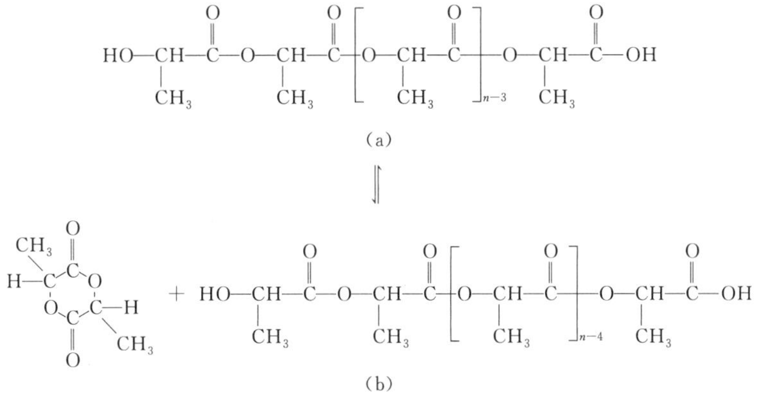

图 2-8　乳酸的聚合反应 (a) 和解聚反应 (b) 的平衡反应 (Gruber et al.，1993)

　　Gruber 等（1993）称预聚物反应器可以设计成一个单一的系统，这样在将 LA 聚合成低聚物 LA 的同时可以有助于促进 LA 原料浓缩。然而，蒸发和预聚阶段的分离单元更具有可控性。为了防止原料损失，当水从粗制 LA 中分离出来时，LA 的回收可以更有效。同时，在预聚阶段，减量的高浓度 LA 有助于聚合，而不是解聚，以获得更好的低聚物 LA 产量。低聚物 LA，之前也被称为预聚物，被送入丙交酯反应器。许多合适种类的催化剂可以与预聚物流体同时进入反应器。常用的催化剂有金属氧化物、金属卤化物、金属粉尘和由羧酸衍生的有机金属化合物。根据图 2-8 所示的反应方案，解聚反应［图 2-8（b）］立即达到平衡。该反应在高温下进行，以使粗制丙交酯气化并连续从反应器中除去，从而将反应器转向解聚反应。这遵循了勒夏特列耶（Le Chatelier）原理，即当丙交酯的量减少时，丙交酯反应器的产率更高，以便在丙交酯反应器中寻求反应平衡。然而，未反应的长链 PLA 沸点高，在反应堆被清洗时仍留在底部。这种产品可以回收进预聚物反应器或丙交酯反应器。未反应的高分子量 PLA 经过酯交换反应形成较短的低聚物链，这也是反应器中丙交酯的来源。利用这种循环流不仅可以提高有价值原料的回收率，而且有助于提高产量并降低废物处理成本。

　　如前所述，所生产的丙交酯立体复合物组成取决于初始粗制 LA 进料、所使用的催化剂和工艺参数（即温度和压力）。因此，粗制丙交酯蒸汽由 L-丙交酯、D-丙交酯和内消旋丙交酯的混合物组成。一些低挥发性产品，如水、LA 和二聚物 LA，也包含在该流体中。局部冷凝器可用于在蒸馏之前部分冷凝低沸点组分，如水和 LA。采用传统的精馏塔将原料分离为三组分。馏出物或塔顶低沸点组分为水和 LA，以及预聚物反应器和丙交酯反应器的其他低分子量副产物。底部流体由比丙交酯挥发性更低的产品组成，例如具有三个以上重复单元的 LA 低聚物。为了使 LA 转化丙交酯的效率更高，顶部和底部的产品都是可回收的。作为第三组分，丙交酯同时从侧线馏分中提取。可以接受的丙交酯纯度是 75%；较高的丙交酯纯度对形成高质量的聚乳酸非常重要。

　　Ohara 等（2003）在美国专利 6569989 中，公开了更详细的合成丙交酯的方法（图 2-9）。LA 在 130～220℃下分阶段逐步升温缩聚，当各阶段压力降至 5mmHg 时，得到分子量为 1000～3500 的 PLA 预聚物。这一多级过程可在不同温度下进一步定义，其中第一级温度为 135℃，第二级温度为 150℃，第三级温度为 160℃，第四级温度为 180℃，第五级温度为 200℃。如表 2-8 所示，在反应过程中添加金属型催化剂，以提高选择性同时缩短反应时间。由于聚合和解聚同时进行，类似的催化剂也适用于丙交酯的生产。因此，在反应条件为 200℃、压力为 5mmHg 时，可加入金属催化剂制备丙交酯。根据加入反应器的 LA 或丙交酯是新产的还是粗制的，以 0.001%～0.01%（质量分数）的质量比施加催化剂较为合适。

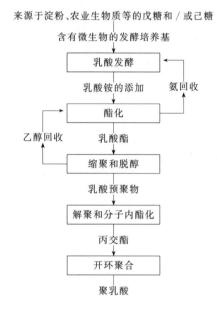

图 2-9　从初始发酵过程生产聚乳酸的步骤（Ohara et al.，2003）

表 2-8　乳酸聚合和解聚催化剂的类型

金属分组	类型	催化剂
IA	碱金属的氢氧化物	氢氧化钠、氢氧化钾、氢氧化锂
	弱酸碱金属盐	乳酸钠、乙酸钠、碳酸钠、辛酸钠、硬脂酸钠、乳酸钾、乙酸钾、碳酸钾、辛酸钾
	碱金属醇盐	甲醇钠、甲醇钾、乙醇钠、乙醇钾
ⅡA	有机酸钙盐	乙酸钙
ⅡB	有机酸锌盐	乙酸锌
ⅣA	锡粉，有机锡型催化剂（单丁基锡除外）	乳酸锡、酒石酸锡、二辛酸锡、二月桂酸锡、二硬脂酸锡、二油酸锡、α-萘甲酸锡、β-萘甲酸锡、辛酸锡
ⅣB	钛型化合物和锆型化合物	钛酸四丙酯、异丙醇锆
ⅤA	锑型化合物	三氧化二锑
ⅦA	有机酸锰盐	乙酸锰

2.3.2 丙交酯的聚合

工业上大多采用丙交酯的 ROP 工艺来制备高分子量 PLA。虽然 DP 似乎是聚合单体 LA 最简单的反应途径，但 PLA（分子量＜5000）的产率相对较低，力学性能较差。因此，其应用是有限的。环聚合是在阴离子和阳离子引发的溶剂体系中进行的。它具有高反应性和选择性以及低外消旋和杂质水平的优点。三氟甲烷磺酸和甲基三氟甲烷磺酸是曾用于聚合丙交酯的阳离子引发剂（Garlotta，2001）。这种阳离子 ROP 在低温（100℃）下进行，得到的 PLA 产品是旋光性单一的聚合物。使用伯醇盐，如甲醇钾作为阴离子引发剂可产生消旋化＜5％的 PLA。然而，阴离子丙交酯聚合需要更高的反应温度，对于苯甲酸钾和苯酚钾等较弱的碱，通常在 120℃时引发其反应性。

尽管如上所述的阴离子和阳离子引发具有在较低温度下产生低外消旋 PLA 的优点，但反应过程需要在稀释条件下的溶剂系统中进行，以控制其反应性和对杂质存在的敏感性。阴离子和阳离子引发剂毒性也高。这些方面限制了阴、阳离子引发剂在丙交酯聚合中的应用。在大规模的 PLA 工业中，金属催化法更可取，在丙交酯聚合中反应速度快且产量高。高效催化剂仅在低水平（＜10mg/kg）下使用，有助于确保 PLA 在食品包装和生物医学应用中的安全性。通过使用辛酸亚锡（俗称辛酸锡），丙交酯聚合产生高分子量（＜250000）。催化 ROP 反应也适用于丙交酯与乙交酯、ε-己内酯等其他单体的聚合反应。

许多催化剂系统可用于聚合丙交酯，包括过渡金属，如铝、锌、锡和镧系元素。这些金属氧化物和配合物具有不同程度的转化率和高消旋化。在表 2-8 所列的金属化合物中，锡或亚锡（Sn）配合物对于丙交酯的本体聚合非常重要，特别是锡（Ⅱ）双-2-乙基己酸（也称为辛酸锡）。辛酸锡因其在熔融丙交酯中的溶解度而被优先选用；因此，它通过产生小于 1％的外消旋，以高选择性实现了大于 90％的高转化率。高转化率有利于在力学性能和生物降解性能方面进行良好的质量控制。这对于生物医学应用的 LA 聚合物来说非常重要，因为人体内缺乏 LA，聚合物水解成乳酸后消耗 D-乳酸单体的酶，只有 L-乳酸可以被活细胞消耗掉。同时，与单一异构体相比，大量的外消旋作用会显著影响结晶重排结构，从而降低力学性能。

通过配位-插入机理，提出了添加辛酸锡的丙交酯聚合方案，如图 2-10 所示（Henton et al.，2005）。锡催化剂通过攻击丙交酯最近的双键氧来启动开环反应。羟基和亲核物种同时与开环自由基反应，最终形成水分子作为副产物达到稳定状态。聚合过程产生低外消旋混合物、高生产率和高分子量 PLA。典型的聚合条件为：180～210℃，辛酸锡浓度为 100～1000mg/kg，2～5h 转化率达到 95％。辛酸锡催化剂也适用于己内酯和乙交酯的共聚反应，反应方案如图 2-11 所示。该聚合过程中残留的催化剂在处理降解、水解或毒性方面会引起意料不到的问题。因此，添加磷酸或焦磷酸可使催化剂丧失活性。催化剂还可以与硫酸反应，然后通过沉淀分离。PLA 或其共聚物中的催化剂水平应降低至 10mg/kg 或更低，以确保终端用户的应用质量（Hartmann，1998）。

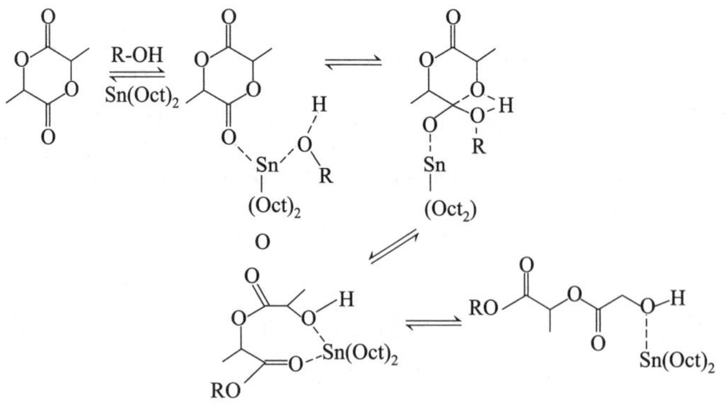

图 2-10　使用辛酸锡制备的丙交酯与聚乳酸的配位-插入链增长反应方案
R—聚合物链的增长（Henton et al.，2005）

丙交酯　　乙交酯

丙交酯　　己内酯

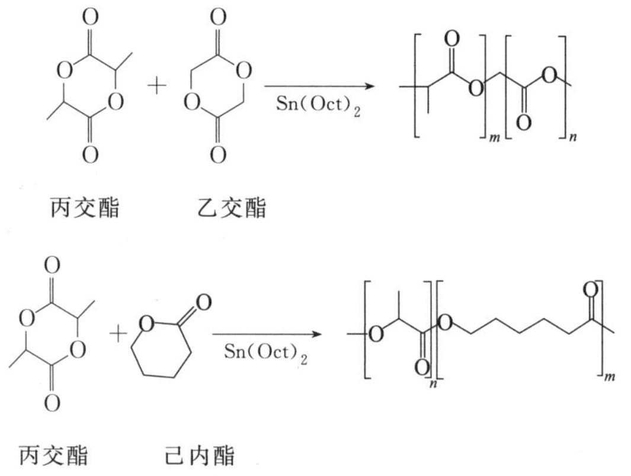

图 2-11　使用辛酸锡分别将乙交酯和己内酯与丙交酯共聚（Henton et al.，2005）

2.3.3　丙交酯共聚物

　　为了提高植入活体组织的生物相容性和良好的吸收时间，可以将丙交酯与乙交酯单体共聚。丙交酯-乙交酯共聚物的典型应用，如外科缝线应含有大于 80％ 的乙交酯（按质量计）。这是因为当共聚物中的乙交酯少于 80％ 时，结晶度较低，因此在应用中缺乏拉伸强度和保持力。共聚物中的乙交酯含量低是不利的，因为缝合线中丙交酯居多会降低活组织的吸收率。丙交酯和乙交酯的共聚过程与光活性丙交酯的单独聚合过程相似。辛酸亚锡也用作共聚反应的催化剂，如图 2-11 所示。通过两步反应过程可以得到乙交酯含量高的共聚物。根据 Okuzumi 等（1979）的说法，第一阶段是 65％～75％ 的光学活性丙交酯与剩余的乙交酯单体聚合。在第二阶段中，共聚合反应中采用了 80％～90％ 的较高含量的乙交酯单体。Okuzumi 等（1979）发现，如果尝试反向，生成的丙交酯-乙交酯共聚物具有低分子量并形成无定形聚合物，使其不适合做外科缝线，因为外科缝线需要高强度纤维。表 2-9 总结了这一观察结果。

表 2-9　丙交酯-乙交酯共聚物的拉伸强度

丙交酯-乙交酯的质量分数			拉伸强度/×10³psi
第一阶段共聚	第二阶段共聚	最终共聚物组成	
40/60	0	40/60	53
70/30	12/88	35/65	64
70/30	12/88	40/60	67
70/30	12/88	45/55	71
87/13	12/88	35/65	60
87/13	12/88	50/50	58
78/22	12/88	35/65	71
78/22	12/88	45/55	63
78/22	18/72	50/50	58

注：1MPa=145psi。

丙交酯还与 ε-己内酯单体共聚，生产用于制造外科植入物和药物载体的生物材料。丙交酯-己内酯的共聚反应路线与丙交酯-乙交酯相似，优选含有 55%～70%（摩尔分数）丙交酯和 30%～45%（摩尔分数）己内酯的无规共聚物用作药物载体（Bezwada，1995）。

尽管上述丙交酯-乙交酯和丙交酯-己内酯共聚物适用于制造具有高强度、高刚度和长时间维持断裂强度等优异性能的医疗器械，丙交酯与二噁烷单体共聚可提高丙交酯在可吸收医疗器械、组织支架泡沫、止血屏障等增韧应用中的拉伸性能。丙交酯-二噁烷共聚物的生产也分两步进行（图 2-12）。最初，丙交酯与少量对二噁烷单体在 100～130℃下反应 4～8h。随后，将温度升高至 160～190℃，持续 1～4h，以使丙交酯与第一步制备的长链聚对二噁烷进一步共聚。最终生产出一种含 30%～50%（摩尔分数）丙交酯的高强度、高韧性的弹性生物聚合物。在共聚过程中使用低毒性和高选择性的辛酸锡，可产生分子量为 60000～150000 的高分子量的莫桑酮共聚物。

2.3.4　质量控制

PLA 的大规模生产最常用于制造需与食品接触的包装或瓶子等日常消费用品。对于这些 PLA 产品，其质量控制不再像对通用聚合物（聚乙烯、聚丙烯、聚苯乙烯等）那样限制力学性能。但是，制造商需要仔细分类最终产品中丙交酯的含量，特别是 D-乳酸的含量。作为 PLA 最大的生产商，NatureWorks 已经为使用其 Ingeo 产品生产的公司建立了标准的测试程序见图 2-12。虽然这些测试是由 NatureWorks 开发的，但其应用并不受限，可以在整个 PLA 工业中广泛使用。

步骤 1：对二噁烷酮单体的部分聚合

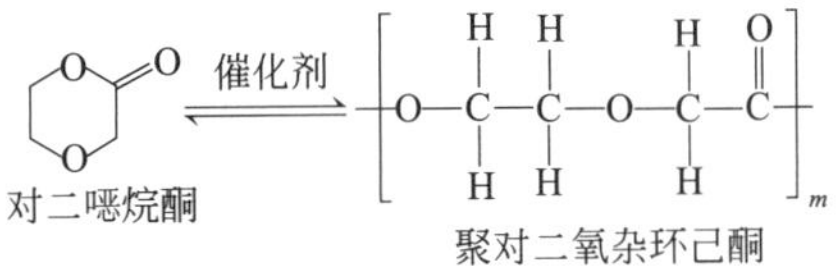

对二噁烷酮　催化剂　聚对二氧杂环己酮

步骤 2：丙交酯与聚对二氧杂环己酮均聚物和对二氧杂环己酮单体共聚形成嵌段共聚物

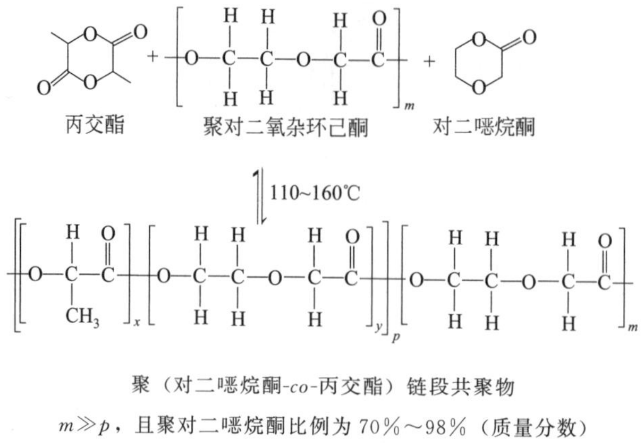

聚（对二噁烷酮-*co*-丙交酯）链段共聚物

$m \gg p$，且聚对二噁烷酮比例为 $70\% \sim 98\%$（质量分数）

图 2-12　丙交酯-二噁烷酮共聚物的共聚反应步骤（Bezwada，1995）

2.3.5　聚乳酸中残留丙交酯的测定（NatureWorks L. L. C.，2010b）

通过气相色谱法（GC）用火焰离子化检测器（FID）测定 PLA 中丙交酯的组成。此 GC／FID 法只能检测 $0.1\% \sim 5\%$（质量分数）范围内的残留丙交酯。虽然检测范围较窄，但在 180℃时，PLA 中发现的丙交酯单体仍在 3%（质量分数）的浓度范围内，且在 PLA 液化后，浓度可进一步降低到 0.3%（质量分数）。如前所述，丙交酯单体由三种立体异构体组成：L-丙交酯、D-丙交酯和内消旋丙交酯。GC 法只能检测内消旋丙交酯和 D-丙交酯或 L-丙交酯的两个丙交酯峰值（在单一峰中检测到）。内消旋丙交酯具有最早的洗脱峰，而随后的洗脱峰表示共存的 D-丙交酯和 L-丙交酯。GC/FID 法首先制备四种溶液，即①内部标准母液，②丙交酯标准母液，③丙交酯工作标准溶液，④PLA 样品溶液。制备方法见表 2-10。二氯甲烷是用来溶解 PLA 和释放游离丙交酯的溶剂。游离丙交酯保留在二氯甲烷中，同时加入过量的环己烷以沉淀 PLA。然后将上层清液过滤并注入 GC 中，最后由 FID 进行检测。GC 进样温度的选择是至关重要的，必须是 200℃，以避免由于上层清液中存在低分子量 LA 低聚物而导致丙交酯转化的可能性。

表 2-10　制备用于测定丙交酯残留量气相色谱/火焰电离检测器（GC／FID）的聚乳酸样品乳液的标准和一般程序

溶液制备	一般程序
内部标准母液（IS）	该溶液是通过在稀释条件下向二氯甲烷中加入 2,6-二甲基-γ-吡喃酮制备的
丙交酯标准母液（LS）	通过在稀释条件下向二氯甲烷中加入高纯度的 L-丙交酯来制备溶液
丙交酯工作标准溶液（LW）	通过将二氯甲烷与 IS 和 LS 混合来制备溶液。加入少量丙酮，并用环己烷稀释。使用 GC／FID 分析此解决方案
PLA 样品溶液	制备溶液以测定 PLA 样品中丙交酯的组成。首先，将少量已知量的 PLA 加入 IS 溶液中，并用二氯甲烷稀释，作为＃1 溶液。在＃1 溶液中加入少量丙酮，然后用环己烷稀释，成为＃2 溶液。使用 GC/FID 过滤并分析＃2 溶液

（1）残留丙交酯的计算如下，与 DB-17 ms 毛细管色谱柱（Agilent J&W）有关，也等价于（50%-苯基）-甲基聚硅氧烷：

$$RRF = \frac{\text{D-丙交酯,L-丙交酯标准品的峰面积}}{\text{D-丙交酯,L-丙交酯的质量(g)}} \times \frac{\text{IS 的质量(g)}}{\text{IS 的峰面积}}$$

（2）样品中 D-丙交酯和 L-丙交酯的质量（g）可以根据以下公式确定：

$$\text{总 D-丙交酯,L-丙交酯的质量(g)} = \frac{\text{样品中 D-丙交酯,L-丙交酯的峰面积}}{RRF} \times \frac{\text{IS 的质量(g)}}{\text{IS 的峰面积}}$$

(2-1)

（3）使用以下公式计算样品中 D-丙交酯和 L-丙交酯总的质量分数（%）：

$$\text{样品中 D-丙交酯,L-丙交酯的质量分数} = \frac{\text{D-丙交酯,L-丙交酯的质量(g)}}{\text{样品质量(g)}} \times 100\% \quad (2\text{-}2)$$

（4）样品中内消旋丙交酯的质量（g）可以根据以下公式确定：

$$\text{内消旋丙交酯的质量(g)} = \frac{\text{样品中内消旋丙交酯的峰面积}}{RRF} \times \frac{\text{IS 的质量(g)}}{\text{IS 的峰面积}}$$

(2-3)

（5）使用以下公式计算样品中存在的内消旋丙交酯的质量分数（%）：

$$\text{样品中内消旋丙交酯的质量分数} = \frac{\text{内消旋丙交酯的质量(g)}}{\text{样品质量(g)}} \times 100\% \quad (2\text{-}4)$$

（6）将 D-丙交酯和 L-丙交酯和内消旋丙交酯相加，以获得 PLA 中残留丙交酯单体的质量分数。

（7）规定的 GC/FIB 测试方法已评估了其在 PLA 中检测丙交酯时相对标准偏差 1.9% 的精度。

2.3.6 聚乳酸中 D-乳酸含量的测定（NatureWorks L. L. C.，2010a）

评估 D-乳酸的含量是非常重要的，特别是如果 PLA 产品将与食品接触或是作为生物植入物。成人每日允许摄入的 D-乳酸含量为 100 mg/kg，婴儿食品中不得含有 D-乳酸。用手性气相色谱法和氢火焰离子化检测器可检测 PLA 样品中 D-丙交酯和 L-乳酸的残留。在该方法中，样品首先在甲醇氢氧化钾中水解，然后在强酸下酸化以催化酯化反应。然后，在酸化液中加入二氯甲烷和水，将底部溶解在二氯甲烷中的乳酸甲酯对映体有机层和上层非有机水分离成双层。使用 GC-FID 系统收集和分析底层有机层（表 2-10）。制备测试用 PLA 样品的程序如下。

① 将 PLA 样品在 65℃的氢氧化钾甲醇溶液中溶解；

② 将硫酸加入样品溶液中，并再次加热到 65℃；

③ 加入去离子水和二氯甲烷；

④ 将液体样品分成两层；

⑤ 绘制样品的底层，并用 GC-FID 分析。

建议采用安捷伦（Agilent）J&W CycloSil-B 气相色谱柱，在 DB-1701-固定相中用 30% 的庚烷（2，3-二-*O*-甲基-6-*O*-叔丁基二甲基硅基）-*β*-环糊精，分离乳酸甲酯对映体。*β*-环糊精适合于手性拆分，因为其环状低聚糖单元与乳酸甲酯对映体形成不同平衡常数的包合物，易于气相色谱分离。该方法检测范围宽，可对 PLA 中 0.05%～50% 的 D-乳酸进行检测。

（1）PLA 中存在的 D-乳酸和 L-乳酸对映体的相对百分比计算如下：

$$D\text{-丙交酯} = \frac{D\text{-乳酸甲酯峰面积}}{D\text{-乳酸甲酯峰面积} + L\text{-乳酸甲酯峰面积}} \times 100\% \qquad (2\text{-}5)$$

（2）规定的 GC-FIB 测试方法具有相对于标准偏差小于 1% 的精确度，可以测定 PLA 中的 D-乳酸。

2.4 聚乳酸聚合反应的催化剂

2.4.1 直接缩聚路线

众所周知，制备 PLA 有两种常用的合成路线，即丙交酯的 ROP 法和 LA 的 DP 法。尽管 LA 生产 PLA 的聚合反应是一步聚合反应，但由于在 DP 过程中分子量不好控制，使其在工业生产中的应用受到限制。总的来说，尽管 ROP 路线需要额外的反应步骤，但由于其聚合过程易于控制，在 PLA 工业生产中已得到普遍应用。在过去的几十年中，已经有很多研究通过获得高分子量 PLA 聚合物来改善 DP。Moon 等（2000，2001）研发了一种新的合成方法，通过在固相缩聚之前引入 LA 的熔融聚合反应来增加聚乳酸的分子量。他们以氯化亚锡和对甲苯磺酸（$SnCl_2/p\text{-}TSA$）体系为催化剂，经熔融聚合和固相缩聚反应，成功地制备了分子量超过 10 万的聚乳酸聚合物。PLA 聚合物由于其来源于生物，具有生物可降解性，并且通过转化为二氧化碳和水使其可被环境吸收，是生物医药和食品包装工业中最重要的聚合物之一。然而，由于其韧性、热稳定性等力学性能较差，限制了其在各行业中的应用。Wu 等（2008）在酸性硅溶胶中原位熔融聚合 L-乳酸，制备了聚 L-乳酸/二氧化硅（SiO_2）纳米复合材料。采用氯化亚锡（$SnCl_2 \cdot 2H_2O$）和对甲苯磺酸（TSA）作为二元催化剂，在原位熔融聚合过程中诱导了 L-乳酸的活性。采用原位熔融聚合的方法，将二氧化硅纳米粒子化学接枝到 L-乳酸低聚物上。此外，众所周知，使用 $SnCl_2\text{-}p\text{-}TSA$ 体系作为催化剂生产聚（L-乳酸）是危险的，因为 $SnCl_2\text{-}p\text{-}TSA$ 易于残留在所生产的聚（L-乳酸）中。$SnCl_2\text{-}p\text{-}TSA$ 催化剂是有毒的，很难从生产的聚（L-乳酸）中除去，导致其在生物医学和食品包装工业中的应用受到限制。Ren 等（2013）用一种绿色催化剂大孔树脂 Amberlyst-15 取代 $SnCl_2\text{-}p\text{-}TSA$，作为 L-乳酸熔融缩聚反应中的催化剂。与 $SnCl_2\text{-}p\text{-}TSA$ 催化剂体系不同，Amberlyst-15 是一种无毒的固体酸，通过简单的过滤方法，可以方便地从聚（L-乳酸）预聚物中分离出来。无毒的 Amberlyst-15 催化剂具有良好的催化性能，易于获得，价格便宜，并且在反应过程中可重复使用三次，其催化活性几乎相同。用 Amberlyst-15 生产的聚（L-乳酸）预聚物的分子量达到 46000。这一发现也表明 Ambelyst-15 催化剂不仅比 $SnCl_2\text{-}p\text{-}TSA$ 催化剂体系更安全，而且在熔融聚合 L-乳酸为聚（L-乳酸）预聚体时表现出非常相似的催化活性。

Ajioka 等（1995）发现有机磺酸在 L-乳酸溶液缩聚制备具有相当分子量的聚 L-乳酸中常被用作有效催化剂。Takenaka 等（2017）也进行了类似的工作，以十二烷基苯磺酸钠为催化剂，通过熔融聚合和固相聚合反应制备高分子量聚乳酸。以 0.7%（质量分数）十二烷基苯磺酸钠为催化剂，先将 LA 在 80～110℃ 的退火温度下进行本体熔融聚合反应，得到分子量大于 3000 的聚乳酸预聚物。将制备的聚（L-乳酸）预聚物在 140℃ 的温度下进行固态缩聚工艺，以制备分子量高达 115000 的聚（L-乳酸）聚合物（Takenaka et al.，2017）。他们还发现，在所有芳香磺酸中，十二烷基苯磺酸钠是在反应时间很长的整个固相缩聚过程中提供并保持催化活性的最佳催化剂。此外，十二烷基苯磺酸的分解温度最高（超过 200℃），而其他磺酸的分解温度在 150℃ 左右。缩聚反应时间长会导致其他磺酸分解并失去其初始催化活性。Bai 和 Lei（2007）研究了不同类型的有机酸酐催化剂，如酸酐、顺丁烯二酸酐、均苯四甲酸二酐和苯酐等，对缩聚 LA 制备 PLA 的影响。结果表明，这些有机酸酐催化剂在本体缩聚反应中的应用，通过获得平均分子量在 70000～90000 范围内的聚（D，L-乳酸）聚合物，对于提高 PLA 产品的产率起到了积极的作用。Huang 等（2014）以生物肌酸酐为催化剂，采用熔融缩聚法和固相缩聚法，成功合成了分子量分别高达 120000 和 100000 的聚（L-乳酸）和聚（D-乳酸），如图 2-13 所示。通过熔融缩聚和固相缩聚的方法，制备了等规度高达 97.8%～99.4% 的聚（L-乳酸）和聚（D-乳酸），实现了 PLA 在整个聚合过程中的立构化学控制。此外，用生物肌酸酐催化熔融固相缩聚法合成的 PLA 的降解温度也比用 $SnCl_2 \cdot H_2O$ 催化合成的 PLA 的降解温度高出至少 100℃。

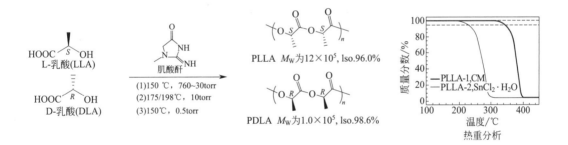

图 2-13　使用肌酸酐催化剂通过 L-乳酸和 D-乳酸的熔融和固态缩聚生产聚（L-乳酸）和聚（D-乳酸）
改编自 Huang W，Cheng N，Qi Y，Zhang，T.，Jiang，W.，Li，H. et al.，2014. Synthesis of high molecular weight poly(l-lactic acid) and poly(d-lactic acid) with improved thermal stability via melt/solid polycondensation catalyzed by iogenic creatinine. Polymer 55，1491＿1496，with permission from Elsevier.
1torr＝133.322Pa。

Pivsa Art 等（2013）以 2-萘磺酸（2-NSA）为催化剂，用两步直接聚合 D-乳酸合成了聚（D-乳酸）。首先，以 2-NSA 为催化剂，通过酯化反应熔融聚合 D-乳酸制备聚（D-乳酸）预聚物。所制备的聚乳酸预聚物进一步在高温和不断降低的压力下进行固相缩聚。他们成功地合成了聚乳酸，以满足热性能（255℃ 的分解温度）和中等平均分子量 33300 的要求。另一方面，Achmad 等（2009）在没有催化剂、溶剂和引发剂的情况下，在真空条件下通过 DP 反应合成了聚（L-乳酸）（2009）。他们声称，L-乳酸的非催化直接聚合是一种二级反应机理。这是因为 L-乳酸本身是一种强酸，在 150～250℃ 的聚合温度下，在真空条件下聚合反应时可以起到催化剂的作用，在 200℃的聚合温度、真空条件下，经过 89h 的缩聚过程生成的聚（L-乳酸）聚合物分子量可达 90000。此外，发现无催化剂直接聚合的活化能比使用催化剂开环聚合的活化能高。

2.4.2 开环聚合路线

在聚乳酸的生产中，丙交酯开环聚合反应路线由于在生产高分子量聚乳酸时具有较好的反应控制，是目前工业界关注的一种活性聚合方法。工业上高分子量聚乳酸的生产通常以辛酸亚锡 [Sn (Oct)$_2$] 为催化剂，采用 L，L-丙交酯反应的 ROP (Jing et al.，2006)。辛酸亚锡是聚乳酸工业生产中 L，L-丙交酯的 ROP 中最常用的催化剂。这是由于丙交酯的聚合速率高、在 ROP 中活性好，以及食品和药物管理局 (FDA) 批准其在生物医学工业上应用 (Karidi et al.，2015)。Zhang 等 (1994) 研究了在以辛酸亚锡作为催化剂的丙交酯 ROP 反应中，乙醇等羟基和羧酸类物质作为助催化剂的作用。他们发现，用不同的共引发剂从辛酸亚锡催化的 ROP 中制备聚乳酸，可能影响聚乳酸的分子链，产生具有不同分子量的线型或支链聚合物链。他们也发现辛酸亚锡与醇之间的反应可以产生烷氧基亚锡，可以通过插入到聚合物链中引发 ROP 反应。开环反应的起始机制被称为醇盐引发机制。醇与辛酸亚锡的反应可以通过引发剂的形成、链的转移以及酯交换反应等不同的反应阶段对 ROP 反应产生显著的影响。另一方面，以辛酸亚锡为催化剂的羧酸类物质的应用通过失活反应影响 ROP 反应。Zhang 等 (1994) 还发现，在含有辛酸亚锡的 ROP 中使用乙醇和羧酸物质可显著降低所产生的聚乳酸的最终分子量。然而，在辛酸亚锡催化的 ROP 反应中使用醇类物质可提高聚乳酸的产率。

在 Kowalski 等 (2000) 的研究中，他们以辛酸亚锡为催化剂，丁醇 (BuOH) 为引发剂，通过醇盐引发机理，用 L，L -丙交酯制备聚乳酸。他们在低于 100℃的四氢呋喃 (THF) 中进行了 L，L-丙交酯的 ROP，并通过与 Oct-Sn-O 端基如 OctSnOBu 和 OctSnOBu 化合物形成聚合物链，使辛酸亚锡最初与 BuOH 反应。这些化合物实际上是 L，L-丙交酯 ROP 的引发剂。Zhang 等 (1994) 和 Kowalski 等 (2000) 还研究了在以辛酸亚锡为催化剂的丙交酯 ROP 中，与存在微量水相比，乙醇物质作为共引发剂诱导 L，L-丙交酯聚合形成聚乳酸的速率，如表 2-11 所示。根据 Yu 等 (2009) 和 Averianov 等 (2017) 的总结，选择不同类型的醇物质，如单羟基、双功能羟基醇或多元醇 (>2 个羟基)，对以辛酸亚锡为催化剂的丙交酯通过 ROP 生成的聚乳酸分子结构具有显著影响，如表 2-11 所示。参考表 2-11，使用单、双功能醇物质，如 1-十二醇和 1，4-丁二醇作为共引发剂或助催化剂，可合成线型聚乳酸。也发现单羟基和双羟基醇物质的应用会导致聚合反应性高于水和多醇物质 (Yu et al.，2009)。另一方面，支链聚乳酸可以在丙交酯的 ROP 过程中，通过如丁醇、季戊四醇等多元醇为助催化剂合成 (表 2-11)。根据 Korhonen 等 (2001) 和 Karidi 等 (2015) 的研究，具有 25 个羟基的聚醇，如季戊四醇、双 (三羟甲基丙烷) (DTMP)、甘油和聚缩水甘油，产生了多臂和 4 或 6 个长链支链聚乳酸。他们还表明，随着羟基数量的增加，所用酒精物质的羟基的相对反应性显著降低。此外，他们还发现，以多醇为助催化剂的辛酸亚锡催化的丙交酯 ROP 的聚合时间越长，由于支链聚乳酸的降解比线型聚乳酸的降解更快，所以可以显著降低所得聚乳酸的分子量。这可归因于沿支链聚乳酸聚合物主链的不稳定键断裂速率较高，从而降解了获得的聚乳酸聚合物（Karidi et al.，2015）。

表 2-11　不同类型的引发剂对形成的聚乳酸的类型和分子量以及聚合反应性的影响

共引发剂	形成的聚丙交酯的类型	聚合反应性	分子量和聚合时间	参考文献
痕量水	线型聚乳酸	最低活性	低分子量	Yu 等（2009）
单和二官能性醇 ·1-十二烷醇 ·1,4-丁二醇 ·甲基丙烯酸 2-羟乙酯	线型聚乳酸	高于多元醇和痕量水	增加分子量和聚合速率	Yu 等（2009） Karidi 等（2015） Averianov 等（2017）
多元醇 ·丁醇 ·季戊四醇 ·2,2-羟甲基-1,3-丙二醇 ·双（三羟甲基丙烷）或 DTMP ·甘油 ·线型聚缩水甘油（具有 25 个羟基）	支链聚乳酸 四臂聚乳酸 四个或六个长分支链 多臂星形支化聚乳酸	①高于痕量水，但低于单官能团和双官能团 ②羟基的相对反应性随羟基数量的增加而降低	增加分子量；但是，与线型聚乳酸相比，较长的聚合时间可能会降低分子量，这是因为其降解动力学比线型聚乳酸更快，不稳定键沿聚合物主链的裂解速率更高	Kowalski 等（2000） Kowalski 等（2001）

为了生产具有更高转化率和分子量的聚乳酸，人们对合成用于丙交酯 ROP 的新型催化剂进行了大量的研究，如表 2-12 和表 2-13 所示。Routaray 等（2015）成功地合成了铜（Ⅱ）复合物——以 ONNO 四齿配体 N，N′-双（2-羟基-3-甲氧基苯甲醛）-苯-1，2-二胺（Cu-HMBBD）为载体，将其作为催化剂促使丙交酯 ROP 反应生成聚乳酸。他们还进一步研究了不同类型的共引发剂，如苯甲醇（BnOH）、CH_2Cl_2、甲苯和 THF 对以 Cu-HMBBD 为催化剂的 ROP 的影响。以 BnOH 为共引发剂、Cu-HMBBD 为催化剂，最终产物分子量达到峰值 28600 时转化率高达 94.6%。此外，用 BnOH 作为共引发剂也使得聚合时间从 24h 缩短到 11h，这是由于 BnOH 的极性溶剂与 Cu-HMBBD 在聚合反应中有良好的相互作用。Kang 等（2015）还合成了两种铁配合物即含有乙酰丙酮（acac）配体的二聚铁（Ⅲ）配合物和作为丙交酯 ROP 催化剂的三齿手性席夫碱配体，以形成聚乳酸。与含乙酰丙酮（acac）配体的二聚铁（Ⅲ）配合物相比，当三齿手性席夫碱配体在丙交酯的 ROP 过程中作为催化剂时，转化率从 22% 提高到 97%，最终产物的分子量从 2400 提高到 7300，如表 2-12 所示。Li 等（2015）合成了四种不同的铝配合物，分别为 [2-（苯胺）环庚三烯酮] $AlMe_2$、{2-[2-（苯氧基）苯胺] 环庚三烯酮} $AlMe_2$、{2-[2-（2，6-二异丙基苯氧基）苯胺] 环庚三烯酮} $AlMe_2$ 和 {2-[2-（苯硫基）苯胺] 环庚三烯酮} $AlMe_2$。以合成的铝配合物为催化剂，以苯甲醇为共引发剂，在 80℃ 甲苯中进行丙交酯的 ROP 反应。与其他铝配合物相比，发现在聚合反应中使用 [2-（苯胺）对苯二甲酸] $AlMe_2$ 作为催化剂的转化率最低（为 52%），而使用 {2-[2（苯氧基）苯胺] 对苯二甲酸} $AlMe_2$ 作为催化剂的转化率和分子量最高（分别为 92% 和 14100。Schmitz 等（2018）还通过将 NNO 席夫碱酮亚胺

与作为 L-丙交酯和外消旋丙交酯 ROP 催化剂的三（2，6-二甲基苯氧基）的不同取代基反应合成了七个铝离子对配合物，以制备聚乳酸。Luo 等（2017）利用 Zn（NO₃）₂·6H₂O、1，4-二氮杂二环［2，2，2］辛烷（H₂BDC）和1，4-苯二甲酸（DABCO）合成了四种不同类型的金属有机骨架 MDABCO（例如：ZnDABCO）。Luo 等（2017）已经证实了无需共引发剂，MDABCO 催化剂高度活跃于生产聚乳酸的 L-丙交酯的 ROP 中，尤其是 ZnDAB-CO 转化率和分子量最高，如表 2-13 所示。以 LA 为共引发剂，他们进一步研究了 ZnDAB-CO 作为催化剂对 L-丙交酯 ROP 的影响。发现 LA 用作共引发剂，ZnDABCO 用作催化剂，可以大大提高体系的聚合活性。CaoVilla 等（2018）通过 ZnEt₂ 与不同类型的吡咯亚胺配体反应，成功合成了四种不同类型的锌双吡咯亚胺配合物（Zn1、Zn2、Zn3、Zn4）。他们研究了在丙交酯 ROP 中这些合成的锌-双吡咯烷亚胺配合物作为催化剂的丙交酯转化率和最终产物分子量。结果表明，在80℃和96h的聚合温度和时间下，加入 BnOH 且使用 Zn1 为催化剂时，丙交酯的转化率可达99%。然而，当聚合温度从80℃升高到130℃并持续1h时，丙交酯的转化率显著降低。在所有合成的锌双吡咯亚胺配合物中，丙交酯的 ROP 反应利用 Zn2 和 Zn3 作为催化剂，在130℃和1h的聚合温度和时间下，以 BnOH 为共引发剂，得到了高达 19330～19390 的最大分子量和 94%～97% 的转化率。Caovilla 等（2018）还发现，当过量苯甲醇作为共引发剂时，Zn1、Zn2、Zn3 和 Zn4 催化丙交酯的 ROP 反应生成聚乳酸的聚合速度更快，控制效果更好。

表 2-12　各种类型的合成催化剂对丙交酯的开环聚合反应的分子量和转化率的影响（第 1 部分）

催化剂	合成工艺	共引发剂	分子量(M_w)/转化率	参考文献
由 ONNO 四齿配体 N,N'-双(2-羟基-3-甲氧基苯甲醛)苯 1,2-二胺负载的铜(Ⅱ)配合物(Cu-HMBBD)	由 2-羟基-3-甲氧基苯甲醛，1,2-二氨基苯和铜盐合成	苄醇（BnOH）(极性) CH₂Cl₂(极性) 甲苯(非极性) 四氢呋喃(非极性)	M_w 高达 28600;转化率:94.6% M_w 高达 22900;转化率 92.4% M_w 高达 19400;转化率 80.7% M_w 高达 17100;转化率 56.5%	Routaray 等(2015)
带有乙酰丙酮(acac)配体的二聚体铁(Ⅲ)配合物	由 Fe(acac)₃ 与 Sai^{Bu}H 的乙醇溶液缩合反应合成	—	M_w 从 2200 增加到 2400；转化率从 20% 提高到 47%	Kang 等(2015)
三齿手性席夫碱配体	通过将 Fe(acac)₃ 添加到 SaiH 的乙醇中进行合成	—	M_w 从 2400 增加到 7300；转化率从 22% 提高到 97%	Kang 等(2015)
铝配合物：[2-(苯胺)环庚三烯酮]AlMe₂	使用 2-(苯胺)环庚三烯酮 和 AlMe₃ 进行合成	苄醇(BnOH)	M_w=14100;转化率:92%	Li 等(2015)
铝配合物：{2-[2-(苯氧基)苯胺]环庚三烯酮}AlMe₂	用 2-[2-(苯氧基)苯胺]环庚三烯酮和 AlMe₃ 合成	苄醇(BnOH)	M_w=14100;转化率:92%	Li 等(2015)

续表

催化剂	合成工艺	共引发剂	分子量(M_w)/转化率	参考文献
铝配合物：{2-[2-(2,6-二异丙基苯氧基)苯胺]环庚三烯酮}AlMe₂	使用 2-[2-(2,6-二异丙基苯氧基)苯胺]环庚三烯酮和 AlMe₂ 的合成	苄醇(BnOH)	$M_w=7340$；转化率：80%	Li 等(2015)
铝配合物：{2-[2-(苯硫基)苯胺环庚三烯酮]}AlMe₂	2-[2-(苯硫基)苯胺]环庚三烯酮和 AlM₂ 的合成	苄醇(BnOH)	$M_w=12100$；转化率：70%	Li 等(2015)

表 2-13　各种类型的合成催化剂对丙交酯的开环聚合反应的分子量和转化率的影响（第 2 部分）

催化剂	合成工艺	共引发剂	分子量(M_w)/转化率	参考文献
金属有机骨架（MOFs）MDABCO 或 M（其中 M = Co、Ni、Cu、Zn） • ZnDABCO • CoDABCO • NiDABCO • CuDABCO	由 Zn(NO₃)₂·6H₂O，1,4-二氮杂双环[2,2,2]辛烷（或称为 H₂BDC）和 1,4-苯二硼酸酯（DABCO）合成	—	• $M_w=4751$；转化率：96% • $M_w=4155$；转化率：95% • $M_w=2314$；转化率：96% • $M_w=2379$；转化率：90%	Routaray 等(2015)
锌双吡咯化物-亚胺络合物：[双{2-(C₄H₃N-2′-CH＝N)Ph-2-OPh}Zn]或 Zn1	由 ZnEt₂ 和配体 2-(C₄H₃N-2′-CH=N)Ph-2-OPh 合成	苄醇(BnOH)	$M_w=10620$；转化率：99%（温度：80℃，时间：96h） $M_w=9600$；转化率：69%（温度：130℃，时间：1h）	Caovilla 等(2018)
双吡咯啉亚胺锌配合物：[双{2-(C₄H₃N-2′-CH＝N)C₂H₄O-Ph}Zn]或 Zn2	由 ZnEt₂ 和配体 2-(C₄H₃N-2′-CH=N)C₂H₄O-Ph 合成	BnOH	$M_w=13040$；转化率：97%（温度：80℃，时间：96h） $M_w=19390$；转化率：94%（温度：130℃，时间：1h）	Caovilla 等(2018)
双吡咯啉亚胺锌配合物：[双{2-(C₄H₃N-2′-CH＝N)C₂H₂Ph-2-OMe}Zn]或 Zn3	由 ZnEt₂ 和配体 2-(C₄H₃N-2′-CH=N)C₂H₂Ph-2-OMe 合成	BnOH	$M_w=9750$；转化率：92%（温度：80℃，时间：96h） Mw=19330；转化率：97%（温度：130℃，时间：1h）	Caovilla 等(2018)
双吡咯啉亚胺锌配合物：[双{2-(C₄H₃N-2′-CH＝N)Ph-2-SPh}Zn]或 Zn4	由 ZnEt₂ 和配体 2-(C₄H₃N-2′-CH=N)Ph-2-SPh 合成	BnOH	$M_w=9600$；转化率：96%（温度：80℃，时间：96h） $M_w=9660$；转化率：70%（温度：130℃，时间：1h）	Caovilla 等(2018)

2.5　结论

　　PLA 由起始物质 LA 产生，LA 通过碳水化合物发酵而得。PLA 可采用 DP 法或丙交酯开环聚合法生产而得。在这两种方法中，丙交酯开环聚合仍然是应用最广泛的，因为该方法产率较高，毒性较低。此外，丙交酯开环聚合适用于丙交酯与己内酯、乙交酯或二氧烷酮共聚，其中需测定 PLA 中的丙交酯和 D-乳酸以避免过量。催化剂的选择对于这两种聚合方法（DP 或丙交酯的 ROP）也非常重要。合适的催化剂可以有效地诱导 LA 或丙交酯转化为 PLA，并提高所形成的 PLA 的分子量。总的来说，了解 PLA 的生产和质量控制，对于保证 PLA 的长远发展是非常有帮助的。

参 考 文 献

Achmad，F.，Yamane，K.，Quan，S.，Kokugan，T.，2009. Synthesis of polylactic acid by direct polycondensation under vacuum without catalysts，solvents and initiators. Chem. Eng. J. 151，342-350.

Ajioka，M.，Enomoto，K.，Suzuki，K.，Yamaguchi，A.，1995. basic properties of polylactic acid produced by the direct condensation polymerization of lactic acid. Chem. Soc. Jpn. 68（8），2125-2131.

Averianov，I. V.，Korzhikov-Vlakh，V. A.，Moskalenko，Y. E.，Smirnova，V. E.，Tennikova，T. B.，2017. One-pot synthesis of poly（lactic acid）with therm-inal methacrylate groups for the adjustment of mechanical properties of bio-materials. Mendel. Communicat. 27，574-576.

Axelsson，L.，2004. Lactic acid bacteria：classification and physiology. In：Salminen，S.，von Wrignht，A.，Ouwehand，A.（Eds.），Lactide Acid Bacteria：Microbiological and Functional Aspects. Marcel Dekker，New York，USA，pp. 1-66.

Bai，Y.，Lei，Z.，2007. Polycondensation of lactic acid catalyzed by organic acid anhydrides. Polym. Internal. 56（10），1261-1264.

Bezwada，R. S.，1995. Liquid copolymers of epsilon-caprolactone and lactide. U. S. Patent 5 442 033. U. S. Patent Office.

Caovilla，A.，Penning，J. S.，Pinheiro，A. C.，Hild，F.，2018. Zinc bis-pyrrolide-imine complexes：synthesis，structure and application in ring-opening poly-merization of rac-lactide. J. Organomet. Chem. 863，95-101.

Carothers，W. H.，Dorough，G. L.，vanNatta，F. J.，1932. J. Am. Chem. Soc. 54，761-772.

Deshpande，S. S.，2002. Handbook of Food Toxicology. Marcel Dekker，New York，Basel.

Garlotta，D.，2001. Aliterature review of poly（lactic acid）. J. Polym. Environ. 9，63-84.

Gruber，P. R.，Hall，E. S.，Kolstad，J. J.，Iwen，M. L.，Benson，R. D.，Borchardt，R. L.，et al.，1993. Continuous process for manufacture of a purified lactide. U. S. Patent 5 274 073，U. S. Patent Office.

Hartmann，H.，1998. High molecular weight polylactic acid polymers. In：Kaplan，D. L.（Ed.），Biopolymers from Renewable Resources. Springer-Verlag，Berlin，pp. 367-411.

Henton，D. E.，Gruber，P.，Lunt，J.，Randall，J.，et al.，2005. Polylactic acid technology. In：Mohanty，A. K.，Misra，M.，Drzal，L. T.（Eds.），Natural Fibers，Biopolymers，and Biocomposites. Taylor & Francis，Boca Raton，FL，pp. 527-577.

Huang，W.，Cheng，N.，Qi，Y.，Zhang，T.，Jiang，W.，Li，H.，et al.，2014. Synthesis of high molecular weight poly（L-lactic acid）and poly（D-lactic acid）with improved thermal stability via melt/solid polycondensation cata-lyzed by biogenic creatinine. Polymer 55，1491-1496.

Jem，K. J.，Por，J. F. v. d.，Vos，S. d.，et al.，2010. Microbial lactic acid，its poly-mer poly（lactic acid），and their industrial applications. In：Chen，G. -Q.（Ed.），Plastics From Bacteria：Natural Functions and Applications. Microbiology Monographs，14，pp. 323-345.

Jing，S.，Peng，W.，Tong，Z.，Baoxiu，Z.，2006. Microwave-irradiatedring-opening polymerization of D，L-lactide under atmosphere. J. Appl. Polym. Sci. 100，2244-2247.

John，R. P.，Anisha，G. S.，Nampoothiri，K. M.，Pandey，A.，2009. Direct lactic acid fermentation：focus on simultaneous saccharification and lactic acid production. Biotechnol. Adv. 27，145-152.

Kang，Y. Y.，Park，H. R.，Lee，M. H.，An，J.，Kim，Y.，Lee，J.，2015. Dimucleariron（Ⅲ）complexes with different ligation for ring opening polymerization of lactide. Polyhedron 95，24-29.

Karidi，K.，Mantourlias，T.，Seretis，A.，Pladis，P.，Kiparissides，C.，2015. Synthesis of high molecular weight linear and branched polylactides：a comprehensive kinetic investigation. Europ. Polym. J. 72，114-128.

Korhonen，H.，Helminen，A.，Sppala，J. V.，2001. Synthesis of polylactides in the presence of co-initiators with different numbers of hydroxyl groups. Polymer 42，7541-7549.

Kowalski，A.，Duda，A.，Penczek，S.，2000. Kinetics and mechanism of cyclicesters polymerization initiated with Tin（Ⅱ）octoate. 3. Polymerization of L，L-dilactide. Macromolecules 33，7359-7370.

Li，M.，Chen，M.，Chen，C.，2015. Ring-opening polymerization of rac-lactide using anilinotropone-based aluminum complexes-sidearm effect on the catalysis. Polymer 64，234-239.

Luo，Z.，Chaemchuen，S.，Zhou，K.，Gonzalez，A. A.，Verpoort，F.，2017. Influence of lactic acid on the catalytic performance of MDABCO for ring-opening polymerization of L-lactide. Appl. Cataly. A，General. 546，15-21.

Moon，S. I.，Lee，C. W.，Miyamoto，M.，Kimura，Y.，2000. Meltpolycondensa-tion of L-lactic acid with Sn（Ⅱ）catalyst activated by various photon acids：adirect manufacturing route to high molecular weight poly（L-lactic acid）．J. Polym. Sci. Part A Polym. Chem. 38，1673-1679.

Moon，S. I.，Lee，C. W.，Taniguchi，I.，Miyamoto，M.，Kimura，Y.，2001. Melt/solid polycondensation of L-lactic acid：an alternative route to poly（L-lactic acid）with high molecular weight. Polymer 42，5059-5062.

Nampoothiri，K. M.，Nair，N. R.，John，R. P.，2010. An overview of the recent devel-opments in polylactide（PLA）research. Bioresour. Technol. 101，8493-8501.

Narayanan，N.，Roychoudhury，P. K.，Srivastava，A.，2004. L（+）lactic acid fermentation and its product polymerization. Electron. J. Biotechnol. 7（2），167-179.

Nature Works L. L. C.，2010a. Quantification of Residual Lactide in Polylactide（PLA）by Gas Chromotography（GC）Using a Flame Ionization Detector（FID）-External Release Version.

NatureWorks L. L. C.，2010b. Evaluation of ‰D-Lactic Acid Content of Polylactide（PLA）Samples by Gas Chromatography（GC）Using A Flame Ionization Detector（FID）-External Release Version.

Norddahl，B.，2001. Fermentative Production and Isolation of Lactic Acid. U. S. Patent No. 6 319 382 B1，U. S. Patent Office.

Ohara，H.，Ito，M.，Sawa，S.，etal.，2003. Process for producing lactide and process for producing polylactic acid from fermented lactic acid employed as starting material. U. S. Patent 6 569 989 B2，U. S. Patent Office.

Okuzumi，Y.，Mellon，A. D.，Wasserman，D.，et al.，1979. Addition Copolymers of Lactide and Glycolide and Methodof Preparation. U. S. Patent 4 157 437，U. S. Patent Office.

Pivsa-Art，S.，Tong-ngok，T.，Junngam，S.，Wongpajan，R.，Pivsa-Art，W.，2013. Synthesis of poly（D-lacticacid）using a 2-steps direct polycondensa-tion process. Energy Procedia 34，604-609.

Reddy，G.，Altaf，M.，Naveena，B. J.，Venkateshwar，M.，Kumar，E. V.，2008. Amylolytic bacterial lactic acid fermentation-a review. Biotechnol. Adv. 26，22-34.

Ren，H.，Ying，H.，Ouyang，P.，Xu，P.，Liu，J.，2013. Catalyzed synthesis of poly（L-lacticacid）by macroporous resin Amberlyst-15 composite lactate utilizing melting polycondensation. J. Molecul. Cataly. A；Chem. 366，22-29.

Robison，P.，1988. Lactic Acid Process. U. S. Patent No. 4 749 652，U. S. Patent Office.

Routaray，A.，Nath，N.，Mantri，S.，Maharana，T.，Sutar，A. K.，2015. Synthesis and structural studies of copper（Ⅱ）complex supported by—ONNO—tetra-dentate ligand：efficient catalyst for the ring-openingpolymerization of lactide. Chinese J. Catal. 36，764-770.

Schmitz，L. A.，McCollum，A. M.，Rheingold，A. L.，Green，D. B.，Fritsch，J. M.，2018. Synthesis and structures of aluminum ion-pair complexes that act as L-and racemic-lactide ring opening polymerization initiators. Polyhedron 147，94-105.

Takenaka，M.，Kimura，Y.，Ohara，H.，2017. Molecular weight increase driven by evolution of crystal structure in the process of solid-state polycondensation of poly (L-lacticacid) . Polymer126，133-140.

Tsao，G. T.，Lee，S. J.，Tsai，G. -J.，Seo，J. -H.，McQuigg，D. W.，Vorhies，S. L.，et al.，1998. Process for Producing and Recovering Lactic Acid. U. S. Patent No. 5 786 185，U. S. Patent Office.

Vink，E. T. H.，Davies，S.，Kolstad，J. J.，2010. The eco-profile for current Ingeo ® polylactide production. Ind. Biotechnol. 6，212-224.

Wu，L.，Cao，D.，Huang，Y.，Li，B. G.，2008. Poly (L-lacticacid) /SiO$_2$ nanocomposites via in situ melt polycondensation of L-lactic acid in the presence of acidic silica sol：preparation and characterization. Polymer 49，742-748.

Yu，Y.，Storti，G.，Morbidelli，M.，2009. Ring-opening polymerization of L，L-lactide：kinetic and modeling study. Macromolecules 42，8187-8197.

Zhang，X.，MacDonald，D. A.，Goosen，M. F. A.，McAuley，K. B.，1994. Mechanism of lactide polymerization in the presence of stannous octoate：the effect of hydroxyl and carboxylic acid substances. J. Polym. Sci. PartA：Polym. Chem. 32 (15)，2965-2970.

延 伸 阅 读

Bezwada，R. S.，Cooper，K.，1997. Highstrength，melt processable，lactide-rich，poly (lactide-*co-p*-dioxanone) co-polymers. U. S. Patent 5639851，U. S. Patent Office.

第3章

聚乳酸的热性能

3.1 简介

聚乳酸（PLA）是一种可生物降解的脂肪族半结晶聚酯，先由其单体乳酸作为低聚物直接缩合反应，然后进行环丙交酯二聚体的开环聚合。乳酸光学单体由 L-乳酸和 D-乳酸组成，如图 3-1 所示。由这两种光学单体，乳酸低聚物可组成三种可能的丙交酯立体形态：L-丙交酯、D-丙交酯和内消旋丙交酯（也称为 D，L-丙交酯；见图 3-2）。通过催化开环聚合将纯化的 L-丙交酯、D-丙交酯和内消旋丙交酯二聚体转化为相应的高分子量聚酯。PLA 的立体化学组成对其熔点、结晶速率、结晶程度和力学性能都有显著影响（Drumright et al.，2000）。本章讨论了 PLA 和 PLA 基复合材料的热性能，包括热容、热转变、热分解和结晶。

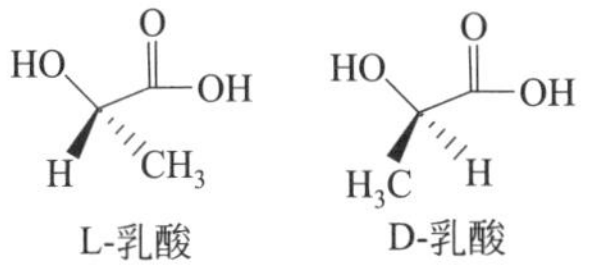

图 3-1 乳酸的光学单体

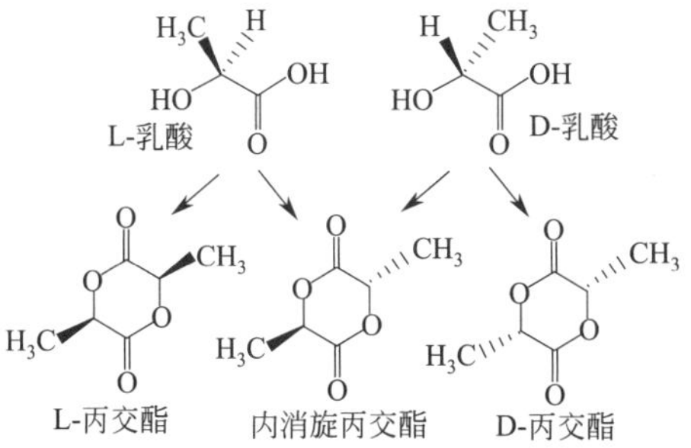

图 3-2 丙交酯的立构形式

PLA 的热性能通常通过差示扫描量热法（DSC）、热重分析（TGA）和动态力学分析来确定。PLA 的结晶行为、结晶度和热性能取决于聚合物的分子量、聚合条件、热历程、纯度等（Fambri，Migliaresi，2010）。Achmad 等（2009）报道过聚（L-丙交酯）（PLLA）和聚（D-丙交酯）（PDLA）是熔点约为 180℃ 的半结晶聚合物，而共聚物聚（D，L-丙交酯）

（PDLLA）是玻璃化转变温度仅为 50～57℃ 的无定形材料。从表 3-1 看出，不同的丙交酯异构体对 PLA 的分子量（M_n）、玻璃化转变温度（T_g）、熔融温度（T_m）、热熔和结晶温度（T_c）均有显著影响。可以观察到无论单体异构体类型是 L 还是 D，PLA 的 T_g 和 T_m 都随 M_n 的增加而增加。当温度低于 T_g 时，T_g 的信息对聚合物非常重要，因为材料基本上是冻结的，所以不可能进行大规模的分子运动，而如果温度高于 T_g，在其重复单元（如聚合物中的单个单元）的尺度上，分子运动能够发生，使其变得"柔软"或"有弹性"。换句话说，聚合物的 T_g 与其加工性和使用温度有关。低 T_g 的 PLA 不适合装热水，因为材料会软化和变形。

表 3-1　异构体对聚乳酸热性能的影响（Ahmed et al.，2009）

异构体类型	$M_n/\times 10^3$	M_w/M_n	T_g/℃	T_m/℃	ΔH_m/(J/g)	T_c/℃	ΔH_c/(J/g)
L	4.7	1.09	45.6	157.8	55.5	98.3	47.8
D，L	4.3	1.90	44.7	—	—	—	—
L	7.0	1.09	67.9	159.9	58.8	108.3	48.3
D，L	7.3	1.16	44.1	—	—	—	—
D	13.8	1.19	65.7	170.3	67.0	107.6	52.4
L	14.0	1.12	66.8	173.3	61.0	110.3	48.1
D	16.5	1.20	69.1	173.5	64.6	109.0	51.6
L	16.8	1.32	58.6	173.4	61.4	105.0	38.1

然而，由 L-乳酸和 D-乳酸聚合而成的 PDLLA 共聚物，即使在高分子量下也无法检测到熔融和结晶，这是因为无规立构影响了冷却时的微观结构重排。同时，在比较了 M_n 为 4.7×10^3 和 14.0×10^3 的 L 异构体后发现，分子量对结晶热 ΔH_c（0.3J/g）的影响很小，但结晶温度提高了 12℃，说明长链聚乳酸分解分子间键需要较高的动能，而聚乳酸的结晶自由能保持不变。这体现了 PLA 结晶的局限性。然而，聚合度分布（M_w/M_n）对 PLA 热性能的影响趋势并不明显。

3.2　聚乳酸的热转变和结晶

L-乳酸和 D-乳酸立体异构体作为微生物活动的产物自然存在。然而，L 型乳酸较常见，它也偶尔以外消旋混合物的形式存在。典型的低分子量乳酸 L 型和 D 型混合在一起可以形成外消旋晶体。这可以以乳酸的环状形式实现，称为 L-丙交酯或 D-丙交酯，其熔点为 97.5℃，而其外消旋化合物在 124℃ 下熔化（Tsuji et al.，1991）。PDLA 和 PLLA 的混合可以形成熔点为 230℃ 的立体复合结构，其熔点大大高于各自纯 PDLA 和 PLLA 的 180℃。Ikada 等（1987）在一项使用 X 射线衍射的研究中证明了这一点，显示了 PDLA 和 PLLA 共混形成复合结构时晶体结构的差异。Tsuji 等（1991）引用了 Sakakihara 等（1973）的研究结果：当等摩尔比的光学活性聚合物混合在一起时，立体聚合物发生光学补偿，导致晶体区域或单元中形成非活性材料。立体配合物的并排堆叠有望在较高的熔融温度下形成致密有序的结构。

PLLA 是一种半结晶聚合物，熔点范围约为 180℃，结晶度约为 70%。它可以采用注射成型和挤出成型等加工工艺。这种 L 型聚合物由于结晶度高而显得在所有可吸收聚乳酸中降解速率最慢（Bendix，1998）。半结晶 PLA 比无定形 PLA 具有更高的剪切黏度。然而，随着温度的升高，无定形和半结晶 PLA 的剪切黏度均降低（Auras et al.，2004）。半结晶 PLA 同时具有 T_g 和 T_m。当温度高于 T_g（即＞58℃）时，PLA 是橡胶状的，而在 T_g 以下，它变成玻璃状的，但其分子仍然能够蠕动，直到它被冷却到其转变温度大约−45℃以下时，才表现为脆性聚合物（Henton et al.，2005）。然而，PDLLA 是一种无定形聚合物，没有熔点，其 T_g 在 50～60℃ 之间。因此，聚合可以很容易地在熔体中进行，最好是在能够处理高黏性介质的反应器中进行（Martin，Avérous，2001）。相比之下，立体复合 PLLA-PDLA 共混物的熔融温度为 220～230℃，高于 PLLA 和 PDLA。与纯 PLLA 和 PDLA 相比，PLLA-PDLA 共混物还具有更高的抗水解性（Yu et al.，2006）。

　　PLLA 和 PDLA 是结晶聚合物，这归因于原始单体的对映体纯度和聚合物链的立体规整性。然而，由等摩尔量的 L-丙交酯和 D-丙交酯无规共聚而成的 PDLLA，由于其不规则结构而通常保持为无定形态（Ahmed et al.，2009）。不过，大多数 PLA 是结晶型的，因为大多数乳酸来源于微生物的活动产生的 L 型异构体。Auras 等（2004）报道称，根据光学活性 L-和 D，L-对映体的组成，PLA 可以以三种形式结晶（α，β 和 γ）。与 T_m 为 175℃ 的 β-结构相比较，α-结构较更稳定，熔点为 185℃。PLA 的 D 和 L 异构体在热性能上无显著差异，D，L-丙交酯在相同分子量下表现出无定形行为。换言之，两种 D，L 型和 D 或 L 异构体之间的显著差异，导致了微观结构的差异。L-PLA 和 D，L-PLA 的典型热图如图 3-3 所示（Ahmed，Varshney，2011）。在 171.97℃ 和 101.77℃ 处的峰值 ［图 3-3（a）］ 表示 PLLA 的熔点和结晶，PDLLA 是无定形聚合物，仅在 52.73℃ 下表现出玻璃化转变 ［图 3-3（b）］。

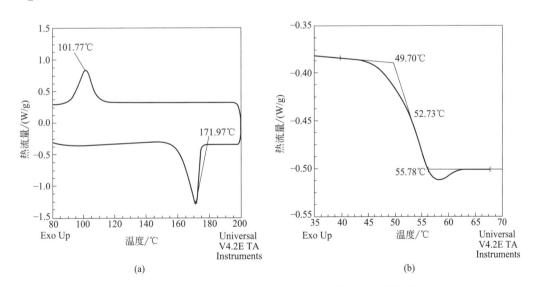

图 3-3　聚（L-丙交酯）(a) 和聚（D，L-丙交酯）(b) 的温度变化

改编自 Ahmed J，Zhang J，Song Z，et al. Thermal properties of polylactides：effect of molar mass and nature of lactide isomer. J Therm Anal Calorim. 2009，95，957-964。

　　因此，PLA 的 T_g 取决于聚合物的分子量和光学纯度。如 Dorgan 等（2005）所报道，L-丙交酯含量较高的 PLA 比相同含量 D-丙交酯的聚合物具有更高的 T_g 值（Dorgan et al.，2005）。一般来说，T_g 与分子量之间的关系可用 Flory-Fox 方程表示：

$$T_g = \frac{T_g^\infty - K}{\overline{M_n}} \tag{3-1}$$

　　式中，T_g^∞ 是无限分子量下的 T_g；K 是表示聚合物链末端基团的过量自由体积的常数；$\overline{M_n}$ 是平均分子量。在 PLLA 和 PDLLA 的文献报道中，T_g^∞ 和 K 值分别约为 57～58℃ 和 (5.5～7.3)×10^4（Jamshidi et al.，1988）。

　　Lim 等（2008）报道，热历史对 PLA 的玻璃化转变行为有重大影响。将聚合物熔体快速冷却或淬火（>500℃/min）产生高度无定形聚合物。这种情况在注射成型过程中经常出现，会导致成型产品的收缩、翘曲甚至不透明。图 3-4 显示了两种无定形 PLA 的典型 DSC 分析，即本来就是无定形的 PDLLA（$M_w = 70000$）样品和在熔化后以 100℃/min 快速冷却淬火到无定形态的 PLLA（$M_w = 200000$）样品。在这两种情况下，T_g 都很明显，约 65℃（Fambri，Migliaresi，2010）。然而，PLA 的 T_m 也与其光学纯度有关。纯化学立构 PLA（L 或 D）最大可实际获得 T_m 约为 180℃，熔为 40～50J/g。然而，PLA 的 T_m 值普遍在 130～160℃ 范围内。内消旋丙交酯在聚合中的 T_m 抑制效应可以产生积极的影响，因为它可以通过减少热降解和水解降解来改善加工性能，或导致丙交酯形成的逆向反应（Lim et al.，2008）。此外，纯 PLA 结晶速率最快的温度范围为 110～130℃（Fambri，Migliaresi，2010）。结晶条件影响 PLLA 结晶成 α、β 和 γ 三种不同晶型的方式（Vasanthan，Ly，2009）。PDLA 和 PLLA 共混立体配合物的 X 射线衍射结果表明，其晶体结构与均聚物并不相同（Martin，Avérous，2001）。

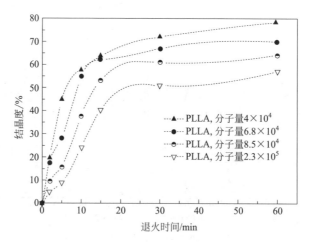

图 3-4　退火时间对在 160℃下压缩成型的聚（L-丙交酯）结晶度的影响

改编自 Migliaresi C，Cohn D，De Lollis A，et al. J. Appl. Polym. Sci.，1991，43：83-95。

　　根据 Auras 等（2004）的说法，在 75℃ 的温度到无定形 PLA 的熔点之间退火可以提高 PLA 的结晶度。这适用于最初可结晶的 PLA 共聚物，即 PLA 应具有良好的立体化学纯度。此外，如图 3-5 所示，聚合物的结晶度随着退火时间的延长和分子量（M_w）减小而增加，这是非常有利的。Migliaresi 等（1991）的研究表明，慢速退火可以逐步促进晶体结构中链段重排的运动。同时，不同的冷却速度也会导致晶体形态的变化，在高的过冷度下形成规则的几何形状和轮廓分明的球晶，在较低的分解温度下形成不规则形状和结构粗大的球晶（Fambri，Migliaresi，2010）。

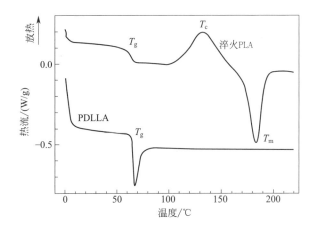

图 3-5　通过淬火（加热速率为 10℃/ min）制备的无定形聚（L-丙交酯）
（PLLA）和 PDLLA 的差示扫描量热图

改编自 Fambri L，Migliaresi C. In：Auras R，Lim L T，Selke S E M.，et al. Poly（lactic acid）：Synthesis，Structures，Properties，Processing，and Applications. John Wiley & Sons，Hoboken，New Jersey，2010：113-124。

通常，添加增塑剂会对聚合物的性能产生显著的影响。加入增塑剂可以在刚性聚合物中引入柔韧性，降低 T_m 和 T_g，从而显著改善加工性。尽管通过 L-丙交酯和 D-丙交酯异构体的共聚可引入无定形结构，从而降低 T_g，但 Kulinski 和 Piorkowska（2005）指出，无定形 PLA 的 T_g 仅比结晶 PLA 低 1～2K[$T(K)=t+273(℃)$]。然而，当仅添加 5% 的单甲醚聚乙二醇作为增塑剂后，结晶 PLA 的 T_g 从 59℃ 显著降低到 35～37℃，如图 3-6 所示。当增塑剂的含量增加到 10% 时，所有聚合物的 T_g 急剧下降到室温以下，几乎无法区分。由于增塑剂的存在导致 PLA 链段的流动性增强且随着增塑剂含量的增加而增强，聚乙二醇（PEG）和 PEG 的单甲醚对 PLA 的增塑有效地降低了 T_g（Kulinski，Piorkowska，2005）。然而，并没有证据表明单甲醚端基的反应影响了结晶 PLA 的 T_g——通过对比 P550（普通级聚乙二醇）和 P600（单甲醚聚乙二醇）的曲线显示而得。这可归因于 PLA 的结晶度比添加增塑剂的分子间相互作用具有更强的亲和力。

丙交酯用作 PLA 增塑剂的作用是显而易见的，然而，它倾向于向材料表面迁移，使材料表面变黏。长此以往，PLA 产品会因增塑剂流失过多而变硬。Baiardo 等（2003）比较了单体增塑剂乙酰柠檬酸三丁酯（ATBC）和 PEG 对 PLA 热性能的影响。他们发现 ATBC 的相容性极限为 50%（质量分数），而 PEG 在 PLA 中的相容性随分子量的增加而降低。当分子量 $M_w=400$ 和 $M_w=10000$ 时，典型 PEG 的相容性分别为 30% 和 5%（质量分数）。换言之，分子量较低时增塑剂的增塑效果更佳。近年来，其他增塑剂如葡萄糖酰甘油和部分脂肪酸酯（Hoffman，2002）也被用来提高 PLA 的柔韧性和抗冲击性。

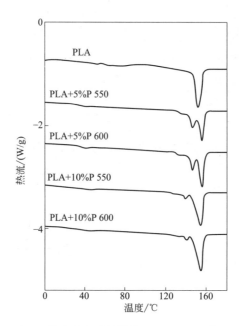

图 3-6　以 10 K／min 的速率记录的结晶 PLA 和用 5％和 10％质量分数的

P600 和 P550 增塑的 PLA 的 DSC 热图

改编自 Kulinski Z, Piorkowska E. Crystallization, structure and properties of plasticized

poly (L-lactide) . Polymer. 2005, 46: 10290-10300。

Pilin 等（2006）扩展了对 PLA 中食品级增塑剂影响的研究，如表 3-2 所示。用溶解度参数 δ 和相互作用参数 χ 评价 PLA 与增塑剂的相容性。当组分的 δ 接近或 $\chi < 0.5$ 时，可以认为混合物是相容的且不存在相分离。表 3-3 所示的 DSC 结果表明，对于所有增塑剂和组分，PLA 的熔融吸热都转移到低温部分。但是，低分子量 PEG 的熔融焓（ΔH_m）增加，这有助于解释 PEG-200 和 PEG-400 的宏观相分离现象。PBOH、乙酰甘油单月桂酸酯和癸二酸二丁酯（DBS）诱导 PLA 结晶的能力相当弱，而 PEG 能促进结晶度达到接近结晶 PLA 的值（55J/g），如 Younes 和 Cohn（1988）研究结果所示。此外，Pilin 等（2006）报道，这种现象是由于具有较高流动性的 PEG 增强了 PLA 大分子的流动性。高分子尺度的可相容性是获得显著 PLA 链流动性的理想条件。Martin 和 Avérous（2001）还发现，添加各种类型的增塑剂，如甘油、聚乙二醇、柠檬酸酯、聚乙二醇单月桂酸酯（M-PEG）和低聚物乳酸，可在 PLA 中诱导结晶并促进融合（表 3-4）。人们认为增塑剂可以提高层状重排的链迁移率，从而提高结晶度。

表 3-2　聚乳酸（PLA）与增塑剂之间的溶解度参数 δ 和相互作用参数 χ

名称	M_w	$\delta(0.5MPa)$	χ
聚乳酸（PLA）	74000	23.1	—
聚(1,3-丁二醇)(PBOH)	2100	21.3	2.3
癸二酸二丁酯	314	17.7	3.7
乙酰甘油单月桂酸酯（AGM）	358	18.5	1.5

名称	M_w	$\delta(0.5\text{MPa})$	χ
聚乙二醇(PEG-200)	200	23.5	0
聚乙二醇(PEG-400)	400	22.5	0.1
聚乙二醇(PEG-1000)	1000	21.9	0.5

资料来源:Pilin,2006。

表 3-3　纯组分和聚乳酸（PLA）/增塑剂混合物的熔融温度和熵

材料	100%		10%		20%		30%	
	$T_m/℃$	$\Delta H_m/(\text{J/g})$	$T_m/℃$	$\Delta H_m/(\text{J/g})$	$T_m/℃$	$\Delta H_m/(\text{J/g})$	$T_m/℃$	$\Delta H_m/(\text{J/g})$
纯 PLA	154.0	0.5	—	—	—	—	—	—
PEG-200	—	—	148.0	34.1	—	—	—	—
PEG-400	6.9	113	150.8	32.4	142.4	44.6	—	—
PEG-1000	39.8	149.4	153.0	32.1	150.6	38.6	149.3	41.3
PBOH	−15.5	1.8	152.5	1.3	151.9	23.9	151.0	34.3
AGM	−8.3	71.9	150.3	1.6	146.6	29.3	143.4	31.4
DBS	−6.9	160.8	148.8	2.2	144.2	32.3	143.4	32.0

资料来源:Pilin,2006。

立构化学高纯的 PLA 是一种半结晶聚合物，T_g 为 55℃，T_m 为 180℃。单体类型的变化可以显著改变 PLA 的结构性能。例如，市售有 D，L-丙交酯含量高达 30%（摩尔分数）的聚（L-丙交酯-co-D，L-丙交酯）共聚物，也有 T_g 为 40~50℃、含有高达 70% 的乙交酯的无定形化合物（D，L-丙交酯-co-乙交酯）共聚物（Bendix，1998）。特性变化是因为聚合物是由共聚单体的随机分布的。由于引入了不规则性，PLA 共聚物的 T_g 与乙交酯或 ε-己内酯共聚单体的含量成近似比例关系。而且，PLLA 中的立体化学缺陷会将所得聚合物的 T_m、结晶速率和结晶度（Migliaresi et al.，1991）降低到接近共聚单体特性的水平。此外，纤维的加入也会引起 PLA 热转变的改变。Gregorova 等（2009）的一项研究发现，与纯 PLA 相比，添加 20%（质量分数）未经处理的北美云杉（又名西加云杉，生长在北美）的天然纤维导致 T_g 上升至 52~54℃，结晶度提高到 25.0%~28.7%，T_m 不变。所用 PLA 的 T_g 为 46℃，T_m 为 150℃，结晶度为 18.2%。这种影响是由于 PLA 链的流动性在纤维存在下受限。Jang 等（2007）也观察到当 PLA 和淀粉混合时 T_m 不变（表 3-5）。加入淀粉后，T_g 和 T_m 变化不大，但熔解热降低。以马来酸酐为相容剂的进一步研究表明，PLA 与天然共混物的 T_g 也有所降低。虽然马来酸酐是作为相容剂引入的，但它会起到增塑的效果。这是因为顺丁烯二酸酐不会产生增强效应，但会增加天然纤维和 PLA 的黏附性以获得更好的延伸率，避免形成空隙，从而避免在加载时过早失效（Rahmat et al.，2009）。

表 3-4　聚乳酸（PLA）与增塑剂的热性能

材料	$T_g/℃$	$T_c/℃$	$T_m/℃$	结晶度/%
纯 PLA	58	—	152	1
PLA-10%甘油	54	114	142	24.3
PLA-20%甘油	53	110	141	25.4

续表

材料	T_g/℃	T_c/℃	T_m/℃	结晶度/%
PLA-10%柠檬酸酯	51	—	144	12
PLA-20%柠檬酸酯	46	—	142	20
PLA-10%聚乙二醇单月桂酸酯	34	94	148	22
PLA-20%聚乙二醇单月桂酸酯	21	75	146	24
PLA-10%聚乙二醇	30	82	147	26
PLA-20%聚乙二醇	12	67	143	29
PLA-10%低聚乳酸	37	108	144	21
PLA-20%低聚乳酸	18	76	132	24

资料来源：Martin，Avérous，2001。

表 3-5　聚（乳酸）-淀粉共混物的热特性和分子量

PLA/淀粉比/(质量比)	马来酸酐/份	T_g/℃	T_m/℃	结晶度/%	M_n	M_w	M_w/M_n
100/0	—	63	154	—	95000	231000	1.6
90/10	—	62	154	2	49000	125000	2.5
80/20	—	61	153	2	39000	76000	1.9
70/30	—	61	153	9	33000	66000	2.0
60/40	—	62	154	10	44000	78000	1.8
50/50	—	62	153	11	42000	76000	1.8
90/10	3	61	153	12	41000	74000	1.8
80/20	3	57	154	18	41000	77000	1.9
70/30	3	59	155	36	47000	86000	1.8
60/40	3	60	155	48	45000	82000	1.8
50/50	3	60	155	41	44000	84000	1.9

资料来源：Jang et al.，2007。

在 Jang 等（2007）的研究中，添加淀粉增加了 PLA 混合物的结晶度。由于淀粉诱导成核效应，PLA-淀粉共混物的结晶度提高（表 3-4）。对不同 PLA-淀粉共混物和纯 PLA 的数均和重均分子量（M_n 和 M_w）进行比较之后发现，只需加入 10%的淀粉，分子量就明显降低几乎一半。这种分子量的显著降低被认为是淀粉水分的存在使 PLA 中引发了水解反应。应注意的是，马来酸酐（MA）增容共混物的结晶度远高于淀粉含量相近的其他共混物。MA 增容共混物的结晶度随淀粉含量的增加而增加。增容剂还增强了 PLA-淀粉共混物中结构链排列的规则性，如图 3-7 中的扫描电子显微镜显微照片所示。当对比 MA 增容的 PLA-淀粉共混物形态时，共混体系形成了无边、无孔、无空穴的连续性。这种结晶度不影响键合强度；因此，虽然熔融热增加，但由于在共混过程中 MA 迁移到 PLA 中，T_g 和 T_m 保持不变。

PLA 在聚合物工业中被认为是能替代石油基聚合物的生物基聚合物。但由于 PLA 在低于其熔融温度下的热稳定性差，极大地限制了 PLA 在工业中的应用。PLA 的酯键会降解，所以 PLA 倾向于在熔融加工过程例如挤出、注塑成型工艺和批量混合过程中降解（SaeDu-

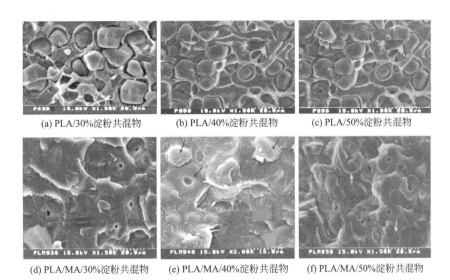

(a) PLA/30%淀粉共混物　　(b) PLA/40%淀粉共混物　　(c) PLA/50%淀粉共混物

(d) PLA/MA/30%淀粉共混物　(e) PLA/MA/40%淀粉共混物　(f) PLA/MA/50%淀粉共混物

图 3-7　添加和不添加马来酸酐增容剂的聚乳酸/淀粉的扫描电子显微镜显微照片

改编自 Jang W Y，Shin B Y，Lee T J，et al. Thermal properties and morphology of biodegradable
PLA/Starch compatibilized blends. J. Ind. Eng. Chem.，2007，13：457-464。

Lo et al.，2012)。此外，PLA 较低的玻璃化转变温度 T_g（约 60℃）也导致其耐热性差。
有些人研究了不同熔体加工方法的停留时间和温度对 PLA 摩尔质量减少的影响（Zhang et
al.，2008；Wang et al.，2015)。由于 $T\text{-}T_g$ 对 PLA 链的活性有影响，所以 PLA 的玻璃化
转变温度在 PLA 基体的结晶过程中起着重要的作用。根据 Saeidlou 等（2012），他们总结出
当 PLA 的分子量从 80 增加到 100 时，玻璃化转变温度急剧升高。然而，随着 PLA 分子量
的进一步增加，玻璃化转变温度保持为一个恒定的值。此外，PLA 的链结构也影响聚乳酸
的玻璃化转变温度（Pitet et al.，2007；Zhao et al.，2002)。与具有支链结构的 PLA 相比，
具有线型链结构的 PLA 具有更高的玻璃化转变温度值。这是因为线型 PLA 具有比末端基团
数目更多的支化 PLA 链更紧密的结构。Pitet 等（2007）研究发现支化 PLA 的玻璃化转变
温度比具有同等分子量的线型 PLA 低。这是因为支化 PLA 聚合物基体中存在较高的自由体
积并且 PLA 分子链具有更多的末端基团。此外，Zhao 等（2002）也发现他们制备的具有 32
臂的星形的 PLA 的玻璃化转变温度比线型 PLA 要低。Le Marec 等（2014）对未加工的
PLA 树脂进行了测试，并测定了其玻璃化转变温度和熔融温度分别为 58℃和 150.8℃，而
在 DSC 曲线上并没有出现结晶峰。这是因为 PLA 树脂在制造过程中已经结晶。Le Marec
等（2014）发现原始 PLA 的加工条件对玻璃化转变温度（约 56℃）没有显著影响。这是由
于加工条件没有改变 PLA 的链结构。

3.2.1　结晶温度对晶型的影响

　　PLA 基体中不同类型晶体结构的形成基本上受结晶工艺条件的影响。De Santis 和 Ko-
vacs（1968）以及 Kalb 和 Penning（1980）的研究发现，通过常规熔融和溶液结晶处理的
PLA 聚合物基体中存在 α 型晶体。他们还认为 α 型晶体是由 10_3 螺旋链构象在熔融结晶和

冷结晶过程中形成的。Zhang 等（2005）进行的一项研究发现，当 PLA 在 120℃以下结晶时，在 PLA 基体中会形成一种不同类型的晶体，α′型晶体。α′型晶体的结构体系与 α 型晶体结构相似，但与 α 型晶体相比，α′型晶体中的链堆积排列更为松散，排列更为随机（Kawai et al.，2007；Zhang et al.，2005）。然而，Zhang 等（2008）和 Kawai 等（2007）进一步指出，α′型晶体仅在低于 100℃的结晶温度下形成。他们也表示，当 PLA 在 100～120℃结晶时，α 型晶体结构和 α′型晶体结构共存于 PLA 基体中。与 α 型晶体结构相比，α′型晶体结构的链堆叠松散且有序结构少，使其模量低，阻隔性能较差。Eling 等（1982）研究表明，在高拉伸温度和高拉伸比下通过熔融纺丝或溶液纺丝工艺获得 PLLA 纤维时，α 型晶体结构被部分改变并转变为 β 型晶体。而且，Hoogsteen 等（1990）通过小角 X 射线散射实验发现 α 型晶体结构具有层状折叠链结构形态。另外，他们的研究结果也表明 β 型晶体结构是由层状折叠链结构的变形引起的，对应于纤维丝晶体。此外，Hoogsteen 等（1990）还得到 α 型晶体结构的熔融温度约为 185℃，而 β 型晶体结构的熔融温度约为 175℃。这是由于 β 型晶体中的链排列结构在高拉伸应力的作用下形成了不太完善的链堆叠结构。这是具有良好层状折叠链结构的 α 型晶体结构比 β 型晶体结构更稳定的主要原因。Cartier 等（2000）报道了在六甲基苯的晶体结构上外延结晶 PLA 形成的 γ 型晶体结构，其中两条链是反平行排列的，并在一个单位晶胞中形成。

一般而言，已知 PLA 基体具有三种不同类型的晶型，即 α 型、β 型和 γ 型晶体结构（Zhang et al.，2008；Saeidlou et al.，2012）。PLA 的这些晶体分型受结晶温度 T_c 的影响。Zhang 等（2008）通过对 85～150℃的温度范围进行 DSC 分析，分析了结晶温度对 PLA 热行为的影响。他们研究了三种不同分子量（980000、150000 和 50000）的 PLA 在结晶温度从 85℃升高到 150℃时的热行为。所选的结晶温度范围高于 PLA 的玻璃化转变温度（$T_g \approx$ 58℃）。他们发现分子量为 150000 的 PLA 样品在 85℃到 150℃的结晶温度下具有三种不同的熔融行为，如图 3-8 所示。根据 Zhang 等（2008）的说法，当结晶温度低于 110℃时，DSC 曲线上观察到有一个放热峰。这个小的放热峰出现在熔融峰（T_{m_1}）之前，这是由 α′型晶体结构转变为 α 型晶体结构所致。根据 Zhang 等（2008）提出的 X 射线衍射峰，在不同结晶温度下的所有 PLLA 样品的 XRD 曲线上都能清晰地观察到 200/100 和 203 两个最强的偏转结晶峰。当结晶温度低于 110℃时，其他偏转结晶峰如 103、010 和 210 等在 XRD 曲线上没有显示或只有微弱的信号。这是由于在较低的结晶温度下 PLLA 中存在着 α′型晶体结构。另一方面，当结晶温度在 110～130℃范围内时，观察到这个小的放热峰随着熔融峰（T_{m_2}）的出现而从 DSC 曲线上消失，如图 3-8 所示（Zhang et al.，2008）。熔融峰（T_{m_1} 和 T_{m_2}）的出现主要归因于 PLA 基体中 α 型晶体结构的熔融行为。这可以通过 Zhang 等（2008）的 XRD 观察进一步证明，其中晶体偏转峰 203 移动到更高的 2θ 值表示 PLLA 样品在此温度范围结晶形成了 α′型和 α 型晶体结构，如图 3-9 所示。当结晶温度高于 130℃时，在 PLA 的 DSC 曲线上观察到一个单独的熔融峰 T_{m_2}，如图 3-9 所示，表明 T_{m_1} 和 T_{m_2} 的熔融峰合并为一个熔点。这是因为随着结晶温度的升高，晶体中堆叠链有更大的致密性，导致晶体中的晶格间距变小。因此，在较高的结晶温度下，α′型晶体结构完全转变为稳定的 α 型晶体。

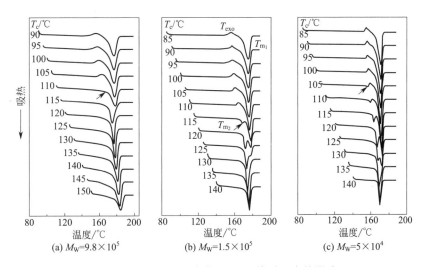

图 3-8　差示扫描量热曲线（a），焓（ΔH）的变化（b）和熔融温度的影响（c）（Zhang et al.，2008）

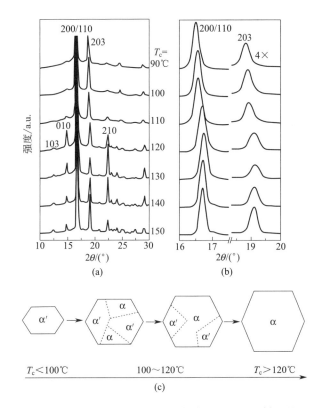

图 3-9　在不同结晶温度下熔融结晶的聚（L-丙交酯）（PLLA）样品的 XRD 曲线（a）和
（b）及提出的结晶温度对 PLLA 样品的晶型影响的模型（c）

改编自 Zhang J，Tashiro K，Tsuji H，et al. Disorder-to-order phase transtition and multiple melting behavior of poly（L-lactide） investgated by simultaneous measurements of WAXD and DSC. Macromol，2008，41：1352-1357。

Le Marec 等（2014）进行的一项研究发现，在 170℃的恒温下处理 10min 的 PLA 的结晶温度随着转速从 40r/min 增加到 150r/min 而逐渐降低。此外，随着加工转速的增加，

PLA 的分子量也逐渐减小。当处理时间增加到 30min，转速从 40r/min 提高到 75r/min 时，PLA 的结晶温度由 104.5℃提高到 106.6℃。然而，进一步将转速从 75r/min 提高到 150r/min 将降低结晶温度。Le Marec 等（2014）进行的研究还表明，加工过程中 PLA 分子量的降低可以通过降低结晶温度促进 PLA 结晶。这归因于 PLA 分子量的降低，导致 PLA 链的分子活动性变好，能结晶成更有序的排列结构。另一方面，Liuyan 等（2013）也研究了结晶温度对 PLA 结晶速率的影响。他们发现，提高结晶温度会显著延迟结晶速率，因为较高的温度会影响 PLA 分子链的流动性，并导致不稳定的晶核形成，因此需要更多时间来完成结晶过程。

3.2.2 成核剂对聚乳酸结晶的影响

PLA 具有良好的生物相容性和生物降解性，近年来受到聚合物工程界的广泛关注。PLA 是一种可生物降解的聚合物，可以通过埋入土壤，分解成水和二氧化碳。由于 PLA 具有生物相容性和可生物降解性，可取代石油基聚合物，在医疗器械、食品包装、餐具等领域广泛应用。然而，PLA 的热稳定性差、硬度和脆性等力学性能低，且结晶速率慢，限制了其在工业中的应用（Xu et al.，2015）。此外，这些 PLA 产品通常使用快速冷却的挤出和注塑工艺生产，使得 PLA 产品呈无定形态，具有较低的玻璃化转变温度。为了克服这些缺点，在 PLA 中添加成核剂是提高结晶速率和结晶度的有效途径（Xu et al.，2015；Gui et al.，2013）。Gui 等（2013）在他们的研究中研究了使用各种类型的商用成核剂（如 Millad 3988、Hyperform HPN-68L、WBG-Ⅱ、TMB-5、Bruggolen P22、Bruggolen、P25、PET-C 和 TMC-328）的效果。他们发现，加入 0.5%（质量分数）的 PET-C 和 TMC-328 后，PLA 的结晶度由 0 提高到 35%多。PET-C 是一种有机改性蒙脱石黏土，而 TMC-328 是一种酰胺类化合物。包括 Gui 等（2013），Feng 等（2018）和 Madera Santana 等（2016 年）在内的不同研究者研究出原始 PLA 在 $2\theta \approx 16.5°$ 处显示出一个宽且小的偏转峰 200/110。Gui 等（2013）发现添加 PET-C 和 TMC-328 极大地诱导了结晶并能使偏转峰 200/110 变尖，这说明晶粒尺寸和结晶度增加。在 Feng 等（2018）进行的一项研究中，他们研究了成核剂如硼酸、3，5-双（甲氧羰基）苯磺酸钾（LAK-301）、取代二元磷酸盐（TMP-5）、N'^1，N'^6-二苯甲酰二肼（TMC-306）、滑石粉和 N'^1，N'^6-（乙烷-1，2-二基）双（N_2-苯草酰酰胺）（OXA）对 PLA 结晶行为的成核效应。他们发现 TMC-306 和 OXA 成核剂的成核效率高达 49%。此外，他们还发现 TMC-306 和 OXA 成核剂对降低 PLA 的结晶时间有非常显著的作用。Wang 等（2015）研究了成核剂 TMC-328 的添加量从 0.2%（质量分数）增加到 0.6%对 PLA 结晶行为的影响。他们发现，随着 TMC-328 用量的增加，聚乳酸的结晶度逐渐降低。结果表明，增加成核剂 TMC-328 的用量可以提高 PLA 复合材料的结晶性能。此外，Xu 等（2015）对酰肼复合成核剂 TMC-306 的添加量对 PLA 结晶行为的影响进行了类似的研究。将 TMC-306 的添加量从 0.05%（质量分数）提高到 0.5%显著提高了 PLA 共混物 XRD 曲线上的偏转峰 200/110 的高度，并让峰变得尖锐。他们发现在 XRD 曲线上 $2\theta \approx 16.7°$ 和 19.1°处有两个明显的峰，这是一种原始 PLA 的 α 型晶体结构。他们还发现添加 TMC-306 加速了 PLA 整体的等温结晶过程。总之，成核剂的加入可以通过加速结晶速率来诱导 PLA 的结晶行为。

3.3　热分解

PLA 的高温分解取决于一系列因素，如分子量、结晶度、纯度、温度、pH 值、末端羧基或羟基的存在、透水性和具有催化作用的添加剂，其中可能包括酶、细菌或无机填料（Park，Xanthos，2009）。Celli 和 Scandola（1992）以及 Sodegard 和 Stold（2002）指出，PLLA 对热分解敏感，并且 PLA 的热分解受以下因素的影响：

（1）微量水分的水解，被水解单体——乳酸催化（图 3-10）；

（2）拉链状解聚，被剩余的聚合催化剂催化（图 3-11）；

（3）氧化、随机主链断裂；

（4）分子间酯交换反应生成单体和低聚酯（图 3-12）或非分子间酯交换反应生成低分子量的单体和低聚乳酸。

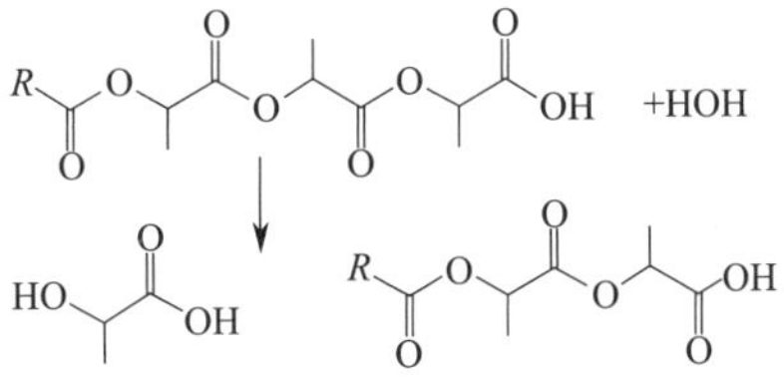

图 3-10　聚乳酸与水反应的水解

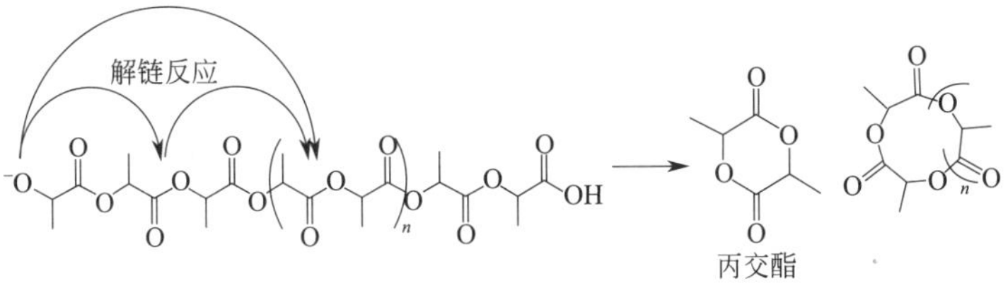

图 3-11　聚乳酸分解后的解链反应

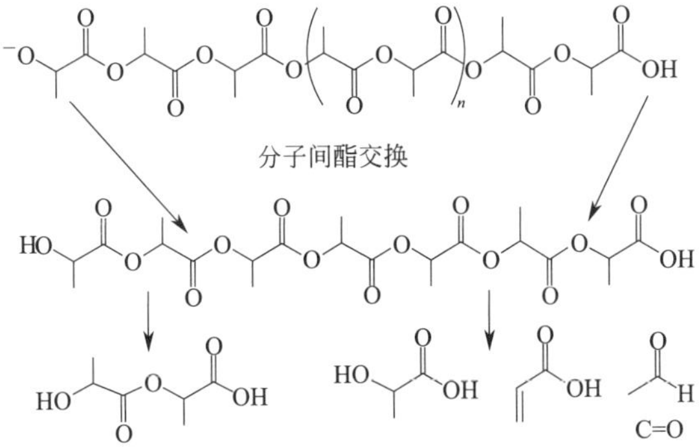

图 3-12　聚乳酸的酯交换反应

　　PLA 的分解温度一般为 $230\sim260\,℃$。因此，室温下使用 PLA 是安全的。PLA 很少在高温下使用，如用于装沸腾的水，因为它在温度大于 $60\,℃$ 时会失去其结构特性。虽然 PLA 不可能大量释放有毒物质，但仍需进一步关注残留的增塑剂或低聚物。PLA 在高于 $200\,℃$ 的温度下进行初始热分解，然后进行水解反应，再进行丙交酯重组、氧化主链断裂和分子间酯交换反应（Jamshidi et al.，1988）。在没有催化剂的情况下，热分解可以在 $200\,℃$ 下发生，但需要更高的温度来诱导更快更广泛的反应（Achmad et al.，2009）。

　　由于 PLA 是对加热高度敏感的聚合物之一，许多研究人员进行了改变 PLA 的研究。McNeil 和 Leiper（1985a）在几个温度下进行了 PLA 的等温降解，发现在 $240\sim270\,℃$ 温度范围内，活化能为 $119\mathrm{kJ/mol}$，其热降解机理被认为是由羟基端酯引发的。链裂解的发生会产生环状低聚物、丙交酯、乙醛和一氧化碳，最后在更高温度下产生二氧化碳和甲基酮等。在 McNeil 和 Leiper（1985b）的进一步研究中，当设定的加热温度达 $440\,℃$ 时，即挥发完成的温度，观察到低聚物占总挥发性成分的 50% 以上。二氧化碳、乙醛、乙烯酮和一氧化碳也在这种挥发性气流中形成。在热分解过程中，链末端的乙酰化反应使聚合物热性能提高了约 $30\,℃$。这说明羟基参与了 PLA 的降解。此外，McNeil 和 Leiper（1985b）加入聚甲基丙烯酸甲酯作为 PLA 热分解过程中自由基的来源。PLA 的分解率增加，而 PMMA 是稳定的，也就是，CO_2 和 PLA 低聚物的产率显著提高，说明自由基反应是在高温下形成 PLA 低聚物的重要途径之一。PLA 往往遵循纯 PLA 分子内酯交换的主导反应途径形成环状低聚物，通常伴随着裂解反应中残留的碳氧化物和乙醛。然而，当 PLA 样品被残留的亚锡催化剂污染时，即残留的聚合催化剂，PLA 经历了选择性解聚步骤，只产生丙交酯（Kopinke et al.，1996）。Cam 和 Marucci（1997）进一步证实了这一观察结果，其结果表明，残余金属对 PLA 具有强烈的热降解作用。通常用于 PLA 聚合的金属系列，即锡、锌、铝和铁，金属残留物的降解活性遵循亚锡＜锌＜铝＜铁的顺序。

　　PLLA 在高温下的解聚，通过特定的旋光数量的明显变化，导致酯内和酯间的链转移和解聚反应。换言之，高容量的过渡金属能够协调酯基并加速反应。

　　Zou 等（2009）的研究利用 TGA 联合傅里叶变换红外光谱（FTIR）分析了 PLA 分解过程中的气体产物的组成。如图 3-13（a）所示，加热速率为 $20\,℃/\mathrm{min}$ 的 FTIR 光谱的三维图，用最高吸光度表示的最高分解强度出现在 $1060\mathrm{s}$，即约 $370\,℃$。主分解过程在 $800\sim1200\mathrm{s}$ 完成，对应于 $282\sim418\,℃$ 的温度范围，PLA 在不同温度下的 FTIR 光谱图如图 3-13（b）。对于较高的分解温度 $372\,℃$ 条件下 PLA 的研究可见图 3-13（c）中 FTIR 光谱。在 $1750\mathrm{cm}^{-1}$ 和 $2747\mathrm{cm}^{-1}$ 处有两个吸收峰，对应 CO 和 OCH，并表明羰基络合物形成的可能性。随后在 $2010\mathrm{cm}^{-1}$ 和 $2930\mathrm{cm}^{-1}$ 处的 CH 拉伸峰与 $1445\mathrm{cm}^{-1}$ 和 $1380\mathrm{cm}^{-1}$ 处的 CH_3 弯曲峰充分证明醛在 PLA 的降解过程中大量形成。此外，$1260\mathrm{cm}^{-1}$ 和 $1100\mathrm{cm}^{-1}$ 处的谱带对应于羰基的 CO，$1750\mathrm{cm}^{-1}$ 处的谱带对应 CO 拉伸，以及 $930\mathrm{cm}^{-1}$ 处的 CH 拉伸和环骨架振动的 $2930\mathrm{cm}^{-1}$ 和 $1380\mathrm{cm}^{-1}$ 两个峰，暗示了由于 PLA 的酯交换和链均裂，丙交酯或环状低聚物的演化。此外，PLA 链均裂的热降解产生了位于 $2364\mathrm{cm}^{-1}$ 和 $2324\mathrm{cm}^{-1}$ 的两条带。这两条带，连同位于 $2179\mathrm{cm}^{-1}$ 和 $2110\mathrm{cm}^{-1}$ 的一氧化碳峰，在 $445\,℃$ 的温度下仍然是明显可见的。这是因为羟基末端引发的酯在高温条件下，除了链均裂所产生的二氧化碳

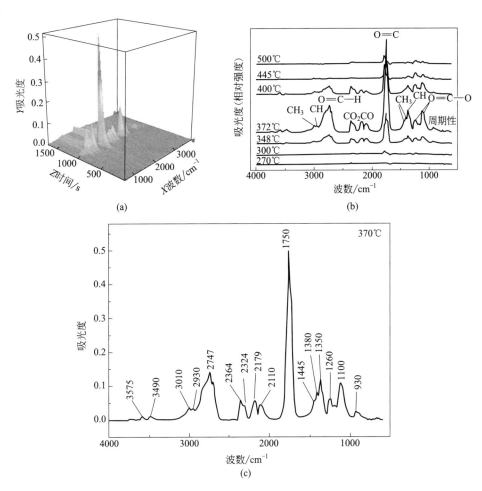

图 3-13　3D 傅里叶变换红外光谱（FTIR）（a）；PLA 在不同温度下气态产物的 FTIR 光谱（b）；
PLA 在 372℃加热时，气态产物的 FTIR（c）

改编自 Zou H，Yi C，Wang L，et al. Thermal degradation of poly（lactic acid）measured by thermogravimetry coupled
to Fourier transform infrared spectroscopy. J. Therm. Anal. Calorim，2009，97：929-935。

外，它还会额外产生一些二氧化碳。应注意的是，由于 PLA 分解过程内消旋丙交酯低聚物
的裂解，仍有一些水作为副产品产生。此外，热分解的活化能可以随着温度的升高而增加。
因此，根据表 3-6 总结的 Ozawa-Flynn-Wall 法和 Friedman 法，PLA 的平均分解活化能分
别为 177.5kJ/mol 和 183.6kJ/mol。

表 3-6　Ozawa-Flynn-Wall 法和 Friedman 法获得的聚乳酸的活化能

转换率 α	Ozawa-Flynn-Wall 方法		Friedman 方法	
	$E/(kJ/mol)$	相关系数 r	$E/(kJ/mol)$	相关系数 r
0.2	161.1	0.9985	171.9	0.9995
0.3	168.4	0.9989	173.4	0.9965
0.4	176.9	0.9993	175.6	0.9995
0.5	177.3	0.9996	181.2	0.9954

续表

转换率 α	Ozawa-Flynn-Wall 方法		Friedman 方法	
	$E/(kJ/mol)$	相关系数 r	$E/(kJ/mol)$	相关系数 r
0.6	182.0	0.9997	185.4	0.9987
0.7	182.7	0.9998	190.9	0.9985
0.8	183.5	0.9998	193.9	0.9870
0.9	188.0	0.9995	196.5	0.9895
平均值	177.5		183.6	

资料来源：Zou et al.，2009。

（1）Ozawa-Flynn-Wall 法的动力学模型：

$$\ln\beta=\ln\frac{AE}{R}-\ln F(\alpha)-\frac{E}{RT} \tag{3-2}$$

（2）Friedman 法的动力学模型：

$$\ln\left(\frac{d\alpha}{dT}\right)=\ln\frac{A}{\beta}-\ln[f(\alpha)]-\frac{E}{RT} \tag{3-3}$$

式中，T 是绝对温度；β 是加热速率；E 是活化能；A 是预指数因子（min^{-1}）；α 是转化率；R 是通用气体常数[$8.314J/(mol \cdot k)$]。

Fan 等（2003，2004）揭示了 PLLA 端基上不同功能组的影响。这包括通过 TGA 分析的 PLLA 端基上的羧基、乙酰基和钙离子类型。通过比较羧基型 PLLA（PLLA-H）和钙离子基端 PLLA（PLLA-Ca）的 TG 数据，发现 PLLA-H 在较低温度（220～360℃）范围内比 PLLA-Ca 具有较高的裂解温度（280～370℃）。进一步研究还表明，PLLA-H 和 PLLA-Ca 的表观活化能分别为 140～176kJ/mol 和 98～120kJ/mol。PLLA-H 热解的主要产物包括丙交酯（67%）和其他环状低聚物，以随机酯交换为主，而 PLLA-Ca 的降解主要以丙交酯（95%）为主，说明发生了大量的解聚过程。当用乙酸酐处理 PLLA 时，会导致末端羟基（PLLA-Ac）的乙酰化。Fan 等（2004）发现乙酰化 PLLA 的热降解温度范围（300～360℃）比含锡量高（437mg/kg）的未处理 PLLA（260～315℃）高。然而，与跟含锡量相近的 PLLA 相比，乙酰化处理的效果不明显。先前在另一项分析（Nishida et al.，2003）中说明了这一影响，该分析通过改变 Sn 的含量来确定 PLLA 的热解效果。结果表明，乙酰化 PLLA 的降解温度范围（300～365℃）比含 485mg/kg Sn 的 PLLA 高 50～60℃。PLLA-Ac（Sn 含量：74mg/kg）的活化能为 140～160kJ/mol，而纯 PLLA（Sn 含量：60mg/kg）的活化能为 124～163kJ/mol（Fan et al.，2004）。

如第 2 章聚乳酸的合成与生产所述，淀粉与 PLA 的共混是在保持 PLA 生物降解性的同时降低成本的重要途径。天然成分与 PLA 共混可以显著影响 PLA 的特性，包括热转变状态。Petinakis 等（2010）最近进行的一项研究将淀粉和木粉（WF）与 PLA 混合。研究人员发现淀粉和 WF 加速了 PLA 的热分解，淀粉表现出比 WF 更明显的效果（图 3-14）。当淀粉和 WF 分解时，两种材料都会释放氧化物气体和自由基，从而引发 PLA 的降解、破坏链段。由于木质素结构复杂，与 WF 共混的 PLA 具有较强的抗分解能力，可作为疏水屏障保护 PLA 链免受挥发物的直接攻击。Tao 等（2009）的研究进一步证明了这一观点，他们将 PLA 与黄麻和苎麻纤维混合进行了比较；他们发现这两种天然纤维的热分解没有显著差异（图 3-15）。

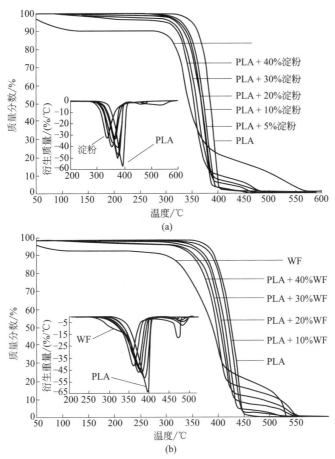

图 3-14　聚乳酸/淀粉共混物的热重分析结果（a）和 PLA/木粉混合物的热重分析结果（b）

改编自 Petinakis E，Liu X，Yu L，et al. Biodegradation and thermal decomposition of poly
(lactic acid) -based materials reinforced by hydrophilic fillers. Polym. Degrad. Stabil. ，2010，95：1704-1707。

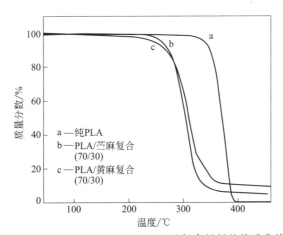

图 3-15　聚乳酸（PLA）和 PLA 基复合材料的热重曲线

改编自 Tao Y，Yan L，Jie R. Preparation and properties of short natural fiber reinforced poly（lactic acid）composites.
Trans. Nonferrous. Metal. Soc. Ch. ，2009，19，651-655。

3.4 聚乳酸的热容、热导率和压力-体积-温度关系

热容、热导率和压力-体积-温度（*PVT*）是聚合物的宏观特性，在加工过程中非常重要。热容决定了将 PLA 的体积提高到最终加工温度所需的热量。同时，热导率和 *PVT* 对注塑制品的传热速率和压缩性有一定的影响，这对确定注塑制品的收缩率具有重要意义。

热容是指将物质的温度改变一定值所需的热量。确定将聚合物的温度提高到加工温度所需的初步能量大小是非常重要的。Pyda 等（2004）报道了 PLA 热容的综合研究。正如 Pyda 等（2004）所表明的，表 3-7 所示的数据是迄今为止最全面的，且包含了 5～600K 的温度范围。

表 3-7 聚乳酸（PLA）的实测、理论和建议的热容

T/K	C_p(exp)由绝热量热法测定[①] /[J/(K·mol)]	C_p(exp)[②] /[J/(K·mol)]	C_p(振动)[③] /[J/(K·mol)]	推荐实验热容量[④] /[J/(K·mol)]
5	0.31	NA	0.46	(固)0.31
6	0.60	NA	0.77	0.60
7	0.95	NA	1.17	0.95
8	1.34	NA	1.62	1.34
9	1.78	NA	2.11	1.78
10	2.25	NA	2.63	2.25
15	4.85	NA	5.30	4.85
20	7.74	NA	7.83	7.74
25	10.585	NA	10.22	10.585
30	13.15	NA	12.535	13.15
40	18.06	NA	17.04	18.06
50	22.585	NA	21.48	22.585
60	26.575	NA	25.86	26.575
70	30.455	NA	30.14	30.455
80	34.195	NA	34.27	34.195
90	37.77	NA	38.21	37.77
100	41.145	NA	41.195	41.145
110	44.40	NA	45.40	44.40
120	47.52	NA	48.66	47.52
130	50.52	NA	51.73	50.52
140	53.41	NA	54.64	53.41
150	56.2	NA	57.40	56.2
160	58.98	NA	60.05	58.98
170	61.71	NA	62.61	61.71
180	64.40	NA	65.10	61.40

续表

T/K	C_p(exp)由绝热量热法测定[①]/[J/(K·mol)]	C_p(exp)[②]/[J/(K·mol)]	C_p(振动)[③]/[J/(K·mol)]	推荐实验热容量[④]/[J/(K·mol)]
190	67.08	69.76	67.54	67.08
200	69.75	68.23	69.95	69.75
210	72.43	72.27	72.34	72.35
220	75.13	74.78	74.71	74.96
230	77.87	77.14	77.08	77.51
240	80.65	79.61	79.44	80.13
250	83.50	82.10	81.81	82.80
260	NA	84.25	84.19	84.25
270	NA	87.11	86.57	87.11
280	NA	89.82	88.98	89.82
290	NA	92.48	91.35	92.48
298.15	NA	94.69	93.31	94.69
300	NA	95.30	93.75	95.30
310	NA	98.13	96.15	98.12
320	NA	101.59	98.55	101.59
330	NA	112.16	100.95	112.15
332.5(T_g)	NA	123.57	101.67	145.44
340	NA	144.36	103.34	(液)146.01
350	NA	144.40	105.74	146.77
360	NA	147.59	108.12	147.53
370	NA	148.24	110.49	148.29
380	NA	148.61	112.86	149.05
390	NA	149.91	115.21	149.81
400	NA	150.56	117.55	150.57
410	NA	151.62	119.87	151.33
420	NA	152.31	122.18	152.09
430	NA	152.97	124.47	152.85
440	NA	153.725	126.74	153.61
450	NA	154.29	129.00	154.37
460	NA	154.98	131.24	155.13
470	NA	155.77	133.46	155.89
480(T_m)	NA	NA	135.66	156.65
490	NA	NA	137.84	157.41
500	NA	NA	140.01	158.17
510	NA	NA	142.15	158.93
520	NA	NA	144.28	159.69

续表

T/K	C_p(exp)由绝热量热法测定[①] /[J/(K·mol)]	C_p(exp)[②] /[J/(K·mol)]	C_p(振动)[③] /[J/(K·mol)]	推荐实验热容量[④] /[J/(K·mol)]
530	NA	NA	146.40	160.45
540	NA	NA	148.49	161.21
550	NA	NA	150.57	161.97
560	NA	NA	152.64	162.73
570	NA	NA	154.69	163.49
580	NA	NA	156.72	164.25
590	NA	NA	158.74	165.01
600	NA	NA	160.75	165.77

① 根据绝热量热法的热容实验数据(Kulagina et al.,1982);

② 实验数据代表在两个样品上进行的三次测量的平均值,每个样品均使用标准差示扫描量热法(DSC)和对 1.5%D 异构体,8.1%D 异构体和 16.4%D 异构体 PLA 进行的温度调制;

③ 仅假设振动运动,计算得出的固体 PLA 的热容。有关更多信息,请参阅 Pyda 等(2004)。

④ 推荐的 PLA 固态和液态的实验热容。

资料来源:Pyda et al.,2004。

注:NA,不可用。

PLA 的热导率见表 3-8。可见,PLA 的热导率几乎随温度的升高而增大。聚合物的导热性对注塑制品冷却过程中的散热有很大的影响。充分和有控制的散热可以减少翘曲发生的可能性。

表 3-8　NatureWorks 聚乳酸 MAT2238 的热导率

温度/℃	热导率/[W/(m·℃)]	温度/℃	热导率/[W/(m·℃)]
48.4	0.111	149.6	0.192
68.1	0.178	169.7	0.195
87.8	0.198	190.6	0.195
109.0	0.197	211.9	0.205
129.4	0.198	233	0.195

聚合物的 PVT 关系决定了熔融聚合物的可压缩性和成品的收缩率。这一点对于那些设计复杂的厚壁制品(>5mm)尤其重要。当熔融聚合物被冷却时,人们发现快速冷却会导致无定形结构的形成。换句话说,尽管聚合物本身是可结晶的,但聚合物的大分子也不能形成结晶结构。结晶塑料的比体积发生了重大变化。这是因为晶体结构是高度致密的。当半结晶聚合物在特定的封闭通道中注射成型时,生成的产品往往会有一些尺寸偏差,说明出现了收缩。热的制品不规则收缩也会导致翘曲。由于 PLA 是一种半结晶聚合物,PLA 的热处理有助于消除收缩。表 3-9 总结了 PVT 信息并显示了比容随温度和压力的变化。在注射成型过程中,高压有助于在填充阶段压缩 PLA 熔融聚合物,以产生尺寸高度稳定的制品。典型的 PVT 可以使用两域 Tait-PVT 模型进行建模,如表 3-10 所示,该模型广泛应用于注塑模拟软件,以预测注塑制品的问题区域。

表 3-9　NatureWorks 聚乳酸 MAT2238 的压力-体积-温度

温度/℃	比容/(cm³/g)				
	0MPa	50MPa	100MPa	150MPa	200MPa
38.79	0.8052	0.7923	0.7825	0.7741	0.7666
50.13	0.8108	0.7957	0.7851	0.7763	0.7681
62.41	0.8180	0.8005	0.7883	0.7787	0.7698
75.25	0.8259	0.8066	0.7930	0.7819	0.7712
88.43	0.8369	0.8145	0.7997	0.7873	0.7764
102.4	0.8526	0.8264	0.8090	0.7950	0.7827
116.7	0.8638	0.8353	0.8164	0.8019	0.7887
132.0	0.8753	0.8441	0.8244	0.8086	0.7950
147.7	0.8879	0.8538	0.8329	0.8162	0.8018
163.3	0.9005	0.8635	0.8411	0.8231	0.8084
176.3	0.8142	0.8736	0.8499	0.8322	0.8158
195.3	0.9279	0.8836	0.8584	0.8388	0.8224
211.2	0.9435	0.8949	0.8661	0.8460	0.8291
230.4	0.9601	0.9078	0.8778	0.8553	0.8356

表 3-10　NatureWorks PLA MAT2238 的两域 Tait PVT 模型系数

项目	指标	项目	指标
b_{1s}	348.15K	b_5	2.4200×10^{-8}Pa
B_{2s}	9.547×10^{-8}K/Pa	b_6	0.006079K^{-1}
b_{3s}	0.000826 m³/kg	b_7	0m³/kg
b_{4s}	8.503×10^{-8}m³/(kg·K)	b_8	0K^{-1}
b_{1m}	1.62800×10^{-8}Pa	b_9	0Pa^{-1}
b_{2m}	0.00622K^{-1}	熔体密度	1.0727g/cm³
b_{3m}	0.000821m³/kg	固体密度	1.2515g/cm³
b_{4m}	4.469×10^{-7}m³/(kg·K)		

两域 Tait PVT 方程的详细解释如下：

$$V(T,P) = V_0(t) \left[1 - C \times \ln\left(1 + \frac{P}{B(T)}\right) \right] + V_t(T,P) \qquad (3-4)$$

式中　$V(T,P)$——温度 T 和压力 P 下的比容；

　　　　V_0——零表压下的比容；

　　　　T——温度，单位为 K；

　　　　P——压力，单位为 Pa；

　　　　C——一个常数 0.0894。

较高的温度区域（$T > T_t$）可用以下公式描述：

$$V_0 = b_{1m} + b_{2m}(T - b_5) \qquad (3-5)$$

$$B(T) = b_{3m} \exp\left[-b_{4m}(T-b_5)\right] \tag{3-6}$$
$$V_t(T,P) = 0$$

其中 b_{1m}、b_{2m}、b_{3m}、b_{4m} 和 b_5 是数据拟合系数。

较低的温度区域（$T < T_t$）可用以下公式描述：

$$V_0 = b_{1s} + b_{2s}(T-b_5) \tag{3-7}$$

$$B(T) = b_{3s} \exp\left[-b_{4s}(T-b_5)\right] \tag{3-8}$$

$$V_t(T,P) = b_7 \exp\left[b_8(T-b_5) - b_9 P\right] \tag{3-9}$$

其中 b_{1s}、b_{2s}、b_{3s}、b_{4s}、b_5、b_7、b_8 和 b_9 是数据拟合系数。

T_t 对压力的依赖性可以用以下公式描述：

$$T_t(P) = b_5 + b_6 P \tag{3-10}$$

其中 b_5 和 b_6 是数据拟合系数。

3.5 结论

热性能对 PLA 的性能有重要影响。PLA 的热性能与结晶度密切相关。重要的是，L 和 D 立构化学对结晶有影响，从而影响 PLA 的熔融温度和玻璃化转变温度。共聚物和添加剂有助于改善热传导，使加工性能更好。当温度大于 200℃ 时，PLA 会发生严重的降解，包括丙交酯和氧化物气体的产生。有关热容、热导率和 PVT 的信息对于设计高质量的可市场化的 PLA 非常重要。

参 考 文 献

Achmad，F.，Yamane，K.，Quan，S.，Kokugan，K.，2009. Synthesis of polylactic acid by direct polycondensation under vacuum without catalysts, solvents and initiators. Chem. Eng. J. 151，342-350.

Ahmed，J.，Varshney，S. K.，2011. Polylactides -chemistry, properties and green packaging technology: a review. Int. J. Food Prop. 14，37-58.

Ahmed，J.，Zhang，J.，Song，Z.，Varshnet，S. K.，2009. Thermal properties of polylactides: effect of molar mass and nature of lactide isomer. J. Therm. Anal. Calorim. 95，957-964.

Auras，R.，Harte，B.，Selke，S.，2004. An overview of polylactides as packaging materials. Macromol. Biosci. 4，835-864.

Baiardo，M.，Frisoni，G.，Scandola，M.，Rimelen，M.，Lips，D.，Ruffieux，D.，2003. Thermal and mechanical properties of plasticized poly（L-lactic acid）. J. Appl. Polym. Sci. 90，1731-1738.

Bendix，D.，1998. Chemical synthesis of polylactide and its copolymers for medical applications. Polym. Degrad. Stab. 59，129-135.

Cam，D.，Marucci，M.，1997. Influence of residual mobomers and metals on poly（L-lactide）thermal stability. Polymer 38，1879-1884.

Cartier，L.，Okihara，T.，Ikada，Y.，Tsuji，H.，Puiggali，J.，Lotz，B.，2000. Epitaxial crystallization and crystalline polymorphism of polylactides. Polymer 41，8909-8919.

Celli，A.，Scandola，M.，1992. Thermal properties and physical ageing of poly（L-lactic acid）. Polymer 33，2699-2703.

De Santis，P.，Kovacs，A. J.，1968. Molecular conformation of poly（S-lactic acid）. Biopolymer 6，299-306.

Dorgan，J. R.，Jansen，J.，Clayton，M. P.，2005. Melt rheology of variable Lcontent poly（lactic acid）. J. Rheol. 49，

607-619.

Drumright, R. E., Gruber, P. R., Henton, D. E., 2000. Polylactic acid technology. Adv. Mater. 12, 1841-1846.

Eling, B., Gogolewski, S., Pennings, A. J., 1982. Biodegradable materials of poly (L-lactic acid): 1. Melt-spun and so-lution-spun fibres. Polymer 23, 1587-1593.

Fambri, L., Migliaresi, C., 2010. In: Auras, R., Lim, L.-T., Selke, S. E. M., Tsuji, H. (Eds.), Poly (Lactic Acid): Synthesis, Structures, Properties, Processing, and Applications. John Wiley & Sons, Hoboken, New Jersey, pp. 113-124.

Fan, Y. J., Nishidaa, H., Shiraib, Y., 2003. Pyrolysis kinetics of poly (L-lactide) with carboxyl and calcium salt end structures. Polym. Degrad. Stab. 79, 547-562.

Fan, Y. J., Nishidaa, H., Shiraib, Y., 2004. Thermal stability of poly (L-lactide): influence of end protection by ace-tyl group. Polym. Degrad. Stab. 84, 143-149.

Feng, Y., Ma, P., Xu, P., Wang, R., Dong, W., Chen, M., et al., 2018. The crystallization behaviour of poly (lactic acid) with different types of nucleating agents. Internal. J. Biol. Macromol. 106, 955-962.

Gregorova, A., Hrabalova, M., Wimmer, R., Saake, B., Altaner, C., 2009. Poly (lactic acid) composites rein-forced with fibers obtained from different tissue types of *Picea sitchensis*. J. Appl. Polym. Sci. 114, 2616-2623.

Gui, Z., Lu, C., Cheng, S., 2013. Comparison of the effects of commercial nucleation agents on the crystallization and melting behaviour of polylactide. Polym. Test. 32, 15-21.

Henton, D. E., Gruber, P., Lunt, J., Randall, J., 2005. Polylactic acid technology. In: Mohanty, A. K., Misra, M., Drzal, L. T. (Eds.), Natural Fibers. Biopolymers, and Biocomposites. Taylor & Francis, Boca Raton, FL, pp. 527-577.

Hoffman, A. S., 2002. Hydrogels for biomedical applications. Adv. Drug. Deliv. Rev. 54, 3-12.

Hoogsteen, W., Postema, A. R., Pennings, A. J., ten Brinke, G., 1990. Crystal structure, conformation, and mor-phology of solution-spun poly (L-lactide) fibers. Macromolecules 23, 634-642.

Ikada, Y., Jamshidi, K., Tsuji, H., Hyon, S. H., 1987. Stereocomplex formation between enantiomeric poly (lac-tides). Macromolecules 20, 904-906.

Jamshidi, K., Hyon, S. H., Ikada, Y., 1988. Thermal characterizations of poly (lactide). Polymer 29, 2229-2234.

Jang, W. Y., Shin, B. Y., Lee, T. J., Narayan, R., 2007. Thermal properties and morphology of biodegradable PLA/starch compatibilized blends. J. Ind. Eng. Chem. 13, 457-464.

Kalb, B., Penning, A. J., 1980. General crystallization behaviour of poly (L-lactic acid). Polymer 21, 607-612.

Kawai, T., Rahman, N., Matsuba, G., Nishida, K., Kanaya, T., Nakano, M., et al., 2007. Crystallization and melting behaviour of poly (L-lactic acid). Macromolecules 40, 9463-9469.

Kopinke, F.-D., Remmler, M., Mackenzie, K., M-der, M·, Wachsen, O., 1996. Thermal decomposition of bio-degradable polyesters-II. Poly (lactic acid). Polym. Degrad. Stabil. 53, 329-342.

Kulagina, T. G., Lebedev, B. V., Kiparisova, Y. G., Lyudvig, Y. B., Barskaya, I. G., 1982. Thermodynamics of DL-lactide, polylactide and polymerization of DL-lactide in the range of 0-430K. Polym. Sci. U. S. S. R. 24, 1628-1636.

Kulinski, Z., Piorkowska, E., 2005. Crystallization, structure and properties of plasticized poly (L-lactide). Polymer 46, 10290-10300.

Lim, L. T., Auras, R., Rubino, M., 2008. Processing technologies for poly (lactic acid). Prog. Polym. Sci. 33, 820-852.

Liuyan, J., Chengdong, X., Lixin, J., Dongliang, C., Qing, L., 2013. Effect of n-HA content on the isothermal crystallization, morphology and mechanical property of n-HA/PLGA composites. Mater. Res. Bullet. 48, 1233-1238.

Madera-Santana, T. J., Meléndrez, R., González-García, G., Quintana-Owen, P., Pillai, S. D., 2016. Effect of gamma irradiation on physicochemical properties of commercial poly (lactic acid) clamshell for food packaging. Radiat. Phys. Chem. 123, 6-13.

Le Marec, P. E., Ferry, L., Quantin, J. C., Bénézet, J. C., Bonfils, F., Guilbert, S., et al., 2014. Influence of melt processing conditions on poly (lactic acid) degradation: molar mass distribution and crystallization. Polym. Degrad. Stab. 110, 353-363.

Martin, O., Avérous, L., 2001. Poly (lactic acid): plasticization and properties of biodegradable multiphase system. Polymer. 42 (14), 6237-6247.

McNeil, I. C., Leiper, H. A., 1985a. Degradation studies of some polyesters and polycarbonates-2. Polylactide: degradation under isothermal conditions, thermal degradation mechanism and photolysis of the polymer. Polym. Degrad. Stab. 11, 309-326.

McNeil, I. C., Leiper, H. A., 1985b. Degradation studies of some polyesters and polycarbonates-1. Polylactide: general features of the degradation under programmed heating conditions. Polym. Degrad. Stab. 11, 267-285.

Migliaresi, C., Cohn, D., De Lollis, A., Fambri, L., 1991. J. Appl. Polym. Sci. 43, 83-95.

Nishida, H., Mori, T., Hoshihara, S., Fan, Y., Shirai, Y., Endo, T., 2003. Effect of tin on poly (L-lactic acid) pyrolysis. Polym. Degrad. Stab. 81, 515-523.

Park, K. I., Xanthos, M. A., 2009. Study on the degradation of polylactic acid in the presence of phosphonium ionic liquids. Polym. Degrad. Stab. 94, 834-844.

Petinakis, E., Liu, X., Yu, L., Way, C., Sangwan, P., Dean, K., 2010. Biodegradation and thermal decomposition of poly (lactic acid) -based materials reinforced by hydrophilic fillers. Polym. Degrad. Stab. 95, 1704-1707.

Pilin, I., Montrelay, N., Grohens, Y., 2006. Thermo-mechanical characterization of plasticized PLA: is the miscibility the only significant factor? Polymer 47, 4676-4682.

Pitet, L. M., Hait, S. B., Lanyk, T. J., Knauss, D. M., 2007. Linear and branched architectures from the polymerization of lactide with glycidol. Macromolecules 40, 2327-2334.

Pyda, M., Bopp, R. C., Wunderlich, B., 2004. Heat capacity of poly (lactic acid). J. Chem. Thermodyn. 36, 731-742.

Rahmat, A. R., Rahman, W. A. W. A., Sin, L. T., Yussuf, A. A., 2009. Approaches to improve compatibility of starch filled polymer system. Mater. Sci. Eng. C. 29, 2370-2377.

Saeidlou, S., Huneault, M. A., Li, H., Park, C. B., 2012. Poly (lactic acid) crystallization. Prog. Polym. Sci. 37, 1657-1677.

Sakakihara, H., Takahashi, Y., Tadokoro, H., Oguni, N., Tani, H., 1973. Structural studies of isotactic poly (tert-butyethylene oxide). Macromolecules 6, 205-212.

Sodergard, A., Stold, M., 2002. Properties of lactic acid based polymers and their correlation with composition. Prog. Mater. Sci. 27, 1123-1163.

Tao, Y., Yan, L., Jie, R., 2009. Preparation and properties of short natural fiber reinforced poly (lactic acid) composites. Trans. Nonferrous. Metal. Soc. Ch. 19, 651-655.

Tsuji, H., Horii, F., Hyon, S. H., Ikada, Y., 1991. Stereocomplex formation between enantiomeric poly (lactic acid). 2. Stereocomplex formation in concentrated solutions. Macromolecules 24, 2719-2724.

Vasanthan, N., Ly, O., 2009. Effect of microstructure on hydrolytic degradation studies of poly (L-lactic acid) by FTIR spectroscopy and differential scanning calorimetry. Polym. Degrad. Stab. 94, 1364-1372.

Wang, L., Wang, Y., Huang, Z., Weng, Y., 2015. Heat resistance, crystallization behaviour, and mechanical properties of polylactide/nucleating agents composites. Mater. Des. 66, 7-15.

Xu, T., Zhang, A., Zhao, Y., Han, Z., Xue, L., 2015. Crystallization kinetics and morphology of biodegradable poly (lactic acid) with a hydrazide nucleating agent. Polym. Test. 45, 101-106.

Younes, H., Cohn, D., 1988. Phase separation in poly (ethylene glycol) /poly (lactic acid) blends. Eur. Polym. J. 24, 765-773.

Yu, L., Dean, K., Li, L., 2006. Polymer blends and composites from renewable resources. Prog. Polym. Sci. 31,

576-602.

Zhang，J.，Duan，Y.，Sato，H.，Tsuji，H.，Noda，I.，Yan，S.，et al.，2005. Crystal modifications and thermal behavior of poly（L-lactic acid）revealed infrared spectroscopy. Macromolecules 38，8012-8021.

Zhang，J.，Tashiro，K.，Tsuji，H.，Domb，A. J.，2008. Disorder-to-order phase transtition and multiple melting behavior of poly（L-lactide）investigated by simultaneous measurements of WAXD and DSC. Macromolecules 41，1352-1357.

Zhao，Y. L.，Cai，Q.，Jiang，J.，Shuai，X. T.，Bei，J. Z.，Chen，C. F.，et al.，2002. Synthesis and thermal properties of novel star-shaped poly（L-lactide）s with starbust PAMAM-OH dendrimer macroinitiator. Polymer 43，5819-5825.

Zou，H.，Yi，C.，Wang，L.，Liu，H.，Xu，W.，2009. Thermal degradation of poly（lactic acid）measured by thermogravimetry coupled to Fourier transform infrared spectroscopy. J. Therm. Anal. Calorim. 97，929-935.

第**4**章

聚乳酸的化学性质

4.1 简介

聚乳酸（PLA）具有良好的生物相容性和生物可降解性，可通过水解反应轻易分解。PLA 来源于可再生的农业资源，如玉米和木薯。PLA 的大规模生产可以促进农产品消费，有利于农业经济的发展。此外，由于农业活动具有较好的固碳作用，用 PLA 替代传统石油基塑料有助于减少二氧化碳的排放。

PLA 是一种可生物降解的高分子材料，已被广泛研究并应用于家庭包装和生物医学应用，如可吸收缝合线、外科植入物、组织工程支架和药物控释装置。PLA 的单体乳酸可以以两种立体异构体，称为 D 型和 L 型，或形成外消旋混合物，称为 D，L 型。D 型和 L 型在光学上是活跃的，而 D，L 型在光学上是不活跃的。聚（L-乳酸）(PLLA) 和聚（D-乳酸）(PDLA) 是半结晶的，而聚（D，L-乳酸)(PDLLA) 是无定形的（Jain，2000；Urayama et al.，2003）。

PLA 属于脂肪族聚酯家族，通常由 α-羟基酸制成，还包括聚乙醇酸、聚己内酯和聚二氧烷酮。它是为数不多的具有立体化学结构的聚合物之一，这种结构可以通过聚合 L 和 D 异构体的受控混合物来很容易地进行改性，从而得到高分子量的无定形或半结晶聚合物。通过改变 PLA 的异构体（L/D）以及与乙交酯、己内酯等单体共聚，可以改善 PLA 的性能。PLA 还可以通过添加增塑剂、其他生物聚合物和填料来调整配方。PLA 混合物的生物降解性意味着它们非常适用于短期包装材料，并且还进一步扩展了 PLA 在生物医学领域的应用，在该领域，生物相容性的特性是必不可少的，例如植入物、缝合线和药物包封。

在 PLA 开发的早期，PLA 是用缩聚法生产的（图 4-1）。这是合成 PLA 最直接的方法，但缺点是产生了过多的水和低分子量（$M_n < 1000 \sim 5000$）的产物。有时，可能需要扩链剂来增加分子量，但这会提高生产成本。PLA 也可以用共沸脱水缩合法生产。这种聚合技术可产生高分子量聚合物，但需要不同的二元酸、二醇或羟基酸以及高级催化剂（Garlotta，2002）这些成分都作为杂质留在 PLA 中，并可能在随后的高温加工过程中产生不必要的降解。

大批量生产高分子量 PLA 最重要的方法是开环聚合法。高分子量 PLA 是由环戊二酸酯

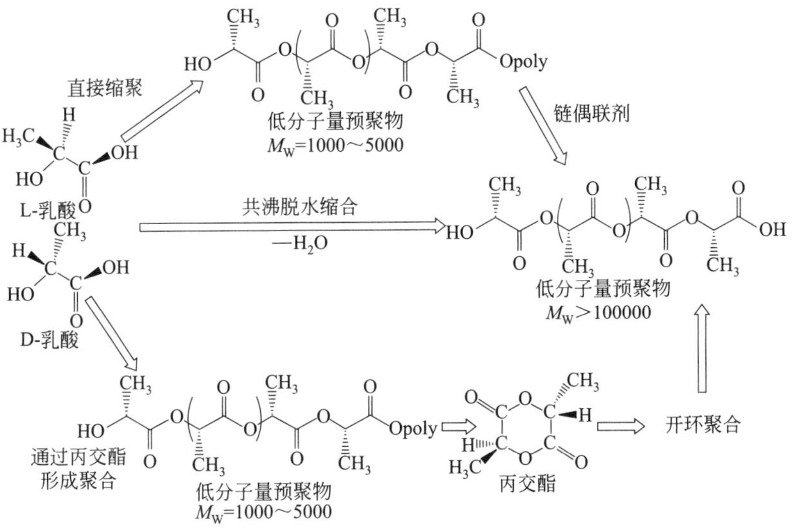

图 4-1　合成聚乳酸的途径

改编自 Hartmann H. High molecular weight polylactic acid polymers. In：Kaplan，D. L.（Ed.），

Biopolymers From Renewable Resources. Springer-Verlag，Berlin，1998：367-411。

（通常称为丙交酯）生成的，通常会以辛酸亚锡作为催化剂。这种机制不会产生额外的水，因此可以获得更高的分子量。L-丙交酯和 D-丙交酯外消旋混合物的聚合通常会合成无定形的 PDLLA。立体定向催化剂的应用倾向于生成结晶度好的立体化学纯 PLA。结晶度和力学性能取决于 D/L 对映体的比例，这也与所使用的催化剂种类部分有关。据报道，PLA 的高质量生产可以使得未反应乳酸单体数量最小化，当 PLA 作为包装材料时，能降低乳酸的渗出量。此外，与普通食品配料中的乳酸量相比，渗出的乳酸量要低得多（Mutsuga et al.，2008）。因此，由乳酸制成的聚合物是包装应用的绝佳备选物（Iwata，Doi，1998）。PLA 作为小众市场的替代包装材料一直在增长。目前，PLA 被用作"短货架期"消费产品的食品包装聚合物，包括容器、水杯、剃须刀和文具。PLA 纤维也可用于地毯、运动服和尿布。近年来，一些新的应用得到了发展，如电子设备外壳和地板材料。PLA 的"绿色"证书意味着塑料材料在全球有一个可持续的未来。

4.2　聚乳酸的立构化学

　　PLA 的基本成分是乳酸，它是由细菌发酵或石油化工原料产生的。乳酸是一种天然存在的物质，其标准化学名称为 2-羟基丙酸。它是具有不对称碳原子的最简单的羟基酸，具有光学活性的 L（＋）和 D（－）异构体。L 和 D 异构体都是在细菌系统中产生的，其中 L 异构体更为常见。同时，哺乳动物系统只产生 L-异构体，而 L-异构体很容易被酶蛋白酶 K 吸收。图 4-2 显示了 L-乳酸和 D-乳酸的化学结构。

　　乳酸现在是通过碳水化合物的细菌发酵来大量生产的，玉米和木薯是主要的农业来源。在产生乳酸的厚壁菌门中，大约有 20 个属（Reddy et al.，2008）。德氏乳杆菌、延氏乳杆

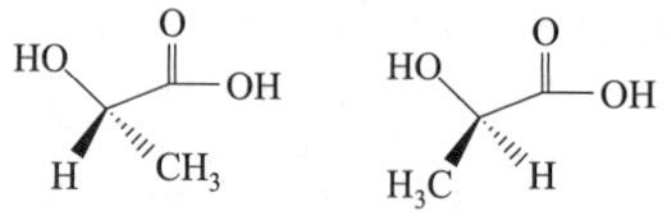

図中: L-乳酸 D-乳酸

图 4-2 熔点为 16.8℃的 L-乳酸和 D-乳酸的化学结构

菌和嗜酸乳杆菌的菌株产生 D-乳酸，一些菌株还同时产生混合物（Nampoothiri et al.，2010）。现在许多发酵过程使用一种具有较高乳酸产量的乳酸菌。这些细菌能在很宽的加工窗口下，包括 5.4~6.4 的 pH，38~42℃的温度之间积极地产生乳酸，并在低氧浓度下存活。通常农业中单糖的来源被广泛用于乳酸发酵，如玉米或土豆中的葡萄糖和麦芽糖，甘蔗或甜菜中的蔗糖，以及奶酪乳清中的乳糖。在整个过程中为了确保细菌的功能还需要其他营养素，如维生素 B 复合物、氨基酸和核苷酸；这种营养集合可以提供富有营养的玉米浆。

丙交酯聚合法是 NatureWorks 目前用于生产高分子量 PLA 聚合物的方法。丙交酯是乳酸的环状二聚体，是 PLA 开环聚合的中间产物。首先预聚 D-乳酸、L-乳酸或两者的混合物，以获得中间乳酸低聚物链（<1000 个乳酸重复单元），然后在较低压力下催化反应以解聚并获得丙交酯立体异构体的混合物。丙交酯，即乳酸的环状二聚体，由两个乳酸分子的缩合反应形成，有三种立体形式，如图 4-3 所示：L-丙交酯（两个 L-乳酸分子）、D-丙交酯（两个 D-乳酸分子）和内消旋丙交酯（一个 L-乳酸和一个 D-乳酸分子）。根据 Hartmann（1998）报道，不同比例的丙交酯异构体的形成受乳酸异构体原料、温度和催化剂的影响。丙交酯经过真空蒸馏进行光学纯化，然后进行本体熔融聚合，得到高光学纯度的 PLA。商业制造者更喜欢本体熔融聚合，因为它只需要少量无毒催化剂，如低活性金属、羧酸盐、氧化物和醇盐。这些工作有助于合成高分子量 PLA。有人观察到，在过渡金属（锡、锌、铝等）存在下，丙交酯很容易与锡（Ⅱ）和锌发生聚合，而锡（Ⅱ）和锌具有产生最纯聚合物的能力。一些研究报告指出，由于共价金属氧键和自由 p 或 d 轨道的存在，这些催化剂在丙交酯聚合中会更有效（Kricheldorf et al.，1993；Dahlman et al.，1990）。

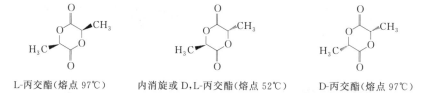

L-丙交酯(熔点 97℃)　　内消旋或 D,L-丙交酯(熔点 52℃)　　D-丙交酯(熔点 97℃)

图 4-3 L-丙交酯、内消旋或 D,L-丙交酯和 D-丙交酯的化学结构

如前所述，乳酸是一种具有 L 和 D 二聚体的手性分子，乳酸的这两种异构体的组成对聚乳酸的性质有很大的影响。这就意味着 PLA 的立体化学可以根据其应用进行定制。合成单体的立体规整性决定了 PLA 是一种高度结晶的聚合物（Huang et al.，1998）。不论是 D-乳酸还是 L-乳酸立体化学纯 PLA 都可以是结晶聚合物。相对较高的 D 或 L 含量（>20%）会生成无定形材料，而当 D 或 L 含量较低时（<2%）可获得高结晶性材料（Lunt，Shafer，2000）。因此，PLA 可以由丙交酯的三种立体异构体组成：L-丙交酯、D-丙交酯和内消旋丙交酯；根据组成成分的不同，生成的聚合物可以具有不同的特性。聚合物的立体化学组成对

聚合物的熔点、结晶速率和结晶的最终程度有着显著的影响。Drumlight 等（2000）报道，由纯 L-丙交酯制成的 PLA 的平衡熔点为 207℃，玻璃化转变温度约为 60℃。通常，高立体化学纯 PLA，不论是 L 或 D 型，熔点均约为 180℃，熔融焓为 40～50J/g。随后在聚合物中引入立体化学的不规则体，如聚（L-丙交酯）与内消旋丙交酯或 D-丙交酯共聚，可导致熔点、结晶速率以及结晶程度显著降低（图 4-4），但对玻璃化转变温度没有影响（Lunt，1998）。从 Kolstad（1996）进行的一项研究中，人们认识到熔融温度峰值以大致成比例的方式降低。对于高含量内消旋-丙交酯的共聚物，共聚物的半结晶时间明显延长（表 4-1）。较高的平均分子量使再结晶时间增加了几倍。Huang 等（1998）进一步确认了这些发现，他们发现球晶生长速率也强烈地依赖于内消旋立构体的含量。聚（L-丙交酯-*co*-内消旋丙交酯）共聚物的结晶度随着 D-异构体含量（内消旋丙交酯贡献的 D-异构体）的增加而显著下降，聚（L-丙交酯）为 40%～60%，内消旋丙交酯（或含 6.6%D-异构体）含量小于 12% 的共聚物结晶度小于 20%，如图 4-5 所示。表 4-2 总结了所选 PLA 结构和混合物的熔点以及玻璃化转变温度（Henton et al.，2005）。

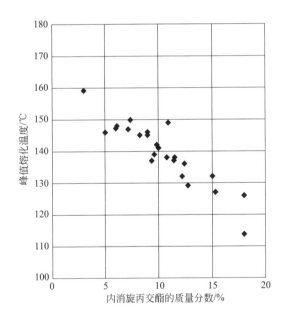

图 4-4 聚（L-丙交酯-*co*-内消旋丙交酯）的熔融温度峰值

改编自 Kolstad J J. Crystallization kinetics of poly（L-lactide-*co*-meso-lactide）.

J. Appl. Polym. Sci.，1996，62，1079-1091。

表 4-1 聚（L-丙交酯-*co*-内消旋丙交酯）的半结晶时间　　　　　　　　单位：min

温度/℃	0%内消旋		3%内消旋		6%内消旋	
	$M_n=101000$	$M_n=157000$	$M_n=88000$	$M_n=114000$	$M_n=58000$	$M_n=114000$
85	14.8	—	23.9	—	—	—
90	7.0	11.4	11.0	—	—	—
95	4.5	—	8.1	—	—	—

续表

温度/℃	0%内消旋		3%内消旋		6%内消旋	
	$M_n = 101000$	$M_n = 157000$	$M_n = 88000$	$M_n = 114000$	$M_n = 58000$	$M_n = 114000$
100	3.8	4.8	9.4	11.4	27.8	—
105	2.9	—	8.6		19.6	—
110	1.9	4.0	6.0	10.8	19.7	44
115	3.5	—	6.9		22.2	
120	4.0	5.7	8.2	11.6	—	—
125	5.1	—	11.5		—	
130	8.7	13.4	—	—	—	—
135	22.9	—				

资料来源：Kolstad，1996。

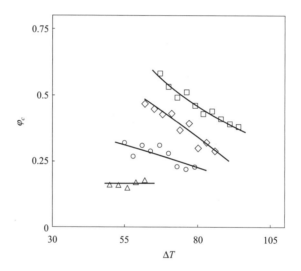

图 4-5　聚（L-丙交酯-*co*-内消旋丙交酯）的结晶度（φ_c）与过冷度的函数

（$\Delta T = T_{mo} - T_x$，其中 T_{mo} 为平衡熔点，T_x 为等温结晶温度）

□—0%内消旋丙交酯，D-异构体含量为 0.4；◇—3%的内消旋丙交酯，D-异构体含量为 2.1%；

○—6%的内消旋丙交酯，D-异构体含量为 3.4；△—12%的内消旋丙交酯，D-异构体含量为 6.6%

改编自 Huang J，Lisowski M S，Runt J，et al. Crystallization and microstructure of poly

（L-lactide-co-meso-lactide）copolymer. Macromolecules. 1998，31，2593-2599。

表 4-2　聚乳酸的立体化学对熔点和玻璃化转变的影响

结构	描述	T_m/℃	T_g/℃
等规聚 L-丙交酯或聚 D-丙交酯	~LLLLLL~或~DDDDDD~	170~190	55~65
无规光学共聚物	L-丙交酯中的内消旋或 D-丙交酯的随机水平或 L-乳酸中的 D-乳酸的随机水平	130~170	45~65
PLLA/PDLA 立体复合体	~LLLLLL~与~DDDDDD~混合	220~230（Ikada et al.，1987）	65~72（Tsuji，Ikada，1999）

续表

结构	描述	T_m/℃	T_g/℃
PLLA/PDLA 立体嵌段复合物	~LLLLLL～ DDDDDD～	205（Yui et al.，1990）	
间规聚(内消旋)PLA	～DLDLDLDLDL～铝为中心的 R-手性催化剂	179（Ovitt，Coates，2000）	40（Ovitt，Coates，2000）
异规（二间同立构）聚(内消旋-丙交酯)	～LLDDLLDDLLDDLLDD～铝为中心的外消旋 - 手性催化剂	152（Ovitt，Coates，2000）	40（Ovitt，Coates，2000）

资料来源：Henton，2005。

注：PLLA—聚（L-乳酸）；PDLA—聚（D-乳酸）；PLA—聚乳酸。

PLA 的纯晶体，即 100％结晶度，其理论熔融焓 （ΔH_m） 为 93.7J/g，而结晶度为 37％~47％的聚合物的实验值为 40~50J/g （Tsuji，Ikada，1995，1996）。需要注意的是，结晶程度可以根据冷却速度、聚合条件以及杂质或对映体的存在而变化。Huang 等 （1998） 和 Nijenhuis 等 （1991） 报道说，在缓慢聚合过程中，熔融热可以达到 100 J/g，从而生成高度结晶的立体对称聚合物。

根据制备方法和热历史，聚乳酸可以结晶成 α、β 或 γ 型。De Santis 和 Kavacs （1968） 发现，链在 α 相的构象是左手 10_7 螺旋的 L-异构体 （PLLA），而 D-异构体 （PDLA） 是右手 10_3 螺旋 （见图 4-6）。两条 PLA 链都有一个正交的单位尺寸单元，$a = 10.7$Å、$b = 6.126$Å、和 $c = 28.939$Å。基于 a 和 b 参数的比值为 1.737 （近似于 $\sqrt{3}$），它呈螺旋状的六边形排列。Hoogsten 等 （1990） 研究表明 PLA 的 β 型也存在于正交单元胞中，其参数为 $a = 10.31$Å，$b = 18.21$Å 和 $c = 9.0$Å，其中容纳六个具有近六边形排列的螺旋（b/a 比为 1.76，即 $\sqrt{3}$）。此外，Brizzola 等 （1996） 研究了基于两条平行链的三重螺旋构象的正交晶胞，发现存在两个不同的相互关联的相。γ 晶型的 PLLA 可以通过在假斜方晶系的晶胞 （$a = 9.95$，$b = 6.25$，$c = 8.8$） 中的两个反平行 s （3/2） 螺旋的附生结晶来恢复，显示出三重螺旋构型。Tsuji （2002） 总结了非混合晶体和立体复合晶体的单位晶胞参数，见表 4-3。

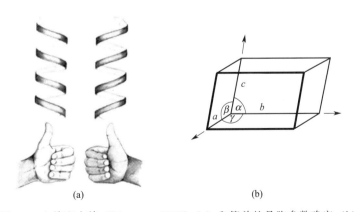

图 4-6　左旋和右旋（Morgan，2002）（a）和简单的晶胞参数确定 （b）

表 4-3　非共混聚（L-乳酸）（PLLA）和立体复合晶体的晶胞参数

	空间组合	链取向	螺旋/晶胞数	螺旋构象	a/nm	b/nm	c/nm	α/(°)	β/(°)	γ/(°)
PLLA α-型	伪斜方晶系	—	2	103	1.06	0.61	2.88	90	90	90
PLLA α-型	斜方晶系	平行	2	103	1.05	0.61	—	90	90	90
PLLA α-型	斜方晶系	—	6	31	1.031	1.821	0.90	90	90	90
PLLA α-型	三方晶系	随机上下	3	31	1.052	1.052	0.88	90	90	120
PLLA α-型	斜方晶系	反平行	2	31	0.995	0.625	0.88	90	90	90
PLLA α-型	三斜晶系	平行	2	31	0.916	0.916	0.870	109.2	109.2	109.8

改编自 Auras R A, Harte B, Selke S. An overview of polylactides as packaging materials. Macromol. Biosci. ,2004, 4: 835-864.

4.3　聚乳酸分析技术

4.3.1　核磁共振波谱

PLA 是由乳酸的环状二聚体丙交酯开环聚合而成。除了乳酸立体异构体的存在外，PLA 的性质还受聚合物链的 L 和 D 立体中心的数量和分布的影响。核磁共振（NMR）谱在确定聚合物的立体顺序分布中起着重要作用。众所周知，具有高度立体规整性的 PLA 可以形成高度结晶的聚合物，即由 D-丙交酯或 L-丙交酯组成的等规 PLA，与内消旋丙交酯相比具有更高的结晶速率，内消旋-丙交酯在使用非立体选择性催化剂合成时倾向于形成无定形 PLA。NMR 应用了磁场中的原子核吸收和再发射电磁辐射的原理，解释了聚合物结构取向的灵活性。

NMR 谱显示了具有立体顺序敏感性的特定聚合物的共振。对于 PLA 的情况，NMR 谱可以分辨二聚体-LD-（或-DL-）和-LL-（或-DD-）。然而，对于相似的二聚体，-DD-和-LL-，或-LD-和-DL-，并没有显示出不同的化学位移。在 PLA 的立体顺序上，-DD-和-LL-产生等规成对关系，而-LD-和-DL-具有间规成对关系的结构。对 NMR 的结果进行观测有一些困难，例如化学位移的叠加、分辨率不足以及由于聚合物链停留在一个巨大的大分子中而导致立体顺序形成的可能性。对于长度 n 的立体顺序敏感性，在 NMR 谱中可以观察到 $2^{(n-1)}$ 种可能的成对关系组合。

利用 NMR 谱图研究了 PLA 的立体顺序分布。Kricheldorf 和 Kreiser-Saunders（1990）率先在各种 PLA 合成方法以及所涉及的引发剂/催化剂的[1]H 和[13]C 的 NMR 谱中使用次甲基共振。Zell 等（2002）修订了 Kricheldorf 等（1996）的甲烷碳和质子四维立体顺序分配（图 4-7）。修正的四维立体顺序是对 PLA 中用于升级到六维水平的甲基立体序列分配的扩展，包括用于量化 PLA 中的 L-丙交酯、D-丙交酯和内消旋丙交酯含量的方法。

图 4-8 显示了使用 5％的 L-丙交酯和 95％的 D-丙交酯合成的 PLA 的[1]H 和[13]C 溶液的 NMR 谱。正如 Zell 等（2002）在[1]H 谱中所观察到的，由于 isi 共振与 iii 共振重叠，对 isi 共振直接积分是不可能的。[1]H 和[13]C 的共振关系如图 4-9 所示。在 sis 共振与 iii 共振的重叠中也可以发现类似的情况，它没有引起 sis 共振的直接积分。Zell 等（2002）报告说，L-丙交酯的 L-立体中心与使用 5％的 L-丙交酯和 95％的二乳酸在甲苯中以辛酸锡为引发剂在 70℃下合成的 PLA 相比，两侧至少有 4 个 D-丙交酯立体中心。

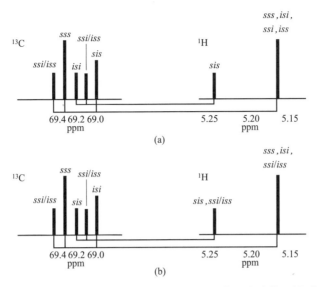

图 4-7　Kricheldorf 等（1996）（a）和 Zell 等（2002）（b）使用内消旋-丙交酯合成的 PLA 中次甲基碳和质子的四元立体顺序分配的比较

¹H 和¹³C 核磁共振（NMR）光谱中的峰之间的线表示在异核相关 NMR 光谱中观察到的连通性（*i* 表示为全同立构，*s* 称为间同立构）。

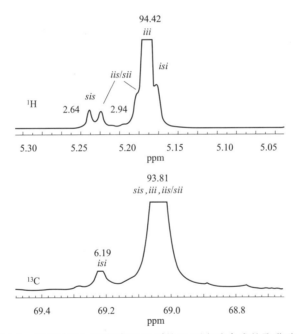

图 4-8　用 5％的 L-丙交酯和 95％的 D-丙交酯合成的聚乳酸的¹H 和¹³C 溶液 NMR 谱图（Zell et al.，2002）

图 4-9　¹H 和¹³C 共振的中心成对关系的方向（Zell et al.，2002）

Thakur 等（1997）还进行了一项研究，是为了改变 L-丙交酯、D-丙交酯和内消旋丙交酯的组成，这几种丙交酯均是由丙交酯的开环聚合制备的，并由辛酸锡在单体比为 1：100000、180℃下催化 3h 完成的。样品的 NMR 谱如图 4-10 所示。从 NMR 谱中的立体顺序分布可以看出，聚合过程中更偏好间规加成。

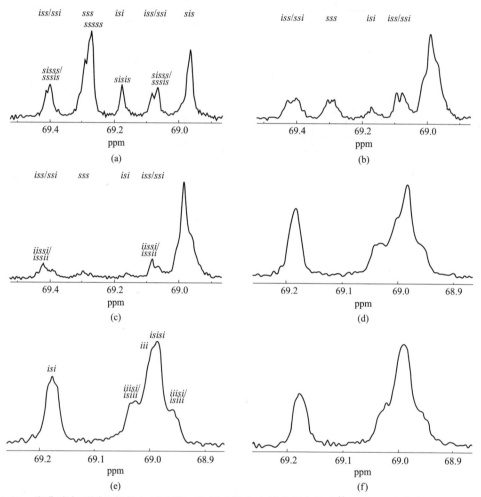

图 4-10 聚乳酸中不同比例的 L-丙交酯、D-丙交酯和内消旋丙交酯在^{13}C NMR 光谱中的蛋氨酸共振

（a）3：3：94（L-丙交酯：D-丙交酯：内消旋丙交酯，余同）；（b）51.5：1.5：47；（c）70.9：0．9：28.2；

（d）50：50：0；（e）60：40：0；（f）70：30：0

改编自 Thakur K A M，Kena R T，Hall E S，et al. High-resolution ^{13}C and 1H solution NMR

study of poly（lactide）. Macromolecules，1997，30：2422-2428。

4.3.2 红外光谱学

红外（IR）光谱是一种分析方法，用于确定官能团的存在，揭示物质内部的键合或相互作用。聚合物的 IR 光谱通常使用傅里叶变换红外光谱（FTIR）方法进行分析，扫描通常在 4000～400cm^{-1} 处进行，结果以透射率或吸光度表示。IR 光谱可以捕捉键的振动并提供辨别官能团的证据。更强的键通常更具刚性，需要更大的力来拉伸或压缩它们。IR 光谱中 PLA（98％ L-丙交酯）的峰分配如表 4-4 所示。如图 4-11 所示，PLA 最重要的指示是在

1748 cm^{-1} 处存在 CO 羰基拉伸，在 1225 cm^{-1} 处存在 CO 羰基弯曲。CH 有三个拉伸带，不对称时为 2997 cm^{-1}，对称时为 2945 cm^{-1} 和 2877 cm^{-1}。最低波数 2877cm^{-1} 对应键较弱的甲基 CH$_3$。然而，当氧原子靠近 CH 时，由于原子增强 CH 的电负性，波数会增加，故 OCH 对应于 2997 cm^{-1} 的波数。3571 cm^{-1} 的 OH 伸缩带是一个宽波峰，这也是羧酸的特征。由于羧酸中的氢键异常强，羧酸的 OH 伸缩带低于醇（3300 cm^{-1}）。弯曲模式对应于 CO 和 OH，分别出现在 1225 cm^{-1} 和 1047 cm^{-1} 处。然而，较低波数处的波峰往往呈现重叠，导致表征困难。

表 4-4　红外光谱波数对应于聚乳酸中的键连接和功能

归属	波数/cm^{-1}
—OH 拉伸（自由）	3100
—CH—拉伸	2997（不对称），2946（对称），2877
—C＝O 羰基拉伸	1748
—CH$_3$ 弯曲	1456
—CH—变形，包括对称和不对称弯曲	1382，1365
—C＝O 弯曲	1225
—C—O—拉伸	1194，1130，1093
—OH 弯曲	1047
—CH$_3$ 摇摆模式	956，921
—C—C—拉伸	926，868

资料来源：改编自 Auras R A，Harte B，Selke S. An overview of polylactides as packaging materials. Macromol. Biosci.，2004，4：835-864。

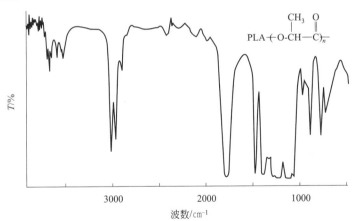

图 4-11　由 95％的 L-丙交酯和 5％的内消旋丙交酯组成的聚乳酸的红外光谱，
平均分子量（M_w）为 9.73×10^4

最近，Pan 等（2011）利用 FTIR 技术研究了 PLLA 和 PLLA/PDLA 立体配合物的晶体结构。PLA 在不同的结晶条件下将会形成不同的晶体形态。通常为 α 型，通过冷结晶、熔融结晶或溶液途径结晶，产生以扭曲的 10$_3$ 构象的斜方晶系（假斜方晶系）的单元晶胞（Aleman et al.，2001）。当 α 晶在高温下拉伸至高拉伸比时，PLA 将转变为 β 型，其采用 3$_1$ 螺旋构象（Sawai et al.，2003）。在较低的结晶温度 T_c（<100℃）下，立体规整的 PLA 熔体可结晶得到另一种亚稳态 α′型，而在较高的 T_c（>120℃）下结晶得到 α 型（Zhang et al.，2005a）。Pan 等（2011）发现 α 型 PLA 呈光谱分裂状（图 4-12）。当冷却到 −140℃ 时，

α型PLA分裂成几个新的峰：3006cm^{-1}（CH$_3$不对称拉伸），2964cm^{-1}（CH$_3$对称拉伸），1777cm^{-1}和1749 cm^{-1}（CO拉伸），1468cm^{-1}和1443cm^{-1}（CH$_3$不对称弯曲），1396cm^{-1}和1381cm^{-1}（CH$_3$对称弯曲），1222cm^{-1}（COC不对称弯曲和CH$_3$不对称摆动），1144cm^{-1}（CH$_3$不对称摆动）和1053cm^{-1}（CCH$_3$弯曲）。α′晶体在不出现光谱分裂的情况下，与前者相比有显著的结果。这是因为α′晶体在其晶格中具有较弱的链间相互作用。换句话说，晶体单元细胞中的分子链之间缺乏横向相互作用。与无定形结构的PLLA/PDLA共混物进行比较，发现共混物相应的CO拉伸峰低约10 cm^{-1}，而CH$_3$不对称/对称拉伸和CH对称拉伸降低了4~6 cm^{-1}。因此，可以假设在无定形PLA晶体中CHOC形成了弱氢键（Zhang et al.，2005b）。

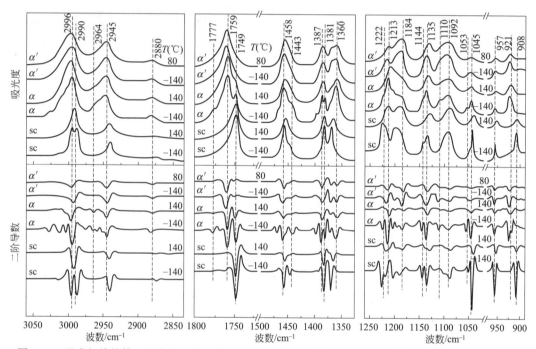

图4-12　温度相关的傅里叶变换红外光谱（FTIR）及其α′，α和无定形（sc）的二阶导数形成PLA

为了清楚起见，将FTIR光谱及其二阶导数在1500~1325cm^{-1}和975~890cm^{-1}的波数范围内放大了

改编自Pan P，Yang J，Shan G，et al.，Temperature-variable FTIR and solid-state 13C NMR investigations on crystalline structure and molecular dynamics of polymorphic poly（L-lactide）and poly（L-lactide）/poly（D-lactide）stereocomplex. Macromolecules，2011，45：189-197。

图4-13所示为在室温下退火的PLLA膜在80~120℃下1000~650 cm^{-1}区域内的IR光谱，其目的是研究半结晶态和无定形PLLA之间的光谱差异。在较高温度下退火的PLLA膜具有更高的结晶性，这是由于温度使柔性链运动增强，促进结晶重排。退火后的PLA的光谱有明显的差异，在956cm^{-1}、922cm^{-1}、872cm^{-1}、848cm^{-1}、756cm^{-1}、737cm^{-1}、711cm^{-1}和695cm^{-1}处几乎没有峰。半结晶态和无定形PLLA的红外光谱有明显差异。可以观察到，当在更高的温度下退火时，波也会移到更高的波数。这是因为结晶限制了键合的振动。例如，当退火温度较高时，—COOH（956cm^{-1}）的振动位移降低了5~8cm^{-1}。还注意到956cm^{-1}处的波强度（或吸光度）降低，而922cm^{-1}处的波强度随着退火温度的升

高而增加。922 cm⁻¹ 处的波峰代表 PLLA 晶体的 C—C 主链和 CH₃ 摇摆模式的组合（Zhang et al.，2005b）。随着退火温度的升高，872cm⁻¹ 和 848cm⁻¹ 处的波峰变弱。737cm⁻¹ 和 717cm⁻¹ 处的谱带在 IR 光谱中表现为一个单一的谱带，当退火温度超过 100℃时，两处的单一谱带各自分裂为两个谱带。波的分裂可以通过与晶体和无定形区域的存在有关的多相的形成来解释。结果，分裂成有晶体区域功能的更高的波峰，以及代表无定形区域中的官能团的较低的波峰。所规定的波峰分裂的官能团属于—CH₃ 的弯曲/摇摆模式。

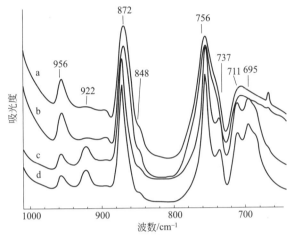

图 4-13　不同退火温度下 1000～600cm⁻¹ 范围内的纯聚 L-乳酸的红外光谱图

a—室温（25℃）；b—80℃；c—110℃；d—140℃（Vasanthan et al.，2011）

Paragkumar 等（2006）对聚（D，L-丙交酯）和聚（D，L-丙交酯-co-乙交酯）薄膜进行了 FTIR 分析，以表征不同厚度薄膜的表面偏析。根据图 4-14，他们发现聚（D，L-丙交酯）和聚（D，L-丙交酯-co-乙交酯）薄膜的衰减全反射（ATR）-FTIR 和 FTIR 透射光谱与一些峰强度的变化非常相似。他们对强度有显著变化的峰进行了比较和讨论。他们发现在 1750cm⁻¹ 和 1080cm⁻¹ 波长处的 FTIR 透射光谱上分别出现了羰基和 C—O—C 拉伸峰。然而，在 ATR-FTIR 光谱中发现这些峰向较低的波数移动，如图 4-14 所示。此外，他们还分别在 1450cm⁻¹ 和 1043cm⁻¹ 处观察到其他峰的存在。1450cm⁻¹ 处出现的

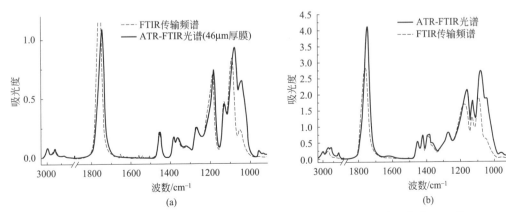

图 4-14　聚（D，L-丙交酯）薄膜（a）和聚（D，L-丙交酯-乙交酯）薄膜（b）的 ATR-傅里叶变换红外光谱（FTIR）和 FTIR 透射光谱（Paragkumar et al.，2006）

峰归因于甲基的 C—H 拉伸，1043cm^{-1} 处出现的峰归因于 C—CH$_3$ 拉伸的振动。他们还发现，聚（D，L-丙交酯-*co*-乙交酯）膜厚度的减小显著降低了 1043 cm^{-1} 处的峰强度，如图 4-15 所示。这是由于聚（D，L-丙交酯-*co*-乙交酯）膜的厚度减小，导致聚（D，L-丙交酯）和聚（D，L-丙交酯-*co*-乙交酯）膜表面甲基侧基数量减少。这一观察还表明聚（D，L-丙交酯）和聚（D，L-丙交酯-*co*-乙交酯）薄膜的链段运动与薄膜的厚度有关。

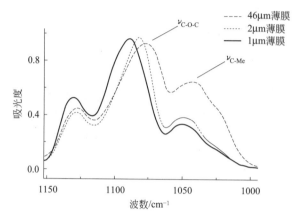

图 4-15　聚（D，L-丙交酯）薄膜的厚度对傅里叶变换红外光谱（FTIR）透射率和
ATR-FTIR 光谱的影响（Paragkumar et al.，2006）

4.4　**聚乳酸的溶解度和阻隔性能**

PLA 是一种适合替代传统石化聚合物作为包装材料的生物基聚合物。PLA 的"绿色"特性一直为食品包装行业所青睐，因为它具有良好的阻隔性能，在保持食品新鲜的同时又不污染环境。食品生产企业必须对包装材料精心选择，才能避免化学和生物污染，避免食品的加速变质。包装材料必须对水蒸气提供足够的屏障，以防止食品降解或微生物生长，防止可能引发的大气中气体渗透导致氧化，并保持食品中所含的挥发性有机化合物，以保持香味和风味。此外，包装应不溶于多种溶剂，以避免包装里的微量物质转移到食物中，食用后可能危害健康。

一般来说，市场上使用的 PLA 容器造成食物污染或中毒的可能性很低。这是因为 PLA 由丙交酯单体产生，来源于 L-乳酸，是一种天然存在于人体内的无毒成分。然而，在聚合过程中可能存在微量的 D-乳酸，这是一种次要的副产品。由于缺乏适当的酶，D-乳酸不能被人体消耗。测定聚合物中气体、香料和芳香的渗透性（溶解性和扩散性）对于 PLA 在食品包装工业中的应用至关重要。这将在下一节讨论。在第二章聚乳酸的合成与生产中，讨论了出于安全目的对 D-乳酸和丙交酯含量的测定方法，这是 PLA 作为包装材料应用的一个重要方面。

4.4.1　聚乳酸的溶解度

根据 Nampoothiri 等（2010）报道，聚乳酸可溶解于氯仿、二氯甲烷、二氧六环、乙腈、1,1,2-三氯乙烷和二氯乙酸中。PLA 在加热到沸腾温度时也可以溶于甲苯、丙酮、乙苯和四氢呋喃（THF），但在低温下溶解度有限。一般来说，PLA 不能溶于水、某些醇和全部烷烃。高结晶的 PLLA 可抵抗丙酮、乙酸乙酯和 THF 的溶剂侵蚀，而无定形 PLA，例如聚（D，L-丙交酯）的共聚物，可以很容易地溶解在各种有机溶剂中，例如 THF、氯化溶剂、苯、乙腈和二氧六环。

PLA 的溶解度取决于聚合物的结晶度，因为高度取向结构增加了溶剂分子链间迁移的难度。溶解度热力学判据的原理是基于混合自由能（ΔG_m），这表明，如果 ΔG_m 是零或负，则两种物质是互溶的。溶剂与聚合物之间溶解过程的混合自由能与 $\Delta G_m = \Delta H_m - T\Delta S_m$ 有关，其中 ΔH_m、T 和 ΔS_m 分别为混合焓、绝对温度和混合熵。通常情况下，ΔS_m 的值较小且为正值。因此，溶剂的溶解度在很大程度上取决于 ΔH_m 和 T。物质的溶解度由溶解度参数（δ）表示，溶解度参数由 Hildebrand 和 Scott（1950）引入，并与内聚能密度有关。Hansen 和 Skaarup（1967）后来提出了与极性和氢键系统有关的溶解度参数，将其分为非极性（δ_d）、极性（δ_p）和氢键（δ_H），其中 Hansen 溶解度参数 $\delta_t = \delta_d + \delta + \delta_k$。表 4-5 和表 4-6 分别总结了溶剂和 PLA 的溶解度参数。为了在溶剂中溶解 PLA，聚合物和溶剂的溶解度参数应相差 $\delta_t < 2.5$（Auras，2007）。食品中含有的液体成分，如水、乙醇和石蜡（以正己烷为代表）的溶解度与 PLA 的溶解度参数有更大的差异；因此 PLA 在与食物接触时是安全的，没有转移。

表 4-5　25℃ 时溶剂的溶解度参数（Hansen，2000）

项目		Hansen 溶解度参数，25℃ 时 $\delta_t/(\mathrm{J/cm^3})^{\frac{1}{2}}$			
		δ_d^a	δ_p^a	δ_H^a	δ_t
溶剂	丙酮	15.0	10.4	7	19.6
	乙腈	15.3	18.0	6.1	24.4
	苯	18.4	0.0	2.0	18.5
	氯仿	17.8	3.1	5.5	18.9
	间甲酚	18	5.1	12.9	22.7
	二甲基甲酰胺	17.4	13.7	11.3	24.9
	二甲基亚砜	18.4	16.4	10.0	26.6
	1,4-二噁烷	19.0	1.8	7.4	20.5
	1,3-二氧戊环	18.1	6.6	9.3	21.4
	乙酸乙酯	15.5	5.3	7.2	18.2
	呋喃	17.5	1.8	5.3	18.7
	六氟异丙醇	17.2	4.5	14.7	23.1
	异戊醇	15.8	5.2	13.3	21.3
	二氯甲烷	18.2	6.3	6.1	20.2
	二氯化甲烷甲乙酯	16.0	9.0	5.1	19.1
	正甲基吡咯烷酮	18.0	12.3	7.2	23.0
	吡啶	19.0	8.8	5.9	31.9
	四氢呋喃	16.8	5.7	8.0	19.5
	甲苯	18.0	1.4	2.0	18.2
	二甲苯	17.6	1.0	3.1	17.9
非溶剂	异丙醚	13.7	3.9	2.3	14.4
	环己烷	16.5	0.0	0.2	16.5
	正己烷	14.9	0.0	0.0	14.9
	乙醇	15.8	8.8	19.4	26.5
	甲醇	15.1	12.3	22.3	29.6
	水	15.5	16.0	42.3	47.8
	乙醚	14.5	2.9	5.1	15.6

表 4-6　聚乳酸在 25℃ 时的溶解度参数 ［请参见 Agrawal 等 (2004) 的计算方法］

方法	$\delta_d/(J/cm^3)^{\frac{1}{2}}$	$\delta_d/(J/cm^3)^{\frac{1}{2}}$	$\delta_H/(J/cm^3)^{\frac{1}{2}}$	$\delta_t/(J/cm^3)^{\frac{1}{2}}$
本征 3D 黏度	17.61	5.30	5.80	19.28
本征 1D 黏度	—	—	—	19.16
经典 3D 几何	16.85	9.00	4.05	19.53
Fedors 课题组	—	—	—	21.42
Van Krevelen 课题组	—	—	—	17.64

Auras (2007) 使用规则溶液理论对 PLA、聚对苯二甲酸乙二醇酯 (PET) 和聚苯乙烯 (PS) 在不同溶剂中的溶解度进行了计算比较。从图 4-16 中可以看出，PLA、PET 和 PS 的溶解度区域可以近似为半径为 2.5δ 单位的边界值，其中 PLA ($\delta_v = 19.01$，$\delta_H = 10.01$)，PET ($\delta_v = 19.77$，$\delta_H = 10.97$)，PS ($\delta_v = 15.90$，$\delta_H = 5.00$)。然而，当分子在溶剂中的距离较大时，聚合物的溶解度下降。结果表明，PLA 和 PET 具有相似的溶解度性质，可以互换使用。

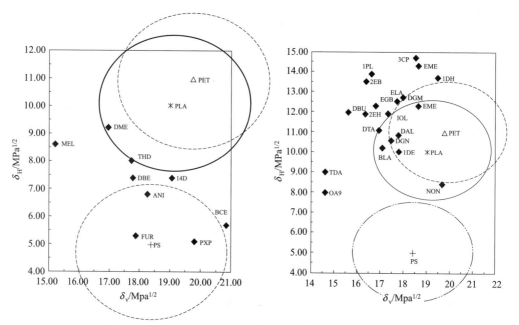

图 4-16　聚乳酸 (PLA) 的体积依赖性内聚参数 (δ_v) 与 Hansen 氢键参数 (δ_H)

指示的值是 $\Delta\delta < 5\ MPa^{1/2}$ 的溶剂

FUR—呋喃；EPH—环氧氯丙烷；THD—四氢呋喃；14D—1,4-二恶烷；MEL—甲基 (二甲氧基甲烷)；

BCE—双 (2-氯乙基) 醚；ANI—茴香醚 (甲氧基苯)；DME—二-(2-甲氧基乙基) 醚；DBE—二苄醚；

PXP—双-(间苯氧基苯酚) (醚)；3CP—3-氯丙醇；BEA—苯甲醇；CHL—环己醇；1PL—1-戊醇；

2EB—2-乙基-1-丁醇；DAL—双丙酮醇；DBU—1,3-二甲基-1-丁醇；ELA—乳酸乙酯；

BLA—乳酸正丁酯；EME—乙二醇单乙醚；DGM—二甘醇单乙醚甲基；DGE—二甘醇单乙醚；

EGB—乙二醇单正丁醚；2EH—2-乙基-1-己醇；1OL—1-辛醇；2OL—2-辛醇；DGN—二甘醇单正丁醚；

1DE—1-癸醇；TDA—1-十三烷醇；NON—壬基；OA9—油醇

改编自 Auras R A. Solubility of gases and vapors in polylactide polymers. In: Letcher, T. M. (Ed.), Thermodynamics, Solubility and Environmental Issues. Elsevier, The Netherlands, 2007: 343-368。

4.4.2　聚乳酸的渗透性

当作为包装材料时，PLA 的气体渗透性能非常重要。包装需要低渗透材料，以避免风味和香气损失或发生氧化，从而延长食品的保质期。由于 PLA 是一种生物可降解材料，有可能取代现有的塑料材料，如 PET、PS 和低密度聚乙烯（LDPE），因此具有与这些现有聚合物一样有效的渗透特性是非常重要的。

Lehermeier 等（2001）研究了 PLA 对氮气、氧气、二氧化碳和甲烷的气体渗透性能。结果汇总在表 4-7 中。渗透活化能（E_p）可通过下式计算：

$$P = P_0 \exp\left(-\frac{E_P}{RT}\right) \tag{4-1}$$

表 4-7　聚乳酸（PLA）和聚对苯二甲酸乙二醇酯（PET）的渗透性能

气体	聚合物	25℃时的渗透率 /[×10^{-10} cm^3(STP)·cm/cm^2·s·cm Hg]	活化能/(kJ/mol)	温度依赖性渗透 P_T/[×10^{-10} cm^3(STP)·cm/cm^2·s·cm Hg]
氮气	线型 PLA(L/D=96/04)	1.3	11.2	$P_T = 109.86 e^{-1.36X}$
	线型 PLA(L/D=98/02)			—
	PET	0.008[1]	26.4[2]	—
氧气	线型 PLA(L/D=96/04)	3.3	11.1	$P_T = 276.43 e^{-1.34X}$
	线型 PLA(L/D=98/02)			—
	PET	0.04[1]	37.7[2]	—
二氧化碳	线型 PLA(L/D=96/04)	10.2	6.1	$P_T = 115.67 e^{-0.78X}$
	线型 PLA(L/D=98/02)			—
	PET	0.2[1]	27.6[2]	—
甲烷	线型 PLA(L/D=96/04)	0.9	13.0	$P_T = 149.95 e^{-1.55X}$
	线型 PLA(L/D=98/02)	0.8	—	
	双轴取向膜(L/D=95/05)	0.19	—	
	PET	0.004[1]	24.7[2]	

[1] Michaels（1963）。

[2] Pauly（1999）。

资料来源：改编自 Lehermeier J J，Dorgan J R，Way D J. Gas permeation properties of poly（lactic acid）. J. Membr. Sci.，2001，190，243-251。

注：$X = 1/T \times 10^3 K^{-1}$。

可以看出，PET 的渗透性低于 PLA。换句话说，PET 具有比 PLA 更好的阻隔性能，其 L:D 为 96:4。Lehermeier 等（2001）总结出，这是由于在聚合物链主链中含有芳香环的 PET 降低了自由体积和链的流动性。在 PLA 链中引入支链后，没有明显的变化。但是，结晶可以大大改善阻隔性能。在结晶度为 16% 的双向取向 PLA 薄膜（L:D 为 95:5）中，结晶度的增加，使该薄膜的渗透率降至结晶度分别为 1.5% 和 3% 的 PLA 薄膜（L:D 为 96:4 和 98:2）的渗透率的九分之二。这是因为结晶度提高了结构的致密性，导致气体分子难以通过薄膜扩散。图 4-17 显示了具有与主要用于包装的其他商品聚合物相同 L：D 的 100％线型 PLA 的渗透性能的比较。数据是不言而喻的：PLA 比 PS 和 LDPE 具有更好的阻隔性能。PLA 已被证明能够很好地阻隔氮、二氧化碳和甲烷，但对氧的阻隔性能稍弱。这一发现很重要，因为它表明聚乳酸可以作为一种强大的包装材料来替代各种商品化的石油基塑料薄膜。PLA 良好的阻隔性能，以及生物降解性和"绿色"生产，意味着它是未来包装材料的有力竞争者。

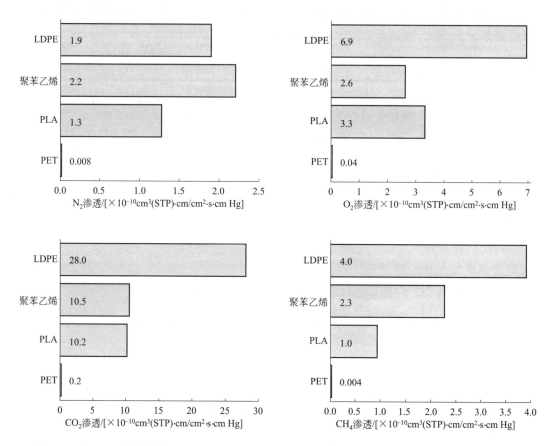

图 4-17 在 30℃下与其他普通塑料相比，L：D 为 96：4 的 100％线型聚乳酸（PLA）的渗透性能
改编自 Lehermeier 等（2001）。

透水性是包装材料需要考虑的另一个重要因素。Shogren（1997）比较了各种可生物降解聚合物的水蒸气渗透性，其中包括含有 6％、12％和 18％戊酸酯的聚（β-羟基丁酸酯-co-羟基戊酸酯）（PHBV），聚（ε-己内酯）（PCL）。Shogren 测定了这些材料的透水率，见表 4-8。与 PHBV 以外的许多可生物降解聚合物相比，PLA 表现出良好的耐水性。此外，PLA 在 130℃下退火引起结晶结构的形成，从而改善了水阻率。这可以解释为，结晶减少了扩散所需的分子横截面积，并通过限制无定形相的流动性来增加扩散路径长度（Shogren，1997）。类似地，聚合物的溶解度参数也极大地影响了水蒸气渗透性。当聚合物和水的溶解度参数值之间的差异很小时，就意味着该聚合物亲水，因此，该聚合物的水蒸气传输速率较高。

表 4-8　可生物降解的聚合物薄膜的水蒸气透过率（Shogren，1997）

薄膜	水蒸气透过率/(g/m²/d)			结晶度/%	溶解度参数/(J/cm³)^(1/2)
	$T=6℃$	$T=25℃$	$T=49℃$		
PHB V-6	1.8	13	124	74	21.5
PHB V-12	3.1	21	204	69	21.5
PHB V-18	3.5	26	245	62	21.4
PLA 结晶	27	82	333	66	22.7
PLA 非晶	54	172	1100	0	22.7
PCL	41	177	1170	67	20.8
Bionolle	59	330	2420	0	—
BAK 1095	134	680	3070	0	—
CAP	590	1700	5200	41	24.2
CA	1020	2920	7900	33	25.7

注：PHBV—聚（β-羟基丁酸酯-co-羟基戊酸酯），含 6、12 和 18% 戊酸酯；PLA 晶体—PLA 在 130℃ 退火；PCL—聚（ε-己内酯）；CA—乙酸纤维素；CAP—乙酸丙酸纤维素；PLA—聚乳酸；Bionelle—包含脂族聚酯的吹膜；BAK 1095—包含聚（酯酰胺）的吹塑薄膜。

水的溶解度参数为 47.9 (J/cm³)^(1/2)。

Siparsky 等（1997）深入研究了共聚对 PLA 膜透水性的影响。用"溶液扩散"模型 [式(4-2)] 来表征 PLA 中的水蒸气。P 为与流量相关的渗透系数，S 为代表平衡水浓度的溶解度系数，D 为与扩散率相关的扩散系数。

$$解扩散模型：P = S \times D \tag{4-2}$$

表 4-9 显示了受 PLA 中 L/D 组成影响的水蒸气扩散率。PLA 的等规立构聚合异构体是因为其定向结构具有更好的水蒸气阻隔性。然而，PLA 的结晶度对水蒸气的渗透性没有影响。己内酯单体的掺入对扩散系数影响不大，但聚乙二醇（PEG）的掺入使水蒸气阻力急剧下降。聚乙二醇的亲水性以及结构的破坏是导致与 PLA 结合时阻隔性能降低的因素。

表 4-9　相对湿度为 20℃ 在 90℃ 下测量的 PLA、PCL 及其共聚物/共混物的扩散、溶解度和渗透系数

组成	T_g/℃	结晶度/%	$P/\times10^{13}$	$S/\times10^6$	$D/\times10^6$
PLA(L/D=50/50)	52	—	2200	3400	0.067
PLA(L/D=70/30)	50	—	2200	2200	0.10
PLA(L/D=90/10)	54	—	1500	2000	0.078
PLA(L/D=95/5)	59	—	1400	3000	0.044
PLA(经淬火)(L/D=100/0)	63	11	1900	4000	0.052
PLA(L/D=100/0)	63	39	1600	4000	0.046
PLA(在 160℃ 退火 15min，(L/D=100/0)	63	46	2000	4000	0.040
30% 无规共聚 PCL-PLA	40	PCL<5	2900	2200	0.13
30% 嵌段共聚 PCL-PLA	−63,47	PCL；9	3100	3100	0.10

组成	T_g/℃	结晶度/%	$P/\times 10^{13}$	$S/\times 10^6$	$D/\times 10^6$
30%取向 PCL-PLA	−63,73	PCL:11	2700	2600	0.11
PCL	−60	52	3200	1600	0.20
20%共混 PEG-PLA	48	—	5700	10900	0.052

资料来源：Siparsky et al.，1997。

注：P 单位为 cm^3（STP）$cm/cm^2 s\, Pa$。S 单位为 cm^3（STP）$cm^3\, Pa$。D 单位为 cm^2/s。

4.5 结论

PLA 的性质受其单体的立体化学性质影响很大。当 PLA 具有高立体化学纯度时，往往会形成高结晶度的晶体结构。与不同丙交酯异构体共聚可以产生多种 PLA 特性。异构对 PLA 的影响可以通过 IR 和 NMR 光谱法来检测。许多研究证明 PLA 在水、醇和石蜡等多种溶剂/液体中具有低溶解度。这表明 PLA 可以安全地用作食品包装材料，而不会对健康造成不良影响。此外，PLA 还具有与 LDPE 和 PS 同样有效的阻隔性能。PLA 的"绿色"特质意味着它是一种可行的石油基聚合物的环境友好替代品。

参 考 文 献

Agrawal，A.，Saran，A. D.，Rath，S. S.，Khanna，A.，2004. Constrained nonlinear optimization for solubility parameters of poly（lactic acid）and poly（glycolic acid）-validation and comparison. Polymer. 45，8603-8612.

Aleman，C.，Lotz，B.，Puiggali，J.，2001. Crystal structure of the α-form of poly（L-lactide）. Macromolecules 34，4795-4801.

Auras，R. A.，2007. Solubility of gases and vapors in polylactide polymers. In：Letcher，T. M.（Ed.），Thermodynamics, Solubility and Environmental Issues. Elsevier，The Netherlands，pp. 343-368.

Auras，R. A.，Harte，B.，Selke，S.，2004. An overview of polylactides as packaging materials. Macromol. Biosci. 4，835-864.

Brizzolara，D.，Cantow，H. -J.，Diederichs，K.，Keller，E.，Domb，A. J.，1996. Mechanism of the stereocomplex formation between enantiomeric poly（lactide）s. Macromolecules 29，191-197.

Dahlman，J.，Rafler，G.，Fechner，K.，Mechlis，B.，1990. Synthesis and properties of biodegradable aliphatic polyesters. Br. Polym. J. 23，235-240.

De Santis，P.，Kavacs，A. J.，1968. Molecular conformation of poly（S-lactic acid）. Biopolymer 6，299-306.

Drumlight，R. E.，Gruber，P. R.，Henton，D. E.，2000. Polylactic acid technology. Adv. Mater. 12，1841-1846.

Garlotta，D.，2002. A literature review of poly（lactic acid）. J. Polym. Environ. 9，63-84.

Hansen，C. M.，2000. Hansen Solubility Parameters—A User's Handbook. CRC Press，Florida.

Hansen，C. M.，Skaarup，K.，1967. Three dimensional solubility parameter-key to paint component affinities：III. Independent calculation of the parameter components. J. Paint Technol. 39，511-514.

Hartmann，H.，1998. High molecular weight polylactic acid polymers. In：Kaplan，D. L.（Ed.），Biopolymers From Renewable Resources. Springer-Verlag，Berlin，pp. 367-411.

Henton，D. E.，Gruber，P.，Lunt，J.，Randall，J.，2005. Polylactic acid technology. In：Mohanty，A. K.，Misra，M.，Drzal，L. T.（Eds.），Natural Fibers，Biopolymers，and Biocomposites. Taylor & Francis，Boca Raton，FL，pp. 527-577.

Hildebrand，J. H.，Scott，R. L.，1950. The Solubility of Nonelectrolytes. Reinhold Pub. Corp.，New York.

Hoogsten，W.，Postema，A. R.，Pennings，A. J.，ten Brinke，G.，Zugenmaier，P.，1990. Crystal structure，conformation and morphology of solution-spun poly (L-lactide) fiber. Macromolecules 23，634-642.

Huang，J.，Lisowski，M. S.，Runt，J.，Hall，E. S.，Kean，R. T.，Buehler，N.，1998. Crystallization and microstructure of poly (L-lactide-co-meso-lactide) copolymer. Macromolecules 31，2593-2599.

Ikada，Y.，Jamshidi，K.，Tsuji，H.，Hyon，S. H.，1987. Stereocomplex formation between enantionmeric poly (lactides). Macromolecules 20，904-906.

Iwata，T.，Doi，Y.，1998. Morphology and enzymatic degradation of poly (L lactic acid) single crystals. Macromolecules 31，2461-2467.

Jain，R. J.，2000. The manufacturing techniques of various drug loaded biodegradable poly (lactide-co-glycolide) (PLGA) devices. Biomaterials 21，2475-2490.

Kolstad，J. J.，1996. Crystallization kinetics of poly (L-lactide-co-mesolactide). J. Appl. Polym. Sci. 62，1079-1091.

Kricheldorf，H. R.，Boettcher，C.，et al.，1993. Polylactones. XXV. Polymerizations of racemic- and meso-D，L-lactide with Zn，Pb，Sb，and Bi salts -stereochemical aspects. J. Macromol. Sci.，Part A：Pure and Appl. Chem. 30，441-448.

Kricheldorf，H. R.，Kreiser-Saunders，I.，1990. Polylactones，19. Aninic polymerization of L-lactide in solution. Die Makromolekulare Chem. 191，1057-1066.

Kricheldorf，H. R.，Kreiser-Saunders，I.，Jürgens，C.，Wolter，D.，1996. Polylactides -synthesis，characterization and medical application. Macromol. Symp. 103，85-102.

Lehermeier，J. J.，Dorgan，J. R.，Way，D. J.，2001. Gas permeation properties of poly (lactic acid). J. Membr. Sci. 190，243-251.

Lunt，J.，1998. Large scale production，properties and commercial applications of polylactic acid polymers. Polym. Degrad. Stab. 59，145-152.

Lunt，J.，Shafer，A. L.，2000. Polylactic acid polymers from corn：applications in the textiles industry. J. Ind. Text. 29，191-205.

Michaels，A. S.，Vieth，W. R.，Barrie，J. A.，1963. Diffusion of gases in polyethylene terephthalate. J. Appl. Phys. 34，13-20.

Morgan，E.，2002. Left and right hand helices. Accessed from：<http：//wbiomed. curtin. edu. au/biochem/>.

Mutsuga，M.，Kawamura，Y.，Tanamoto，K.，2008. Migration of lactic acid，lactide and oligomers from polylactide food-contact materials. Food Addit. Contam. - Part A Chem.，Anal.，Control，Expo. Risk Assess. 25，1283-1290.

Nampoothiri，K. M.，Nair，N. R.，John，R. P.，2010. An overview of the recent developments in polylactide (PLA) research. Bioresour. Technol. 101，8493-8501.

Nijenhuis，A. J.，Grijpma，D. W.，Pennings，A. J.，1991. Highly crystalline aspolymerized poly (L-lactide). Polym. Bull. 26，71-77.

Ovitt，T. M.，Coates，G. W.，1999. Stereoselective ring-opening polymerization of meso-lactide：synthesis of syndiotactic poly (lactic acid). J. Am. Chem. Soc. 121，4072-4073.

Ovitt，T. M.，Coates，G. W.，2000. Stereoselective ring-opening polymerization of *rac*-lactide with single-site，racemic aluminum alkoxide catalyst：synthesis of stereoblock poly (lactic acid). J. Polym. Sci.，Part A：Polym. Chem. 38，4686-4692.

Pan，P.，Yang，J.，Shan，G.，Bao，Y.，Weng，Z.，Cao，A.，et al.，2011. Temperature-variable FTIR and solid-state ^{13}C NMR investigations on crystalline structure and molecular dynamics of polymorphic poly (L-lactide) and poly (L-lactide) /poly (D-lactide) stereocomplex. Macromolecules 45，189-197.

Paragkumar，N. T.，Edith，D.，Jean-Luc，S.，et al.，2006. Surface characterstics of PLA and PLGA films. Appl. Surf. Sci. 253，2758-2764.

Pauly，S.，1999. Permeability and diffusion data. In：Brandrup，J.，Immergut，E. H.，Grulke，E. A. (Eds.)，Polymer Handbook. Wiley, New York, pp. 543-569.

Reddy, G., Altaf, M., Naveena, B. J., Venkateshwar, M., Kumar, E. V., 2008. Amylolytic bacterial lactic acid fermentation-a review. Biotechnol. Adv. 26, 22-34.

Sawai, D., Takahashi, K., Sasashige, A., Kanamoto, T., Hyon, S.-H., 2003. Preparation of oriented β-form poly (L-lactic acid) by solid-state coextrusion: effect of extrusion variables. Macromolecules 36, 3601-3605.

Shogren, R., 1997. Water vapor permeability of biodegradable polymers. J. Environ. Polym. Degrad. 5, 91-95.

Siparsky, G. L., Voorhees, K. J., Dorgan, J. R., Schilling, K., 1997. Water transport in polylactic acid (PLA), PLA/polycaprolactone copolymers, and PLA/polyethylene glycol blends. J. Environ. Polym. Degrad. 5, 125-136.

Thakur, K. A. M., Kena, R. T., Hall, E. S., Kolstad, J. J., Lindgren, T. A., 1997. High-resolution ^{13}C and ^{1}H solution NMR study of poly (lactide). Macromolecules 30, 2422-2428.

Tsuji, H., 2002. Polylactides. In: Doi, Y., Steinbüchel, A. (Eds.), Biopolymers. Polyesters III. Applications and Commercial Products. Wiley-VCH Verlag GmbH, Weinheim, pp. 129-177.

Tsuji, H., Ikada, Y., 1995. Properties and morphologies of poly (l-lactide): 1. Annealing condition effects on properties and morphologies of poly (l-lactide). Polymer 41, 8921-8930.

Tsuji, H., Ikada, Y., 1996. Blends of isotactic and atactic poly (lactide) s: 2. Molecular-weight effects of atactic component on crystallization and morphology of equimolar blends from the melt. Polymer 37, 595-602.

Tsuji, H., Ikada, Y., 1999. Stereocomplex formation between enantionmeric poly (lactic acids) s. XI. Mechanical properties and morphology. Polymer 40, 6699-6708.

Urayama, H., Kanamori, T., Fukushima, K., Kimura, Y., 2003. Controlled crystal nucleation in the melt crystallization of poly (L-lactide) and poly (Llactide) /poly (D-lactide) stereocomplex. Polymer 44, 5635-5641.

Vasanthan, N., Ly, H., Ghosh, S., 2011. Impact of nanoclay on isothermal cold crystallization kinetics and polymorphism of poly (L-lactide acid) nanocomposites. J. Phys. Chem. B. 115, 9556-9563.

Yui, N., Dijkstra, P., Feijen, J., 1990. Stereo block copolymers of L- and Dlactides. Macromol. Chem. 191, 487-488.

Zell, M. T., Padden, D. E., Paterick, A. J., Thakur, K. A. M., Kean, R. T., Hillmyer, M. A., 2002. Unambiguous determination of the ^{13}C and ^{1}H NMR stereosequence assignments of polylactide using high-resolution solution NMR spectroscopy. Macromolecules 35, 7700-7707.

Zhang, J., Duan, Y., Sato, J., Tsuji, H., Noda, I., Wan, S., 2005a. Crystal modifications and thermal behavior of poly (L-lactic acid) revealed by infrared spectroscopy. Macromolecules 38, 8012-8021.

Zhang, J., Sato, H., Tsuji, J., Noda, I., Ozaki, Y., 2005b. Infrared spectroscopic study of CH_3-OC interaction during poly (L-lactide) /poly (D-lactide) stereocomplex formation. Macromolecules 38, 1822-1828.

第**5**章

聚乳酸的力学性能

5.1 简介

根据不同参数，如结晶度、聚合物结构、分子量、材料配方（共混物、增塑剂、复合材料等）和取向，商用聚乳酸（PLA）的力学性能变化范围可以涵盖从柔软的弹性材料到坚硬的高强度材料。表 5-1 总结了 NatureWorks 公司开发的 PLA 的一些力学性能。

表 5-1 来自 NatureWorks 公司的聚乳酸的力学性能

性能	Ingeo 2003D	ASTM 方法	Ingeo 3801X	ASTM 方法	Ingeo 8052D	ASTM 方法
拉伸强度/MPa(psi)	53(7700)	D882	—	—	—	—
屈服强度/MPa(psi)	60(8700)	D882	25.9(3750)	D638	48(7000)	D638
杨氏模量/GPa(kpsi)	3.5(500)	D882	2.9(432)	D638	—	D638
断裂伸长率/%	6.0	D882	8.1	D638	2.5	D638
悬臂梁缺口冲击强度 /[J/m(Ib. ft/in.)]	12.81(0.24)	D256	144(2.7)	D256	16(0.3)	D256
弯曲强度/[MPa(psi)]	—		44(6400)	D790	83(12,000)	D790
弯曲模量/[GPa(kpsi)]	—		2.85(413)	D790	3.8(555)	D790

注：Ingeo 2003D 是一种透明的通用挤出级产品，专门设计用于新鲜食品包装和食品服务产品。

Ingeo 3801X 专为需要高热量和高冲击性能的注塑应用设计。

Ingeo 8052D 是一种坚固轻便的泡沫，适合包装新鲜的肉类和蔬菜。

PLA 又称聚丙交酯（polylactide，即环乳酸的聚合，环乳酸又称丙交酯），是一种脆性材料，具有较低的抗冲击强度和断裂伸长率，与另一种相对较脆的聚合物——聚苯乙烯（PS）较为相似。然而，其拉伸强度和模量与聚对苯二甲酸乙二醇酯（PET）相当，由 Anderson 等（2008）报道，列于表 5-2 中。PLA 韧性差，限制了它在高应力水平下需要塑性变形的应用。为了提高 PLA 的力学性能，特别是韧性，人们采用了多种改性方法。

表 5-2　聚（L-丙交酯）（PLLA）与聚苯乙烯（PS）和聚对苯二甲酸乙二醇酯（PET）的比较

材料	拉伸强度/MPa	杨氏模量/GPa	断裂伸长率/%	悬臂梁缺口冲击强度/(J/m)
PLLA	59	3.8	4～7	26
PS	45	3.2	3	21
PET	57	2.8～4.1	300	59

5.2　聚乳酸的结晶度和分子量对力学性能的影响

从结构性能关系来看，结晶度是影响 PLA 力学性能的一个重要特性（图 5-1）。Perego 等（1996）研究了分子量和结晶度对聚（L-丙交酯）（PLLA）、聚（D，L-丙交酯）（PDLLA）和退火聚（L-丙交酯）（Ann.PLLA）力学性能的影响。他们在报告中说，不同分子量的 PLLA 和 PDLLA 在拉伸强度方面表现出微小的变化，PLLA 的拉伸强度变化范围为 55～59MPa，PDLLA 的拉伸强度变化范围为 40～44MPa。结果见表 5-3 和 5-4。

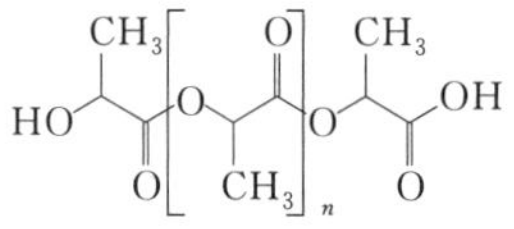

图 5-1　聚乳酸的结构

表 5-3　聚（L-丙交酯）（PLLA）样品的力学性能

	样品	PLLA I	PLLA II	PLLA III	PLLA IV
	分子量 M_w	23000	31000	58000	67000
拉伸性能	屈服强度/MPa	—	65	68	70
	拉伸强度/MPa	59	55	58	59
	杨氏模量/MPa	3550	3550	3750	3750
	断裂伸长率/%	1.5	5.5	5.0	7.0
弯曲性能	弯曲强度/MPa	64	97	100	106
	弹性模量/MPa	3650	3600	3600	3650
	最大应变/%	2.0	4.2	4.1	4.7
抗冲击性能	缺口强度/(J/m)	19	22	25	26
	无缺口强度/(J/m)	135	175	185	195

表 5-4　非退火聚（D，L-丙交酯）（PDLLA）试样的力学性能

	样品	PDLLA I	PDLLA II	PDLLA III
	分子量 M_w	47500	75000	114000
拉伸性能	屈服强度/MPa	49	53	53
	拉伸强度/MPa	40	44	44
	杨氏模量/MPa	3650	4050	3900
	断裂伸长率/%	7.5	4.8	5.4

续表

样品		PDLLA Ⅰ	PDLLA Ⅱ	PDLLA Ⅲ
弯曲性能	弯曲强度/MPa	84	86	88
	弹性模量/MPa	3500	3550	3600
	最大应变/%	4.8	4.1	4.2
抗冲击性能	缺口强度/(J/m)	1.8	17	18
	无缺口强度/(J/m)	135	140	150

　　然而，如表 5-3 和表 5-4 所示，PLLA 显示出比 PDLLA 更好的强度，$M_w = 67000$ 的强度为 59MPa；而 PDLLA Ⅲ 的 $M_w = 114000$，其强度为 44MPa。这种增强被认为是由于聚合物链的立体规整性。换句话说，PLA 中 L 和 D 立体异构体的存在会影响结晶度和结构链的排列，从而导致物理力学性能的变化。

　　表 5-5 显示了退火对 PLLA 力学性能的影响。在退火 PLLA 的分子量范围内，拉伸强度从 47MPa 略微提高到了 66MPa。显然，这种材料对应于结晶度的结晶部分受分子量增加的影响。退火时，PLLA 样品的拉伸弹性模量最高，范围为 4000～4200MPa，而非退火 PLLA 样品的拉伸弹性模量为 3550～3750MPa。在弯曲强度方面可以观察到类似的结果，其中退火的 PLLA 样品比未退火的 PLLA 和 PDLA 样品具有更高的弯曲强度。拉伸强度和弯曲强度的变化趋势表明，这些性能随结晶程度的增加而增加，尤其是当退火 PLLA 样品的 M_n 在 55000 以上时。PLLA 的抗冲击性能随分子量的变化而变化，并且由于晶区的刚性效应，退火后 PLLA 的抗冲击性能更高。然而，由于 PDLLA 样品为完全无定形结构，所以其抗冲击强度与分子量大小没有关系。

表 5-5　退火的聚（L-丙交酯）（Ann. PLLA）样品的力学性能

样品		Ann. PLLA Ⅰ	Ann. PLLA Ⅱ	Ann. PLLA Ⅲ	Ann. PLLA Ⅳ
分子量/M_w		20000	33500	47000	71000
拉伸性能	屈服强度/MPa	—	63	68	70
	拉伸强度/MPa	47	54	59	66
	杨氏模量/MPa	4100	4100	4050	4150
	断裂伸长率/%	1.3	3.3	3.5	4.0
弯曲性能	弯曲强度/MPa	51	83	113	119
	弹性模量/MPa	4200	4000	4150	4150
	最大应变/%	1.6	2.3	4.8	4.6
抗冲击性能	缺口强度/(J/m)	32	55	70	66
	无缺口强度/(J/m)	180	360	340	350

5.3 改性剂/增塑剂对聚乳酸的影响

聚乳酸是一种玻璃态聚合物，断裂伸长率低（＜10％）。典型的生物可降解增塑剂和非可生物降解增塑剂已被用来降低玻璃化转变温度，提高延展性，并改善加工性能（Mascia，Xanthos，1992）。通过控制添加到 PLA 中的增塑剂的分子量、极性和末端基团，已经达到了这样的效果。

丙交酯是增塑 PLA 的有效单体。在 PLA 中加入 17.3％的丙交酯，断裂伸长率提高到288％。然而，它具有快速迁移和损失的缺点，导致聚合物变硬且表面变黏（Sinclair，1996）。而高分子量增塑剂不可能迁移，所以被研究人员采用。表 5-6 总结了使用不同增塑剂后 PLA 的力学性能。

表 5-6 增塑的聚乳酸的力学性能报告汇总

材料	增塑剂	质量分数/%	弹性模量/GPa	拉伸强度/MPa	断裂伸长率/%	简支梁冲击强度/(MJ/mm²)	参考文献
PLA	丙交酯	1.3	2.0	51.7	3	—	Sinclair(1996)
		17.3	0.8	15.8	288	—	
		25.5	0.23	16.8	546	—	
PLA	无	—	3.7	58	3	32(无缺口)	Jacobsen 和 Fritz(1999)
PLA	聚乙二醇(PEG)$M_w=1500$	10	1.2	28	>40	>80(未破坏)	
PLA	葡萄糖单酯	10	2.5	38	12.5	18	
PLA	部分脂肪酸酯	10	3.0	45	8	21	
PLA	无	—	2.0	—	9	—	Martin 和 Avérous(2001)
PLA	PEG 400;$M_w=400$	10	1.5		26	—	
		20	0.98		160	—	
PLA	PEG 单月桂酸酯(M-PEG);$M_w=400$	10	1.6		18	—	
		20	1.1		142	—	
PLA	低聚乳酸(OLA)	10	1.2		32	—	
		20	0.74		200	—	
PLLA	无			58	8		Nijenhuis 等(1996)
PLLA	聚环氧乙烷(PEO)	10		54	11		
		15		35	100		
		20		23	500		
PLA	无	—		51.7	7		Labrecque 等(1997)
PLA	柠檬酸三乙酯	10		28.1	21.3		
		20		12.6	382		
		30		7.2	610		
PLA	柠檬酸三丁酯	10		22.4	6.2		
		20		7.1	350		

续表

材料	增塑剂	质量分数/%	弹性模量/GPa	拉伸强度/MPa	断裂伸长率/%	简支梁冲击强度/(MJ/mm²)	参考文献
PLA	乙酰柠檬酸三乙酯	10	—	34.5	10		
		20	—	9.6	320	—	
PLA	乙酰柠檬酸三丁酯	10	—	17.7	2.3		
		20	—	9.2	420	—	
PLLA	无	—	2.2	57	4.5		
PLLA	聚乙烯-乙酸乙烯酯共聚物(EVA)	10	1.8	46	4.7		Yong 等(1999)
		50	1.3	17	10.2	—	
		90	0.67	14	209		
PLA	无	—	3.3	66	1.8		
PLA	PEG 400;M_w=400	5	2.5	41.6	1.6	—	
		10	1.2	32.5	140		
		12.5	0.5	18.7	115		
		15	0.6	19.1	88		
		20	0.5	15.5	71		
PLA	PEG 1.5K;M_w=1500	5	2.9	52.3	3.5		
		10	2.8	46.6	5		
		12.5	0.7	18.5	194		
		15	0.8	23.6	216		
		20	0.6	21.8	235		Baiardo 等(2003)
PLA	PEG 10,000;M_w=10000	5	2.8	53.9	2.4		
		10	2.8	48.5	2.8		
		15	2.5	42.3	3.5		
		20	0.7	22.1	130		
PLA	乙酰柠檬酸三正丁酯	5	3.2	53.4	5.1		
		10	2.9	50.1	7		
		12.5	0.1	17.7	218		
		15	0.1	21.3	299		
		20	0.1	23.1	289		
PLA	无	—	2.8	67	3.0		
PLA	PEG 200;M_w=200	10	1.7	30	2.0		
		20	—	—	—		
		30	—	—	—		Pillin 等(2006)
PLA	PEG 400;M_w=400	10	1.9	39	2.4		
		20	0.63	16	21.2		
		30	—	—	—		

材料	增塑剂	质量分数/%	弹性模量/GPa	拉伸强度/MPa	断裂伸长率/%	简支梁冲击强度/(MJ/mm²)	参考文献
PLA	PEG 1000;$M_w=1000$	10	1.9	39.6	2.7	—	
		20	0.29	21.6	200	—	
		30	0.42	4.7	1.5	—	
PLA	聚(1,3-丁二醇);$M_w=2100$	10	2.35	6.3	3.0	—	
		20	0.35	30.2	302.5	—	
		30	0.30	25.2	390	—	
PLA	癸二酸二丁酯;$M_w=314$	10	2.2	52.1	32	—	
		20	0.03	27.1	335	—	
		30	0.11	19.7	320	—	
PLA	乙酰甘油单月桂酸酯;$M_w=358$	10	2.0	39.2	2.3	—	
		20	0.43	23.1	269	—	
		30	0.37	18.3	333	—	
PLA	无	—	—	25.5	64	—	
PLA	聚丙二醇(PPG);$M_w=425$	5.0	—	20.7	19	—	
		7.5	—	17.7	107	—	
		10.0	—	21.0	524	—	
		12.5	—	21.0	702	—	
PLA	PPG;$M_w=1000$	5.0	—	22.2	44	—	Kulinski 等(2006)
		7.5	—	22.6	329	—	
		10.0	—	22.8	473	—	
		12.5	—	21.6	496	—	
PLA	PPG;$M_w=600$	5.0	—	19.3	67	—	
		7.5	—	17.5	360	—	
		10.0	—	18.5	427	—	
		12.5	—	19.7	622	—	

Jacobsen 和 Fritz（1999）研究了三种不同类型的增塑剂对聚乳酸的影响，即聚乙二醇（PEG 1500；$M_w=1500$）、葡萄糖单酯和部分脂肪酸酯，以比较它们的特性。他们观察到，一般来说，添加不同类型的增塑剂都会导致弹性模量下降。加入 2.5%（本章均指质量分数）可以使模量降低 10%～15%。当增塑剂加入量较大（5% 和 10%）时，模量的降低更为明显。拉伸强度得到相似的结果：拉伸强度随 PEG 和葡萄糖单酯含量的增加而逐渐降低，随部分脂肪酸酯添加量的增加而呈线性或轻微下降。

对于断裂伸长率，脂肪酸部分酯含量的增加导致该值降低。这是因为充分分散后的部分脂肪酸酯能激发裂纹形成。然而，其余两种增塑剂对部分脂肪酸酯表现出相反的作用，即断裂伸长率随增塑剂用量的增加而增加。从延伸率来看 PEG 是最佳的增塑剂，当加入 10% 时，PLA 的断裂伸长率可提高 180%。

添加葡萄糖单酯或部分脂肪酸酯均不能提高聚乳酸在任何浓度下的抗冲击性能。事实上，它们降低了抗冲击强度，这是因为 PLA 基体中的增塑剂颗粒产生的干扰限制了吸收冲击能量的链滑动。PLA 中 PEG 含量较低时也可观察到这种效应。少量 PEG 导致抗冲击性能下降，但当浓度为 10% 时，塑化效应占主导地位——抗冲击性能大幅增加至观察不到断裂。

一些作者报道了使用聚合物增塑剂改善性能。Nijenhuis 等（1996）通过将高分子量聚环氧乙烷（PEO）加入 PLLA 中，发现断裂伸长率得到了改善。当 PEO 浓度超过 10% 时，效果最为明显。例如，当 PEO 浓度为 20% 时，断裂伸长率可达 500%，然而，如预期的那样，此时的拉伸强度从纯 PLLA 的 58MPa 降低到了 24MPa。Labrecque 等（1997）研究了天然柠檬酸生成的柠檬酸酯作为 PLA 增塑剂的性能。所有加入的增塑剂都显著降低了 PLA 的拉伸强度（约 50%），即使在 10% 的情况下，随着增塑剂浓度的增加，PLA 的拉伸强度降低的幅度也较大。然而，尽管在所有情况的较高浓度（>20%）下，断裂伸长率显著增加，但是在较低浓度（<10%）下，断裂伸长率没有任何显著变化。当柠檬酸三乙酯为 30% 时，断裂伸长率的最大值为 610%，但同时拉伸强度也显著降低。

Yoon 等（1999）研究了乙烯-乙酸乙烯酯（EVA）作为增塑剂在 PLLA 中的作用。他们发现 PLLA/EVA 共混物的断裂伸长率略有增加，达到 EVA 的 70%。然而，当 EVA 含量为 90% 时，共混物的断裂伸长率显著提高（209%）。但随着 EVA 含量的增加，PLLA-EVA 共混物的抗拉强度和模量先迅速下降，随后又缓慢下降。Martin 和 Avérous（2001）使用 PEG、PEG 单月桂酸酯和低聚乳酸对 PLA 进行增塑。他们发现，这些增塑剂的加入降低了模量，根据所用增塑剂的类型和浓度，模量从 28% 到 65% 不等。加入 20% 的聚乙二醇（M_w=400）和低聚合乳酸后，弹性模量分别降低了 53% 和 65%。同时，随着增塑剂浓度的增加，断裂伸长率增大。断裂伸长率高达 200%，说明 PLA 的性能很容易从刚性转变为韧性。Baiardo 等（2003）使用乙酰柠檬酸三正丁酯和不同分子量（M_w 在 400~10000 之间）的 PEG 对 PLA 进行增塑。这些研究人员还观察到，以牺牲强度和拉伸模量为代价，断裂伸长率显著增加。对断裂伸长率值的检测表明，当增塑剂含量为 5% 时，伸长率发生了两倍的变化，但也取决于所用增塑剂的类型。当 PEG 的 M_w=10000 时，需要 20% 的 PEG 来诱导断裂伸长率的大幅度增加，但是仅使用 10% 的低分子量 PEG（M_w=400）也会引起同样的变化。

Ren 等（2006）报道，多增塑剂低分子量三乙酸甘油酯和低聚物聚（1,3-丁二醇己二酸酯）也被用于增塑 PLA。他们发现，这在弹性性能上取得了显著的改善，但是却以拉伸强度为代价。当增塑剂含量为 0~5% 时，断裂伸长率趋于平稳，而当增塑剂含量为 5%~9% 时，断裂伸长率急剧增加。结果表明，当增塑剂含量小于 5% 时，共混物呈脆性，当增塑剂含量大于 9% 时，共混物呈韧性。

Pillin 等（2006）研究了不同分子量的聚乙二醇（PEG）（M_w 范围为 200~1000）、聚（1,3-丁二醇）（PBOH）、癸二酸二丁酯（DBS）和乙酰甘油单桂酸酯（AGM）作为增塑剂对 PLA 的影响。当增塑剂含量大于 20% 时，杨氏模量急剧下降。与其他增塑剂相比，PEG 使杨氏模量降得更低。然而，当 PEG 的 M_w=200 含量为 10% 时，或 M_w=400 含量为 20%

时，或 $M_w=1000$ 含量为 30％时，PLA 的物理力学性能并没有被恶化。当增塑剂含量较高时，由于分离相之间缺乏黏结，材料变得易碎。因此，增塑剂的增塑剂效率与分子水平的相容性有关，从这一点上讲，PEG 的相容性高于其他分子。随着增塑剂用量的增加，断裂伸长率增加，但 PEG 的最佳添加量为 20％，而其他增塑剂的最佳添加量大于 20％。也就是说，增塑剂 PBOH、AGM 和 DBS 的 PLA 共混物的黏聚力高于 PEG。在 20％时，最有效的增塑剂是 AGM，它将弹性模量值从 2840MPa 降低到 35MPa。而且，当 AGM 加入量为 10％～20％时，断裂伸长率最高。PBOH 和 DBS 的力学性能优于 PEGs，所得材料不脆。当大量增塑剂（PBOH、AGM 和 DBS）与 PLA（约 30％）混合时，拉伸模量或断裂伸长率相对于 20％的含量是稳定的，但此时抗拉强度略有降低。根据这些结果和力学要求可知，最有效的增塑配方是 20％～30％的 AGM、PBOH 和 DBS。

Kulinski 等（2006）研究了 PEG 和丙二醇（PPG）作为 PLA 增塑剂时的特点。使用 PPG 的优点是不结晶，玻璃化转变温度低，而且可与 PLA 混溶。用 M_w 为 425 和 1000 的 PPGs 对 PLA 进行增塑，纯 PLA 的拉伸强度和平均断裂伸长率分别为 26MPa 和 64％。从增塑剂含量为 7.5％开始，所有共混物的断裂伸长率均超过纯 PLA，当增塑剂含量达 12.5％时，断裂伸长率峰值达到 500％～700％。PPG 的含量越高、PPG 的分子量越小，这种作用就越明显。然而，变形说明共混物的强度通常要低于纯 PLA，在 17.5～22.8MPa 范围内。如表 5-6 所示，12.5％的低分子量 PPG 作为聚乳酸增塑剂效果最佳，因为它使断裂伸长率增长最大，且拉伸强度下降最小。

5.4 聚乳酸共混物

聚合物共混是获得具有理想性能的新材料的另一种方法，它基于商用聚合物，而不是设计和合成全新的聚合物。20 世纪 80 年代以来，商用聚合物共混物的发展迅速，这一领域的研究也保持热度。混合不同的聚合物并在最终的混合物中保持其各自的特性是获得新材料的一种非常有吸引力且廉价的方法。在制备共混物时通常涉及使用双螺杆挤出机，为了获得性能良好的共混物，必须考虑许多因素。如机筒温度必须设置在无定形聚合物组分的玻璃化转变温度以上以及半结晶聚合物组分的熔点以上，才能以适当的黏度获得最佳分散。对于 PLA 共混物，下限应为 180℃左右。如果某聚合物需要的加工温度非常高（大于 270℃），那就会导致 PLA 的热降解，便不适合与 PLA 共混。

通过聚合物共混来达到预期效果并非总是一帆风顺。在处理不相容共混物时会出现一些问题，其中最明显的问题是如何在共混物相之间获得良好的界面黏结性，这将会直接影响共混物的形貌，进而影响共混物的物理力学性能。如果添加的聚合物与 PLA 的相容性不是很好，则需要大量的后续开发工作来提高相容性。界面结合不良会导致制品脆化，而且相的形态会根据加工条件和所生产零件设计的不同而发生巨大变化。有些聚合物不可生物降解，它们与 PLA 混合会影响制品的可堆肥性。一般来说，PLA 共混物可分为两类：可降解聚合物共混物和不可降解聚合物共混物。然而，为了保持 PLA 的生物降解性，研究工作主要集中在聚乳酸与可降解或可再生资源聚合物的共混方面。

聚己内酯（PCL）与 PLA 的共混物已被许多学者广泛研究。这是因为 PCL 具有橡胶的特性，断裂伸长率约为 600%（Wang et al.，1998），因此可以作为增韧 PLA 的良好候选物。此外，PCL 是一种可降解聚酯，这意味着它与 PLA 共混可以得到完全可降解的材料。

不幸的是，许多研究者发现 PLA 和 PCL 的共混物虽然会提高断裂伸长率，但通常会降低共混物的拉伸强度和模量。例如，HiljanenVainio 等（1996）报道用 20% 的 PCL 对 PLLA 进行改性后，其拉伸模量、拉伸强度和剪切强度均有所降低，仅断裂伸长率略有增加（从纯 PLLA 的 1.6% 提升至 9.6%）。相比之下，与纯 PLLA 和二元共混物相比，弹性聚己内酯/L-丙交酯（PCL/L-LA）共聚物与 PLLA 的共混物使断裂伸长率显著提高（>100%）。他们还发现 PCL/L-LA 共聚物含量为 5%，10% 和 20% 的 PLA 混合物呈现出屈服变形。而且，当 PCL/L-LA 共聚物的含量达到 30% 时，共混物表现出坚韧的类橡胶行为。PLLA 的初始抗冲击强度很差，当加入 20% 的 PCL/L-LA 共聚物后，抗冲击强度提高了 4 倍。

Tsuji 和 Ikada（1996）研究了以二氯甲烷为溶剂的溶液浇铸法制备的 PLA/PCL 共混膜的拉伸数据。尽管含 15% PCL 共混物的断裂伸长率增加，但计算得到的标准偏差相当高（250%±200%）。Wang 等（1998）显示，在一定组分（PLA/PCL = 80/20 或 20/80）下，以亚磷酸三苯酯为催化剂的 PLA/PCL 反应共混物的断裂伸长率比纯 PLA 明显提高。这些结果表明，反应共混是提高 PLA 延伸率和韧性的有效方法。与非活性二元共混物的 28% 相比，延伸率增加到了 127%。同时，Maglio 等（1999）还发现，当 PLLA-PCL-PLLA 三嵌段共聚物用作 PLLA/PCL（质量比为 70/30）共混物的增容剂时，断裂伸长率（53% 与 2% 相比）和缺口冲击强度（3.7kJ/m^2 和 1.1kJ/m^2 相比）均得到改善。

Rroz 等（2003）研究了在二氯甲烷中溶解聚合物总质量分数为 10% 的 PLA 与 PCL 二元共混物。他们发现，断裂伸长率只在 PCL 含量大于 60% 时显著增加，而且因为它伴随着模量和拉伸强度的显著损失，因而失去实用价值。然而，Tsuji 等（2003）观察到在二元 PLLA/PCL 共混物中加入 PLLA-PCL 二嵌段共聚物后，力学性能有所改善。共聚物的加入提高了共混物在 XPLLA 为 0.5~0.8 时的拉伸强度和杨氏模量，同时提高了所有 XPLLA 值的断裂伸长率 [XPLLA = PLLA 的质量/（PLLA 和 PCL 的质量）]。这些结果有力地表明，PLLA-CL 与 PLLA 和 PCL 是相容的，PLLA-CL 在富 PLLA 相和富 PCL 相的共混物中增加了两相之间的相容性。

Semba 等（2006）报告了另一种以过氧化二异丙苯（DCP）为交联剂，制备 PLA/PCL 共混物的反应性共混。在该体系中加入 DCP 以提高共混物的断裂伸长率。PLA/PCL 共混物的最佳配比为 70/30。结果表明，在 DCP 低浓度 [约 0.2 份（质量份）] 下，断裂伸长率达到峰值。在低 DCP 含量下，拉伸试验的试样表现出屈服点和塑性行为。该复合材料的抗冲击强度是纯 PLA 的 2.5 倍，具有良好的韧性，表明其断裂面存在塑性变形。这是 PLA 共混物中一个有趣的以自由基为基础的交联应用。

Yuan 和 Ruckenstein（1998）合成了半互穿聚氨酯/PLA 网络。以二元醇、三元醇和甲苯二异氰酸酯为原料制备了聚氨酯。结果表明，交联聚氨酯网络与 PLA 共混的最佳配比为 5%。

与纯 PLA 的 1.6MJ/m³ 相比，断裂伸长率提高到了 60%，拉伸韧性提高到了 18MJ/m³。

Grijpma 等（1994）研究了 PLA 与己内酯（CL）和碳酸三甲酯（TMC）橡胶共聚物［聚（TMC/CL）］的共混物。他们的报告表示纯 PLA 添加了 20% 共聚物后，缺口 Izod 冲击强度从 40 J/m 增加到最大 520 J/m。然而，对于均聚物-聚甲基丙烯酸甲酯（TMC）和 PLA 共混物，相同相质量分数的橡胶相并没有提高缺口冲击强度。Joziasse 等（1998）研究了 PLA 均聚物与聚（三甲基碳酸酯）［聚（TMC）］橡胶共聚物的共混物。他们发现 PLA 中含有 21% 的聚 TMC 橡胶块的样品在无缺口冲击试验中没有破裂。将 L-丙交酯和己内酯［P(LA/CL)］的二嵌段共聚物与 PLA 共混，测定其含量对力学性能的影响。加入 20% 二嵌段共聚物后，共混物的无缺口冲击强度由 5kJ/m² 提高到了 50kJ/m²。

Hasook 等（2006）报道了 PLA/PCL 和有机黏土纳米复合材料的力学性能。结果表明，有机黏土的加入增加了 PLA 的杨氏模量，但降低了强度和断裂伸长率。最初，随着 PCL 的加入，材料的杨氏模量降低。然而，随着 PCL 的加入，PLA/有机黏土纳米复合材料的拉伸强度和断裂伸长率都有所提高。当使用 PCL（$M_w = 40000$）时，PLA/黏土纳米复合材料的拉伸强度最大。

Chen 等（2003）观察到加入少量表面活性剂（即环氧乙烷和环氧丙烷共聚物）可提高断裂伸长率，但其他力学性能如拉伸强度和模量也同时降低。此外，在 PLA/PCL（70/30）共混物中加入少量 PLA-PCL-PLA 三嵌段共聚物（约 4%）可以改善 PCL 在 PLA 中的分散性并提高所产生的三元共混物的塑性。PLA/PCL（70/30）共混物的断裂伸长率从 2% 增加到三元共混物的 53%（Maglio et al.，1999）。这一结果已被证明是 PCL 结构的良好分散所带来的，根据对混合物液氮断裂表面的扫描电镜（SEM）照片的统计，加入三嵌段共聚物（4%）后，PCL 相从 10～15μm 减少到 3～4μm。表 5-7 总结了上述研究中 PLA 与 PCL 共混物的力学性能。

表 5-7 聚乳酸（PLA）与聚己内酯（PCL）混合物的力学性能报告汇总

| 材料 | 混合成分 | | | | 拉伸强度/MPa | 杨氏模量/GPa | 断裂伸长率/% | 抗冲击强度 | | 参考文献 |
	第二组分	第二组分质量分数/%	第三组分	第三组分质量分数/%				简支梁(Charpy)/(kJ/m²)	悬臂梁(Izod)/(J/m)	
PLA	无	—		—	48	2.3	3	—	—	Wang 等(1998)
PLA	PCL	20		—	44	0.6	28	—	—	
PLA	PCL	20	催化剂:亚磷酸三苯酯	2	33	1.0	127	—	—	
PLLA	无	—		—	60	1.3	5	—	—	Tsuji 等(2003)
PLLA	PCL	20		—	30	1.1	175	—	—	
PLLA	PCL	20	共聚物:聚（L-丙交酯-ε-己内酯）	10	40	1.1	300	—	—	
PLA	无	—		—	70	1.5	10	—	—	Semba 等(2006)
PLA	PCL	30		—	55	1.3	20	—	—	
PLA	PCL	30	过氧化二枯基	0.2(质量份)	50	1.2	160	—	—	

续表

材料	混合成分				拉伸强度 /MPa	杨氏模量 /GPa	断裂伸长率 /%	抗冲击强度		参考文献
	第二组分	第二组分质量分数 /%	第三组分	第三组分质量分数 /%				简支梁 (Charpy) /(kJ/m²)	悬臂梁 (Izod) /(J/m)	
PLLA	无	—	—	—	45	3.7	2.1	—	—	Hasook 等(2006)
PLLA	PCL	5	—	—	52	3.4	2.9	—	—	
PLLA	PCL	4.5	有机黏土	4.8	54	4.1	3.2	—	—	
PLLA	无	—	—	—	35	3.1	3	1.8		HiljanenVainio 等(1996)
PLLA	PCL	20	—	—	31	2.1	10			
PLLA	PCL	16	共聚物:聚 ε-己内酯/L-丙交酯	20	11	0.66	>100	10		
PLLA	PCL	30	—	—	—	1.4	2	1.1		Maglio 等(1999)
PLLA	PCL	30	PLLA-PCL-PLLA 三嵌段共聚物	4	—	1.4	53	3.7		
PLA	无	—	—	—	56.8	—	—		40	Grijpma 等(1994)
PLA	碳酸三亚甲基酯和己内酯的共聚物	20	—		36.0	—	—		293～520	
PLLA	无	—	—	—	34	0.020	56	—	—	Chen 等(2003)
PLLA	PCL	20	—	—	41	0.021	129	—	—	
PLLA	PCL	20	表面活性剂:环氧乙烷和环氧丙烷的共聚物	2	20	0.010	129	—	—	

5.5　聚乳酸与可降解或部分可降解聚合物的共混物

　　除 PCL 外，还探索了其他可生物降解/可再生资源型聚合物与 PLA 的共混物。例如，Pezzin 等（2003）制备了 PLA 与聚（对二氧烷酮）（PPD）的混合物，PPD 也是一种可生物降解的聚酯。他们发现，在 PLLA 相中仅加入 20% 的 PPD，共混物的杨氏模量（1.6GPa）和断裂伸长率（55%）均高于纯 PLLA 和 PPD，但拉伸强度低于纯 PLLA。这可能是由于 PPD 的塑化效应，这些共混物在伸长过程中更为柔软、坚韧，并形成细颈。然而，与纯 PLLA 相比，其他共混物 50/50 和 80/20（PLLA/PPD）的力学性能没有改善。

　　Ma 等（2006）制备了 PLA 与一种可降解的、由不同组分的脂肪族聚碳酸酯组成的无定形材料聚碳酸丙烯酯（PPC）的混合物。所有类型的共混物的拉伸强度和模量均随 PPC 含量的增加而降低。然而，随着 PPC 用量的增加，其拉伸韧性与纯 PLA 相比有所提高。当 PPC 含量高于 40% 以上时，增韧效果非常明显。这是因为当 PLA 与小于 30% 的 PPC 混合时，PLA 是连续相，而当 PPC 大于 40% 时，PPC 成为连续相。连续的 PPC 相有利于基体的屈服，即破坏材料所需的能量更多。

Liu 等（2005）用氯仿溶液浇铸法制备了 PLLA 与另一种可生物降解聚酯——聚己二酸-对苯二甲酸-四亚甲基酯（PTAT）的共混物，并对其力学性能进行了研究。研究发现，PLLA/PTAT 共混物在三种组分（75/25、50/50 和 25/75 质量分数的 PLLA/PTAT）下表现出有趣的非线性拉伸行为。75/25 PLLA/PTAT 共混物的拉伸强度为 25MPa，断裂伸长率为 97%，而纯 PLLA 的拉伸强度为 28MPa，断裂伸长率为 19%。然而，对于 50/50 的 PLLA/PTAT 共混物，拉伸强度和断裂伸长率分别降低到了 7MPa 和 34%。这可能是由于共混物的相容性差和相分离程度高。此外，75/25 的 PLLA/PTAT 共混物的拉伸强度略高于 50% 的 PTAT（11MPa），但断裂伸长率约为纯 PLLA 的 15 倍（285%）。这些结果表明，PLLA 是又硬又脆的，而 PTAT 具有更高的塑性。

Jiang 等（2006）研究了聚己二酸-对苯二甲酸-丁二醇酯（PBAT）与 PLA 的熔融共混。PBAT 是一种柔性的、可生物降解的脂肪族芳香族聚酯，其断裂伸长率为 700%。若在 PLA 中加入一定量（5%～20%）的 PBAT，会降低共混物的拉伸强度和模量。加入 20% 的 PBAT 后，纯 PLA 的拉伸强度由 63MPa 下降到 47MPa。当 PBAT 含量为 20% 时，共混物的模量（2.6GPa）与纯 PLA（3.4GPa）相比也略有降低。这些结果是可预见的，因为 PBAT 比 PLA 的模量和拉伸强度更低。随着 PBAT 含量从 5% 增加到 20%，悬臂梁冲击强度提高，且当 PBAT 含量为 20% 时增韧效果最好。随着 PBAT 含量的增加，断裂伸长率也显著增加；即使在 PBAT 含量 5% 时，断裂伸长率也达到 200% 以上。随着 PBAT 含量的增加，断裂方式由纯 PLA 的脆性断裂转变为混合物的韧性断裂。冲击断裂表面的 SEM 显微照片已证实这一点，即随着 PBAT 含量的增加，断裂表面的纤维越来越多也越来越长。SEM 显微照片还表明，脱黏引发的剪切屈服机制参与了共混物的增韧。

Liu 等（1997）报道了用单螺杆挤出机将 PLA 与不同量的聚（乙烯/丁二酸丁二醇酯）（Bionolle，碧能）共混。碧能（Bionolle）也是一种可生物降解的脂肪族热塑性聚酯。不同比例的碧能共混物的断裂伸长率略高于纯 PLA。当碧能含量为 40% 时，共混物的断裂伸长率最高为 8.2%。然而，共混物的拉伸强度和模量随碧能用量的增加而降低。这是因为碧能的拉伸强度和模量低于 PLA。

Shibata 等（2006）报道了聚丁二酸丁二醇酯（PBS）和聚丁二酸丁酯-L-乳酸（PBSL）与 PLLA 共混的效果。PBSL 是一种新型的 PBS 基可生物降解聚酯。熔融共混将 PPLA 与 PBS 或 PBSL 共混后注射成型。共混物的拉伸强度和模量通常随 PBSL 或 PBS 含量的增加而降低，但 PLLA 与 1% 和 5% 的 PBS 共混物的拉伸强度和模量高于纯 PLLA。作者认为，这一结果可归因于在体系中形成了分散细致的共混物，场发射扫描电镜显微照片证实了这一点。与纯 PLLA、PBSL 和 PBS 相比，所有共混物在整个组分范围内均表现出较高的断裂伸长率。总体而言，与相同百分比的 PLLA/PBS 共混物相比，PLLA/PBSL 共混物表现出较高的断裂伸长率和较低的拉伸强度和模量。

Chen 和 Yoon（2005）比较了添加未处理有机黏土 Cloisite 25A（以下简称 C25A）和处理过的有机黏土 TFC 对 PLLA/聚丁二酸-己二酸-丁二酯（PBSA）复合材料力学性能的影响。在本研究中，PLLA/PBSA 的组成质量比固定在 75/25，因为 PLLA 的脆性在该混合物中得到了很大的改善。以甘氨酸氧丙基三甲氧基硅烷（GPS）与 C25A 反应制备功能化有机黏土（TFC）。PLLA 和 PBSA 与有机黏土通过熔融共混在 180℃ 下制备了 PLLA/PBSA/黏土纳米复合材料。研究人员发现，添加了 C25A 和 TFC 的 PLLA/PBSA 复合材料拉伸模量在整个黏土组成范围内均高于 PLLA/PBSA 的二元共混物。这是符合预期的，因为黏土在复合材料中起到了增强的作用。然而，添加了有机黏土 C25A 和 TFC 的复合材料的断裂伸长率远低于 PLLA/PBSA 共混材料。不过，相比于未处理过的黏土（C25A），处理过的黏土（TFC）其复合材料的断裂伸长率和模量均得到提高。例如，含有 10％ C25A 的 PLLA/PBSA/C25A 的断裂伸长率为 5.2％，而含有相同量 TFC 的 PLLA/PBSA/TFC 的断裂伸长率为 46％。PLLA/PBSA/TFC 复合材料的拉伸模量和断裂伸长率高于 PLLA/PBSA/C25A 复合材料的拉伸模量和断裂伸长率，这是由于前者的团聚比后者少。因此，这有助于更高程度的剥离，改善 TFC 的环氧基和 PLLA/PBSA 的官能团之间的相互作用。

Chen 等（2005）还报道了将不同量的未处理和处理过的黏土与 PLLA 复合材料混合的类似工作。Chen 和 Yoon（2005）报道称，PLLA 和 PBSA 不只是混合在一起，而是将 PLLA 和 PBS 与有机黏土混合以改善共混物的力学性能。再次，PLLA/PBS 的质量比固定在 75/25，并且使用相同的未经处理的有机黏土 C25A 和经处理的有机黏土 TFC。与 PLLA/PBS 共混物相比，加入不同量的 C25A 和 TFC 的 PLLA/PBS 复合材料的拉伸模量更高。例如，当复合材料含 10％的 C25A 有机黏土时，其模量为 1.94GPa，而不含有机黏土的混合物的模量为 1.08GPa。这说明未经处理和处理过的黏土作为增强填料是因为它们具有较高的纵横比和平板结构。与未经处理的 C25A 增强 PLLA/PBS 相比，经处理的 TFC 增强 PLLA/PBS 的拉伸模量值受黏土含量的影响更显著。含 10％TFC 的 PLLA/PBS 共混物的模量为 1.99GPa。

然而，加入未经处理的 C25A 后，PLLA/PBS 复合材料的断裂伸长率急剧下降。尽管在许多情况下与黏土复合会降低断裂伸长率，但与此相反的是，PLLA/PBS 复合材料的断裂伸长率随着 TFC 含量的增加而增加。作者观察到，含有处理过的黏土（TFC）的复合材料表现出颈缩的增加和显著的纤维断裂面的形成，而含有未处理过的 C25A 的复合材料表现出无颈缩的脆性断裂。这表明 TFC 环氧官能团与 PLLA/PBS 两种聚合物之间的化学键起到了增容作用，从而增加了界面相互作用。上述研究总结于表 5-8。

表 5-8　聚乳酸与可降解或部分可降解聚合物共混物的力学性能报告汇总

| 材料 | 混合成分 | | | | 拉伸强度/MPa | 杨氏模量/GPa | 断裂伸长率/% | 抗冲击强度 | | 参考文献 |
	第二组分	质量分数/%	第三组分	质量分数/%				J/m²	悬臂梁缺口冲击（kJ/m²）	
PLLA	无	—	—	—	30	1.4	15	—	—	Pezzin 等（2003）
PLLA	聚对二噁烷酮	20	—	—	20	1.6	55	—	—	
PLA	无	—	—	—	59	3.2	—	2	—	Ma 等（2006）
PLA	聚碳酸亚丙酯	15	—	—	45	2.4	—	5	—	
		30	—	—	42	2.1	—	13	—	
PLLA	无	—	—	—	28	—	19	—	—	Liu 等（2005）
PLLA	聚己二酸四亚甲基酯	25	—	—	25	—	97	—	—	
		50	—	—	7	—	34	—	—	
		75	—	—	11	—	285	—	—	

续表

材料	混合成分				拉伸强度/MPa	杨氏模量/GPa	断裂伸长率/%	抗冲击强度		参考文献
	第二组分	质量分数/%	第三组分	质量分数/%				J/m²	悬臂梁缺口冲击(kJ/m²)	
PLA	无	—	—	—	63	3.4	—	—	2.6	Jiang 等(2006)
PLA	聚己二酸丁二酯	5	—	—	58	3.0	—		2.7	
		10	—	—	54	2.9	—		3.0	
		15	—	—	51	2.8	—		3.6	
		20	—	—	47	2.6	—		4.4	
PLA	无	—	—	—	36	2.5	2	—	—	Liu 等(1997)
PLA	聚乙烯/丁二酸丁二酯(Bionolle)	20	—	—	26	1.8	2.2			
		40	—	—	22	1.4	8.2			
PLLA	无	—	—	—	63	3.0	3			Shibata 等(2006)
PLLA	聚丁二酸丁二酯(PBS)	10	—	—	60	2.7	120			
PLLA	聚(丁二酸丁二酯-co-L-乳酸)	10	—	—	55	2.5	160			
PLLA	聚丁二酸-己二酸丁二酯(PBSA)	25	—	—	—	1.16	154	—	—	Chen 和 Yoon(2005)
			未经处理的 Cloisite 25A 有机黏土	2		1.39	11.3			
				5		1.58	10.6			
				10		1.75	5.2			
PLLA	PBS	25	经过处理的 TFC	2		1.44	69			
				5		1.70	43			
				10		1.78	46			
PLLA	无	—				2.21	6.9			Chen 等(2005)
PLLA	PBS	25				1.08	72			
			未经处理的 Cloisite 25A 有机黏土	2		1.36	4.4			
				5		1.62	4.1			
				10		1.94	3.6			
			经过处理的 TFC	2		1.41	76			
				5		1.62	100			
				10		1.99	118			

5.5.1 聚乳酸和聚羟基脂肪酸酯的混合物

聚羟基烷酸酯（PHAs）是由广泛且普通的微生物在自然界中产生的一种可降解线型聚酯。它们是由细菌产生的，用来储存碳和能量。超过 150 种不同的单体可以与这一系列相结合，生产出性能迥异的材料。最著名的 PHA 类型包括聚（3-羟基丁酸）（PHB）均聚物、3-羟基丁酸和 3-羟基戊酸（PHBV）共聚物以及聚（3-羟基丁酸）-co-（3-羟基烷酸酯）共聚物。

由于 PHA 是由自然资源制成的，PHA/PLA 的混合物很可能是完全可生物降解的。许多研究者报道了 PHA/PLA 共混物的力学性能。Iannac 等（1994）报道了在室温下用氯仿溶液浇铸法制备的 PLLA 与 PHBV 的混合物。含 20％和 40％PHBV 的共混物的断裂伸长率略有增加。然而，随着 PHBV 用量的增加，共混物的拉伸强度和模量降低。这是因为随着 PH-BV 含量的增加，PLLA 相的结晶度降低。

在 Ferreira 等（2002）进行的类似研究中发现，不同 PHBV 含量的 PLLA 共混物的拉伸强度低于 Iannace 等（1994）的结果。这是因为 Ferreira 等研究获得的 PLLA 膜是多孔的，这与 Iannace 等（1994）只获得致密膜不同。然而，Ferreira 等（2002）验证了 Iannace 等（1994）发现的 PLLA/PHBV 共混物的杨氏模量值的趋势。

PHB 是最简单、最常见的 PHA。Yoon 等（2000）研究了不同类型和用量的增容剂对 PLLA/PHB 共混物力学性能的影响。将 PLLA 和 PHB（质量比为 50/50）在三氯甲烷（3％）中混合，然后通过蒸发溶剂并在 40℃真空中干燥来回收 PLLA/PHB 混合物的薄膜。所使用的增容剂为 PLLA-PEG-PLLA 三嵌段共聚物、PEG-PLLA 二嵌段共聚物和 2％和 5％的聚乙酸乙烯酯（PVAc）。与不添加增容剂的 PLLA/PHB 共混物相比，添加增容剂（2％和 5％）的所有共混物的断裂伸长率和拉伸韧性均得到了提高。然而，与不添加相容剂的 PLLA/PHB 共混物相比，添加不同相容剂用量的共混物的拉伸模量都有所降低。拉伸强度结果随增容剂的种类和组成有所不同。用 2％的 PLLA-PEG-PLLA 三嵌段共聚物制备的共混物的拉伸强度最高（69.8MPa），其次是 2％的 PEG-PLLA 二嵌段共聚物（65.5MPa），而用 5％的二嵌段共聚物和三嵌段共聚物以及 PVAc 作为相容剂制备的共混物的拉伸强度较无增溶剂的 PLLA/PHB 共混物有所降低。从拉伸强度、断裂伸长率和韧性的角度来看，PLLA/PHB 与添加 2％的 PLLA-PEG-PLLA 三嵌段共聚物形成共混物是最佳的配方选择，尽管杨氏模量略低，PLLA/PHB 共混物的力学性能还是高于那些无增溶剂的 PLLA/PHB 共混物。

Takagi 等（2004）以不同的组成制备 PLA 和可生物降解的热塑性聚合物聚（3-羟基脂肪酸）（PHA）的混合物。将 PLA 与侧链中含 30％环氧基的功能化的 PHA（ePHA）进行共混。他们发现两种 PLA 共混物的简支梁（Charpy）冲击强度都随着 PHA 或 ePHA 的加入而增加。这些结果高于纯 PLA。但 PLA/PHA 和 PLA/ePHA 共混物的拉伸强度均低于纯 PLA。与两种共混物相比，PLA/ePHA 共混物的简支梁冲击强度和拉伸强度均高于 PLA/PHA 共混物。这是因为加入环氧侧基的 ePHA 改善了共混物的相容性。

Noda 等（2004）用单螺杆挤出机熔融共混制备了 PLA 与生物可降解 PHA 的共混物。使用的 PHA 是由宝洁公司开发的名为 Nodax 的聚（3-羟基丁酸盐)-co-(3-羟基烷酸酯）的共聚物。作者发现，加入 10％的 Nodax 能显著提高共混物的韧性。他们发现，根据拉伸应力-应变曲线下的面积计算出的断裂时的拉伸能比纯 PLA 高 10 倍。然而，值得注意的是，这种效应只有在 Nodax 高达 20％时才能观察到。事实上，进一步掺入 Nodax 将使共混物的韧性降低到纯 PLA 的原始水平。这是因为当 Nodax 低于 20％时，共聚物在 PLA 基体中作为离散相精致分散，这意味着共混物中的 PHA 部分主要保持在液体无定形状态，从而阻碍结晶。结晶度降低使得混合物具有延展性和韧性。

表 5-9　聚乳酸/多羟基链烷酸酯（PHA）共混物的力学性能

材料	混合成分				拉伸强度/MPa	杨氏模量/GPa	断裂伸长率/%	拉伸韧性/(Nmm)	简支梁冲击试验/J	参考文献
	第二组分	质量分数/%	第三组分	质量分数/%						
PLLA	无	—	—	—	71	2.4	5.6	—	—	Iannace 等(1994)
PLLA	聚(3-羟基丁酸酯-*co*-3-羟基戊酸酯)(PHBV)	20	—	—	54	2.1	6.2	—	—	
		40	—	—	39	1.5	6.7	—	—	
PLLA	无	—	—	—	30	2.0				Ferreira 等(2002)
PLLA	PHBV	20	—	—	28	1.8				
		40	—	—	22	1.6				
PLLA	聚[(*R*)-3-羟基丁酸酯](PHB)	50	—	—	49.6	2.7	4.4	5.9	—	
PLLA	PHB	50	PLLA-PEG-PLLA三嵌段共聚物	2	69.8	2.3	5.1	9.2	—	
PLLA	PHB	50	PLLA-PEG-PLLA三嵌段共聚物	5	38.5	1.9	5.1	7.9	—	
PLLA	PHB	50	PEG-PLLA二嵌段共聚物	2	65.5	2.6	4.4	6.5	—	Yoon 等(1999)
PLLA	PHB	50	PEG-PLLA二嵌段共聚物	5	32.7	2.1	5.9	8.3	—	
PLLA	PHB	50	聚乙酸乙烯酯(PVAc)	2	41.5	1.8	4.8	8.4	—	
PLLA	PHB	50	PVAc	5	43.4	2.1	4.9	6.6	—	
PLA	无				55				0.052	
PLA	PHA	10	—	—	50				0.081	
		20	—	—	28				0.137	
		30	—	—	25				0.161	Takagi 等(2004)
PLA	功能化 PHA (e-PHA)	10	—	—	51				0.089	
		20	—	—	47				0.169	
		30	—	—	37				0.260	
PLA	无	—	—	—				—		
PLA	聚(3-羟基丁酸酯)-*co*-(3-羟基烷基),Nodax	10	—	—				0.2		Noda 等(2004)
		20	—	—				1.9		
			—	—				1.4		
		40	—	—				0.2		
			—	—						
PLA	无	—	—	—					22	
PLA	Nodax	15							44	Schreck 和 Hillmyer(2007)
PLA	Nodax	14	OligoNodax-b-聚(*L*-丙交酯)二嵌段共聚物	5	—	—	—	—	44	

Schreck 和 Hillmyer（2007）报道了 Nodax 与 PLLA 熔融共混的类似工作。用 Haake 间歇式混合器在 190℃、75r/min 下混合 15min，Nodax 成分在 0%～25% 之间变化。不是像 Noda 等（2004）所报告的那样研究断裂时的拉伸能，Schreck 和 Hillmyer 研究了 PLLA/Nodax 共混物对缺口冲击强度的影响。在高达 20% Nodax 的共混物中观察到类似的韧性改善。最高的冲击强度是用含 15% Nodax 的混合物获得，其值为 44J/m，而纯 PLLA 为 22J/m。为了改善二元共混物的性能，Schreck 和 Hillmyer（2007）还研究了三元共混物 PLLA/Nodax 和 oligoNodax-b-聚（L-丙交酯）二嵌段共聚物作为增容剂的效果。在质量比为 81/14PLLA/Nodax 的混合物中，低聚 Nodax-b-聚（L-丙交酯）的量固定在 5%。然而，添加 5% 低聚 Nodax-b-聚（L-丙交酯）并没有显示出任何韧性的改善。这是由于在颗粒基体界面处寡聚物与多聚物的缠结度低从而导致界面结合不良，降低了变形能力和消散冲击载荷的能力。表 5-9 列出了有关聚乳酸和 PHA 混合的文献摘要。

5.5.2　聚乳酸与不可降解聚合物的混合物

PLA 与不可降解聚合物的共混并不像与可降解或可再生资源聚合物的共混那样被广泛研究。然而，将 PLA 与商品聚合物共混，尤其在改善加工性能、降低成本和控制生物降解率方面是非常有用的。Kim 等（2001）研究了高分子量 PEO 与 PLLA 共混的效果。共混物 PLLA/PEO 的混合组分固定在 60/40。除了 PLLA/PEO 的混合物外，他们还添加了 PVAc 作为不同浓度（2%～20%）的增容剂，通过溶液和熔融共混制备了共混物。在三氯甲烷中以 3% 进行溶液混合，同时使用 Brabender（PlastiCorder）混合器制备熔融混合。研究人员发现，在相同的 PVAc 负载量下，溶液共混物的拉伸强度高于熔体共混物。然而，溶液共混物的断裂伸长率低于相应数量的 PVAc 熔体共混物。

在溶液共混物中，加入不同量的 PVAc，拉伸强度略有降低，断裂伸长率有所提高。当添加 2% 的 PVAc 时，其断裂伸长率显著提高，但拉伸强度没有明显降低。同时，PEO/PLLA 共混物的拉伸强度随 PVAc 用量的增加而提高。断裂伸长率会持续增加直到添加量达到 5%，随后继续添 PVAc 会使拉伸强度显著下降。然而，Kim 等（2001）并没有任何形态学数据去证实熔体和溶液混合有何差异。

Jin 等（2000）研究了不同量的聚异戊二烯与 PLA 共混的效果。他们发现，添加 20% 聚异戊二烯后，相对于纯 PLA，其断裂伸长率和拉伸韧性降低。然而，当 PLA 与聚异戊二烯/PVAc 接枝共聚物共混时，其断裂伸长率和拉伸韧性比纯 PLA 略有提高。

Li 等（2006）报道了将 PLA 与有机改性蒙脱石（MMT）纳米黏土（Cloisite 30B）混合以及将 PLA/Cloisite 30B 与核（聚丁酯）壳（聚甲基丙烯酸甲酯）橡胶（Paraloid EXL2330）混合的效果。MMT 纳米黏土表面经过离子交换反应后，再经双（2-羟乙基）甲基（氢化脂烷基）铵阳离子改性。添加 5% 的 Cloisite 30B 改善了共混物的模量，但降低了拉伸强度和断裂伸长率。然而，与纯 PLA 相比，PLA/Cloisite 30B（5%）与 Paraloid EXL2330（20%）的混合物显著提高了抗冲击强度（134%），增加了断裂伸长率（6%），模量几乎维持不变，只是降低了拉伸强度（28%）。

PLA 的最大制造商 NatureWorks 报道了一种高橡胶含量（35%～80%）的冲击改性剂

Blendex 338 的使用，这是一种含 70％丁二烯橡胶的丙烯腈-丁二烯-苯乙烯三元共聚物，用于提高抗冲击强度。在 PLA 共混物中加入 20％的 Blendex 338，可以提高缺口冲击强度和断裂伸长率。缺口冲击强度由 26.7J/m 提高到 518J/m，断裂伸长率由 10％提高到 281％。NatureWorks 公司（2011）还报告了将 PLA 与陶氏化学公司提供的聚氨酯（即 Pellethane 2102-75A）混合后对 PLA 的增韧效果。添加 30％的 Pellethane 2102-75A 后，缺口冲击强度从 26.7 J/m 增加到 769 J/m，断裂伸长率从 10％显著增加到 410％。

杜邦公司开发了 Biomax Strong，一种石油基的冲击改性剂，用于改性聚乳酸（Dupont，2011）。它是一种乙烯共聚物，能提高 PLA 材料的韧性，降低材料的脆性。Biomax Strong 在低至 2％的水平下依然可以降低 PLA 的脆性。它还可以增强 PLA 的抗冲击强度、柔韧性和熔体稳定性；这些特性在刚性应用中特别有用，如用于热成型和注射成型的浇注片材。当在 15％的推荐量下使用时，Biomax Strong 在提高韧性方面优于竞争产品，对透明度的影响最小。本产品在推荐量下使用时具有良好的接触清晰度，并可提供比其他替代品更透明的容器。通过使用推荐量的 Biomax Strong，PLA 的性能得到了增强，而且仍能满足可堆肥性的要求。

Anderson 和 Hillmyer（2004）研究了 PLLA 与线型低密度聚乙烯（LLDPE）（PLLA/LLDPE）和高密度聚乙烯（HDPE）（PLLA/HDPE）的共混物。此外，他们还比较了将共聚物聚（L-丙交酯-co-聚（PLLA-PE）与 PLLA/LLDPE 共混物和共聚物聚（L-丙交酯-co-聚（乙丙交酯-丙烯）与 PLLA/HDPE 共混物结合的效果。与纯 PLLA 的 20J/m 相比，在 PLLA 中加入 20％LLDPE 可将抗冲击强度显著提高至 490J/m。在共混体系中加入 5％的 PLLA-b-PE 嵌段共聚物，冲击值进一步提高到 760 J/m。PLLA 二元和三元共混物的断裂伸长率分别提高到 23％和 31％，纯 PLLA 的断裂伸长率提高到 4％。然而，PLLA/LLDPE 共混物及其共聚物均降低了材料的拉伸强度和模量。对比 PLLA 与 LLDPE、HDPE 共混物时发现，当 PLLA 与 HDPE（甚至是 HDPE 的共聚物）混合后，其拉伸强度和模量均低于 LLDPE 共混物。这是因为与刚性的 HDPE 相比，LLDPE 分散的橡胶相赋予了 PLLA 基体更多的附着力，从而提高了增韧程度。

Balakrishnan 等（2010）最近的一项研究还着重于将 PLA 与 LLDPE 混合；然而，他们并不是只添加 LLDPE，还添加了有机改性的蒙脱土（MMT）。LLDPE 的组成固定在 10％左右，MMT 的含量在 2～4 份（质量份）间变化。研究人员发现，随着 PLA/LLDPE 共混物中 MMT 含量的增加，杨氏模量和弯曲模量增加，拉伸和弯曲强度降低。这表明 MMT 对提高共混物的刚度是有效的。通过透射电子显微镜和 X 射线衍射证明，MMT 在共混物中的组分间距增大，形成插层纳米复合体系（Balakrishnan et al.，2010）。分散良好的 MMT 片层有助于增强由 LLDPE 增韧的 PLA 纳米复合材料。

Jiang 等（2007）比较了纳米沉淀碳酸钙（NPCC）和有机改性 MMT 制备的 PLA 纳米复合材料的力学性能。采用同向双螺杆挤出机，加入不同质量分数的 NPCC 和 MMT（2.5％、5％和 7.5％）进行熔融共混制备 PLA 纳米复合材料。他们观察到，只有当 MMT 含量增加到 2.5％时，断裂伸长率才会增加，且断裂伸长率随着 NPCC 含量从 2.5％增加到 7.5％而提高。PLA 纳米复合材料的拉伸强度随着 NPCC 含量的增加而降低，而随着 MMT 增加到 5％而提高。同时，PLA 的杨氏模量随 NPCC 添加量的增加而略有增加，随 MMT

添加量的增加而显著增加。结果表明，在填充量为 5% 左右时，两种纳米颗粒均有良好的分散性。然而，随着纳米颗粒数量的增加，将观察到大的团聚体。作者认为，两种纳米颗粒的不同增强效果可能主要归因于纳米复合材料的微观结构不同以及纳米颗粒与 PLA 之间的相互作用。表 5-10 总结了聚乳酸与不可降解聚合物共混物的力学性能。

表 5-10　聚乳酸与不可降解聚合物的力学性能

材料		混合成分				拉伸强度/MPa	杨氏模量/GPa	断裂伸长率/%	拉伸韧性/N·mm	抗冲击强度/(kJ/m²)	参考文献
		第二组分	质量分数/%	第三组分	质量分数/%						
PLLA：溶液混合	PLLA	聚环氧乙烷(PEO)	40	—	—	28	—	70	—	—	Kim 等(2001)
	PLLA	PEO	40	聚乙酸乙烯(PVAc)	2	29	—	110	—	—	
				PVAc	5	27	—	115	—	—	
PLLA：熔融共混	PLLA	PEO	40	—		17	—	—	—	—	
			40	聚乙酸乙烯(PVAc)	2	18	—	—	—	—	
				PVAc	5	18	—	410	—	—	
	PLLA	无	—	—	—	18.1	1.6	10.2	7.4	—	Jin 等(2000)
	PLLA	聚异戊二烯	20	—	—	6.3	—	2.5	—	—	
	PLLA	PI-g-PVAC	20	—	—	14.6	—	14.3	18.2	—	
	PLA	无	—	—	—	61	—	6.6	—	2.2	Li 等(2006)
	PLA	蓝土矿 30B	5	—	—	56	—	4.5	—	2.1	
			5	抛物面 EXL2330	20	44	—	7.0	—	5.15J/m	
	PLLA	无	—	—	—	62	—	4	—	20	Anderson 和 Hilmyer(2004)
	PLLA	LLDPE	20	—	—	22	—	23	—	490	
			20	PLLA-b-PE 二嵌段共聚物	5	24	—	31	—	760	
	PLLA	HDPE	20	—	—	42	—	2.9	—	12	
			20	PLLA-b-PE 二嵌段共聚物	5	25	—	13	—	64	

5.6　结论

通过改变 PLA 的立体构型、结晶度、分子量等，可以改变其力学性能。高立体构型纯度的 PLA 具有高拉伸强度和高模量的特点，但其冲击强度较低。相比之下，L-丙交酯和 D-丙交酯的共聚物仍处于无定形态，力学性能较差。研究人员倾向于利用共聚技术来改变 PLA 的现有性能，以拓宽其应用。此外，聚合物共混技术已被用于将 PLA 的性能与另一种聚合物的性能相结合，以获得更好的冲击和弯曲强度。一般来说，对 PLA 的大部分改性都是为了提高其力学性能，同时保持其生物降解性。在未来几十年里，PLA 的这种发展趋势很可能会继续下去。

参 考 文 献

Anderson，K. S.，Hillmyer，M. A.，2004. The influence of block copolymer microstructure on the toughness of compatibilized polylactide/polyethylene blends. Polymer 45，8809-8823.

Anderson，K. S.，Schreck，K. M.，Hillmyer，M. A.，2008. Toughening polylactide. Polym. Rev. 48，85-108.

Baiardo，M.，Frisoni，G.，Scandola，M.，Rimelen，M.，Lips，D.，Ruffieux，K.，2003. Thermal and mechanical properties of plasticized poly（L-lactic acid）. J. Appl. Polym. Sci. 90，1731-1738.

Balakrishnan，H.，Hassan，A.，Wahit，M. U.，Yussuf，A. A.，Razak，S. B. A.，2010. Novel toughened polylactic acid nanocomposite：mechanical，thermal and morphological properties. Mater. Des. 31，3289-3298.

Broz，M. E.，VanderHart，D. L.，Washburn，N. R.，2003. Structure and mechanical properties of poly（D，L-lactic acid）/poly（ε-caprolactone）blends. Biomaterials 24，4181-4190.

Chen，C. C.，Chueh，J. Y.，Tseng，H.，Huang，H. M.，Lee，S. Y.，2003. Preparation and characterization of biodegradable PLA polymeric blends. Biomaterials 24，1167-1173.

Chen，G. -X.，Yoon，J. -S.，2005. Morphology and thermal properties of poly（L-lactide）/poly（butylenes succinate-co-butylene adipate）compounded with twice functionalized clay. J. Polym. Sci. Part B：Polym. Phys. 43，478-487.

Chen，G. -X.，Kim，H. -S.，Kim，E. -S.，Yoon，J. -S.，2005. Compatibilization-like effect of reactive organoclay on the poly（L-lactide）/poly（butylene succinate）blends. Polymer 46，11829-11836.

DuPont Website，2011. Product Data Sheet. Dupont Biomax Strong.，＜http：//www2. dupont. com/Biomax/en-US/assets/downloads/Biomax％20Strong. pdf.＞（accessed February 2011）.

Ferreira，B. M. P.，Zavaglia，C. A. C.，Duek，E. A. R.，2002. Films of PLLA/PHBV：thermal，morphological，and mechanical characterization. J. Appl. Polym. Sci. 86，2898-2906.

Grijpma，D. W.，Van Hofslot，R. D. A.，Super，H.，Nijenhuis，A. J.，Pennings，A. J.，1994. Rubber toughening of poly（lactide）by blending and block copolymerization. Polym. Eng. Sci. 34，1674-1684.

Hasook，A.，Tanoue，S.，Iemoto，Y.，Unryu，T.，2006. Characterization and mechanical properties of poly（lactic acid）/poly（ε-caprolactone）/organoclay nanocomposites prepared by melt compounding. Polym. Eng. Sci. 46，1001-1007.

Hiljanen-Vainio，M.，Varpomaa，P.，Seppala，J.，Tormala，P.，1996. Modification of poly（L-lactides）by blending：mechanical and hydrolytic behavior. Macromol. Chem. Phys. 197，1503-1523.

Iannace，S.，Ambrosio，L.，Huang，S. J.，Nicolais，L.，1994. Poly（2-hydroxybutyrate）-co-（3-hydroxyvalerate）/poly-L-lactide blends：thermal and mechanical properties. J. Appl. Polym. Sci. 54，1525-1535.

Jacobsen，S.，Fritz，H. G.，1999. Plasticizing polylactide - the effect of different plasticizers on the mechanical properties. Polym. Eng. Sci. 39，1303-1310.

Jiang，L.，Wolcott，M. P.，Zhang，J.，2006. Study of biodegradable polylactide/poly（butylene adipate-co-terephthalate）blends. Biomacromolecules 7，199-207.

Jiang，L.，Zhang，G.，Wolcott，M. P.，2007. Comparison of polylactide/nanosized calcium carbonate and polylactide/montmorillonite composites：reinforcing effects and toughening mechanisms. Polymer 48，7632-7644.

Jin，H. J.，Chin，I. J.，Kim，M. N.，Kim，S. H.，Yoon，J. S.，2000. Blending of poly（L-lactic acid）with poly（cis-1，4-isoprene）. Eur. Polym. J. 36，165-169.

Joziasse，C. A. P.，Veenstra，H.，Topp，M. D. C.，Grijpma，D. W.，Pennings，A. J.，1998. Rubber toughened linear and star-shaped poly（D，L-lactide-co-glycolide）：synthesis，properties and in vitro degradation. Polymer 39，467-473.

Kim，K. S.，Chin，I. J.，Yoon，J. S.，Choi，H. J.，Lee，D. C.，Lee，K. H.，2001. Crystallization behavior and mechanical properties of poly（ethylene oxide）/poly（L-lactide）/poly（vinyl acetate）blends. J. Appl. Polym. Sci. 82，3618-3626.

Kulinski，Z.，Piorkowska，E.，Gadzinowska，K.，Stasiak，M.，2006. Plasticization of poly（L-lactide）with poly（propylene glycol）. Biomacromolecules 7，2128-2135.

Labrecque, L. V., Kumar, R. A., Dave, V., Gross, R. A., McCarthy, S. P., 1997. Citrate esters as plasticizers for poly (lactic acid). J. Appl. Polym. Sci. 66, 1507-1513.

Li, T., Turng, L. S., Gong, S., Erlacher, K., 2006. Polylactide, nanoclay, and core-shell rubber composites. Polym. Eng. Sci. 46, 1419-1427.

Liu, X., Dever, M., Fair, N., Benson, R. S., 1997. Thermal and mechanical properties of poly (lactic acid) and poly (ethylene/butylene succinate) blends. J. Environ. Polym. Degrad. 5, 225-235.

Liu, T. -Y., Lin, W. -C., Yang, M. -C., Chen, S. -Y., 2005. Miscibility, thermal characterization and crystallization of poly (L-lactide) and poly (tetramethylene adipate-co-terephthalate) blend membranes. Polymer 46, 12586-12594.

Ma, X., Yu, J., Wang, N., 2006. Compatibility characterization of poly (lactic acid)/poly (propylene carbonate) blends. J. Polym. Sci. Part B: Polym. Phys. 44, 94-101.

Maglio, G., Migliozzi, A., Palumbo, R., Immirzi, B., Volpe, M. G., 1999. Compatibilized poly (ε-caprolactone)/poly (L-lactide) blends for biomedical uses. Macromol. Rapid Commun. 20, 236-238.

Martin, O., Avérous, L., 2001. Poly (lactic acid): plasticization and properties of biodegradable multiphase systems. Polymer 42, 6209-6219.

Mascia, L., Xanthos, M., 1992. A overview of additives and modifiers for polymer blends: facts, deductions, and uncertainties. Adv. Polym. Technol. 11, 237-248.

NatureWorks LLC. Website, 2011. NatureWorks, 2011. Technology Focus Report: Toughened PLA., ＜http://www.natureworkspla. com.＞ (accessed February 2011).

Nijenhuis, A. J., Colstee, E., Grijpma, D. W., Pennings, A. J., 1996. High molecular weight poly (L-lactide) and poly (ethylene oxide) blends: thermal characterization and physical properties. Polymer 37, 5849-5857.

Noda, I., Satkowski, M. M., Dowrey, A. E., Marcott, C., 2004. Polymer alloys of nodax copolymers and poly (lactic acid). Macromol. Biosci. 4, 269-275.

Perego, G., Cella, G. D., Bastioli, C., 1996. Effect of molecular weight and crystallinity on poly (lactic acid) mechanical properties. J. Appl. Polym. Sci. 59, 37-43.

Pezzin, A. P. T., Alberda van Eckenstein, G. O. R., Zavaglia, C. A. C., ten Brinke, G., Duek, E. A. R., 2003. Poly (para-dioxanone) and poly (L-lactic acid) blends: thermal, mechanical, and morphological properties. J. Appl. Polym. Sci. 88, 2744-2755.

Pillin, I., Montrelay, N., Grohens, Y., 2006. Thermo-mechanical characterization of plasticized PLA: is the miscibility the only significant factor? Polymer 47, 4676-4682.

Ren, Z., Dong, L., Yang, Y., 2006. Dynamic mechanical and thermal properties of plasticized poly (lactic acid). J. Appl. Polym. Sci. 101, 1583-1590.

Schreck, K. M., Hillmyer, M. A., 2007. Block copolymers and melt blends of polylactide with nodax microbial polyesters: preparation and mechanical properties. J. Biotechnol. 132, 287-295.

Semba, T., Kitagawa, K., Ishiaku, U. S., Hamada, H., 2006. The effect of crosslinking on the mechanical properties of polylactic acid/polycaprolactone blends. J. Appl. Polym. Sci. 101, 1825-1861.

Shibata, M., Inoue, Y., Miyoshi, M., 2006. Mechanical properties, morphology, and cryastallization behavior of blends of poly (L-lactide) with poly (butylene succinate-co-L-lactate) and poly (butylenes succinate). Polymer 47, 3557-3564.

Sinclair, R. G., 1996. The case for polylactic acid as a commodity packaging plastic. J. Macromol. Sci. Part A: Pure Appl Chem. 33, 585-597.

Takagi, Y., Yasuda, R., Yamaoka, M., Yamane, T., 2004. Morphologies and mechanical properties of polylactide blends with medium chain length poly (3-hydroxyalkanoate) and chemically modified poly (3-hydroxyalkanoate). J. Appl. Polym. Sci. 93, 2363-2369.

Tsuji, H., Ikada, Y., 1996. Blends of aliphatic polyesters. I. Physical properties and morphologies of solution-cast blends from poly (DL-lactide) and poly (ε-caprolactone). J. Appl. Polym. Sci. 60, 2367-2375.

Tsuji, H., Yamada, T., Suzuki, M., Itsuno, S., 2003. Blends of aliphatic polyesters: Part 7. Effects of poly (L-lac-tide-co-ε-caprolactone) on morphology, structure, crystallization, and physical properties of blends of poly (L-lactide) and poly (ε-caprolactone). Polym. Int. 52, 269-275.

Wang, L., Ma, W., Gross, R. A., McCarthy, S. P., 1998. Reactive compatibilization of biodegradable blends of poly (lactic acid) and poly (ε-caprolactone). Polym. Degrad. Stab. 59, 161-168.

Yoon, J.-S., Lee, W.-S., Kim, K.-S., Chin, I.-J., Kim, M.-N., Kim, C., 2000. Effect of poly (ethylene gly-col) -block-poly (L-lactide) on the poly [(R)-3-hydroxybutyrate]/poly (L-lactide) blends. Eur. Polym. J. 36, 435-442.

Yoon, J. S., Oh, S. H., Kim, M. N., Chin, I. J., Kim, Y. H., 1999. Thermal and mechanical properties of poly (L-lactic acid) 2 poly (ethylene-co-vinyl acetate) blends. Polymer 40, 2303-2312.

Yuan, Y., Ruckenstein, E., 1998. Polyurethane toughened polylactide. Polym. Bull. 40, 485-490.

第**6**章

聚乳酸的流变性能

6.1 简介

　　流变学的定义是研究流体的变形和流动。它是熔融聚合物的一个重要性质，它将黏度与温度和剪切速率联系起来，因此与聚合物的加工性能有关。大多数聚合物熔体被归类为剪切变稀流体，即在较高的剪切速率下，聚合物分子取向，聚合物链之间的缠结数量减少。这些现象有助于聚合物分子链在聚合物成形过程中更容易通过彼此进入狭窄的空腔。在较高的温度下，分子的动能也较高，从而降低了聚合物黏度。

　　旋转流变仪和毛细管流变仪是可以用来获得聚合物剪切黏度数据的装置。旋转流变仪主要用于从 0.001 到 $100s^{-1}$ 的低剪切速率分析。这些仪器通常由圆锥体和平板几何形状组成；圆锥角的设计可以在分析期间维持稳定的剪切速率。毛细管流变仪通过压力驱动熔体流动并测量毛细管口模入口处的压力，以获得聚合物熔体的表观流变数据。这些数据显示为黏度和剪切速率值，使用 Bagley 和 Weissenberg-Rabinowitsch 关联式进一步校正。毛细管流变仪用于测量从中到高的剪切速率，从 10 到 $10000s^{-1}$。这种测量比旋转法需要更多的材料和时间。

　　聚乳酸（PLA）通过热加工，如注射成型和挤出制成有用的物品。因此，其流变特性，特别是剪切黏度，对吹膜、涂布纸、注塑、板料成型、纤维纺丝等热加工过程有着重要的影响。因此，研究 PLA 的流变特性对了解 PLA 材料的加工性能具有重要意义。

6.2 聚乳酸的流变性能

　　PLA 的熔体流变性能对加工过程中聚合物的流动状态有着深刻的影响。一般来说，在 $10\sim50s^{-1}$ 的剪切速率下，高分子量 PLA 的熔体黏度为 $500\sim1000Pa\cdot s$。这种聚合物等级相当于用于注射成型的分子量（M_w 约为 100000），用于薄膜浇铸挤出应用的分子量（300000）（Garlotta，2001）。高分子量 PLA 的熔体表现为假塑性非牛顿流体，而低分子量 PLA（40000）在典型的薄膜挤出过程中，其熔体表现出类似牛顿流体的特性。在相同的加工条件下，半结晶型 PLA 比无定形 PLA 具有更高的剪切黏度。此外，随着剪切速率的增

加，熔体的黏度显著降低，即聚合物熔体表现出剪切变稀的行为。Fang 和 Hanna（1999）
发现了这一现象，他们使用安装在挤出机上的管流变仪进行了分析。其研究分析了两种
PLA 树脂（无定形态和半晶态）在 150℃和 170℃下的黏度，根据压力分布和体积流量计算
黏度数据，作为树脂类型、温度和剪切速率的函数。图 6-1 中的结果表明，由于分子结构的
不同，半结晶 PLA 在高温下比无定形 PLA 具有更高的黏度。这是因为分子结构不同。半结
晶 PLA 的分子排列有序，分子间作用力较强，流动阻力较大。相反，无定形 PLA 中分子的
排列是随机的，这反过来表现出较少的流动阻力。一般来说，结晶型材料比无定形材料具有
更好的力学和力学性能。

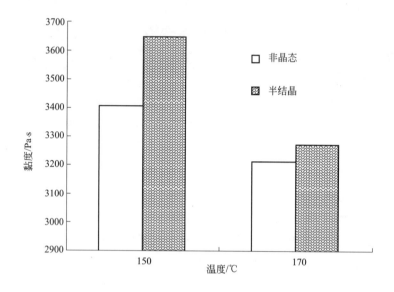

图 6-1　树脂类型和温度对 PLA 熔体黏度的影响

改编自 Fang Q，Hanna M A. Rheological properties of amorphous and semicrystalline polylactic
acid polymers. Ind. Crops Prod.，1999，10：47-53，with permission from Elsevier。

温度的升高会导致半结晶和无定形 PLA 的剪切黏度都降低。可以看出 150℃时的黏度
值明显高于 170℃时的黏度值。这可以解释为，在高温下，由于 PLA 分子的振幅较高，分
子链之间的连接变得更弱，使熔体流动更顺畅。此外，剪切速率对 PLA 熔体的黏度有很大
的影响。如图 6-2 所示，随着两种类型 PLA 剪切速率的增加，η 急剧减小。η 与剪切速率之
间的关系是非线性的，但呈现出典型的非牛顿假塑性行为。这主要是由于分子链在挤出过程
中受到强烈的剪切作用而断裂。

　　Fang 和 Hanna（1999）的工作还总结了无定形 PLA 和半结晶 PLA 的幂律方程
（表 6-1），这些数据来自使用 L：D 和压缩比分别为 20：1 和 3：1 的单螺杆 Brabender 挤出
机进行的流变试验。对幂律方程进行非线性回归分析，发现所有方程的相关系数（r^2）均大
于 0.99 且幂律方程的均方误差较小。这进一步证明了无定形和半结晶 PLA 均表现出典型的
非牛顿假塑性行为。尽管如此，NatureWorks 使用 Ingeo 注塑级材料通过毛细管流变仪测试
后，测试结果与 Cross-Williams-Landel-Ferry 方程（WLF）黏度模型显示出很高的匹配度
（表 6-2）。模型中有七个系数，可以很容易地嵌入到 Moldflow 注塑模拟软件中（Moldflow

Plastic Labs，2007）。Moldflow 是一个广泛应用于塑料注射成型行业的计算机软件，用于预测和优化注射成型过程，并协助模具设计。通过 Cross-WLF 模型可以深入了解各种注塑条件，如聚合物熔体流入狭窄的模腔时的压力和温度间的影响。

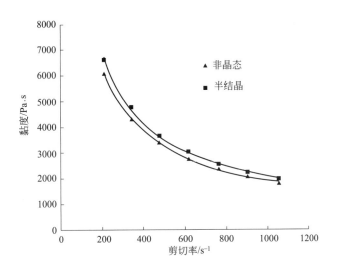

图 6-2　剪切速率对 PLA 熔体黏度的影响

改编自 Fang Q，Hanna M A. Rheological properties of amorphous and semicrystalline
polylactic acid polymers. Ind. Crops Prod.，1999，10：47-53. with permission from Elsevier。

表 6-1　聚乳酸（PLA）的幂律方程

PLA	温度/℃	方程	r^2
无定形	150	$\eta = 649386\dot{\gamma}^{-0.8332}$	0.9984
无定形	150	$\eta = 242038\dot{\gamma}^{-0.7097}$	0.9980
半结晶	170	$\eta = 609159\dot{\gamma}^{-0.8134}$	0.9992
半结晶	170	$\eta = 24172\dot{\gamma}^{-0.7031}$	0.9982

资料来源：Fang，Hanna，1999。

表 6-2　聚乳酸的 Cross-Williams-Landel-Ferry（WLF）模型系数

十字 WLF 模型

$$\eta = \frac{\eta_O}{1 + \left(\dfrac{\eta_O \dot{\gamma}}{\Gamma}\right)^{(1-n)}}$$

其中

$$\eta_O = D_1 \exp\left[\frac{-A_1(T - T^*)}{A_2 + (T - T^*)}\right]$$

η 是黏度；$\dot{\gamma}$ 是剪切率；T 是温度

$T^* = D_2 + D_3 \cdot P$，其中 P 是压力(Pa)；

$A_2 = A_2^* + D_3 \cdot P$ 和 $n, \Gamma, D_1, D_2, D_3, A_1, A_2^*$ 是数据拟合。

系数如下表所示：

续表

系数	值
$A1$	20.194
$A2$	51.600K
$D1$	$3.31719 \times 10^9 \, Pa \cdot s$
$D2$	373.15K
$D3$	0K/Pa
n	0.2500
Γ	$1.00861 \times 10^5 \, Pa$

资料来源：Mololflow Plastic Labs，2007。

6.3 分子量的影响

利用平行板的几何结构，在不同的温度、频率和剪切速率范围内测量了不同分子量 PLA 熔体的黏弹性特性。Cooper-White 和 Mackay（1999）使用配置 7.9mm 不锈钢平行板的 Rheometrics RDSII 转矩流变仪进行了一项典型的研究，对三种分子量显著不同（M_w 分别为 40000、130000 和 360000）的商业级聚(L-乳酸)（PLLA）进行了测试。图 6-3 显示了 PLLA 系列聚合物的复合黏度（η）在动态和稳态剪切情况下随频率和分子量变化的函数关系。结果表明，低 M_w（40000）和中 M_w（130000）的动态黏度与稳态黏度比较一致。对于高分子量 PLA（$M_w = 360000$），即使是在很低的频率下，其动态和稳态行为也很难一致，这是由于试样在稳定剪切下发生了明显的边缘断裂和降解。对于低分子量 PLA，可以观察

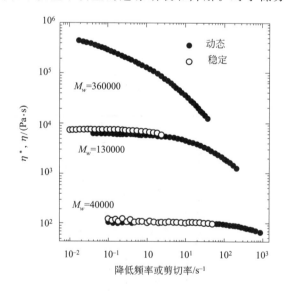

图 6-3 分子量对 200℃ PLLA 熔体黏度的影响

改编自 Cooper-White，J J，Mackay M E. Rheological properties of poly（lactides）.

Effect of molecular weight and temperature on the viscoelasticity of poly（L-lactic acid）. J. Polym. Sci.

Part B：Polym. Phys.，1999，37：1803-1814，with permission from John Wiley。

到类似牛顿流体的特征，与薄膜挤出过程中的典型剪切速率（约 $100s^{-1}$）相符。然而，随着分子量的增加，这种近牛顿流体特征的时间会明显缩短。

聚合物熔体的黏弹性可以用零剪切黏度 η_0 来表征。该参数可以从动态实验中通过确定低频极限下的动态模量得到。表 6-3 显示了 200℃ 下所有样品的零剪切黏度 η_0 和弹性系数 A_G（外加应力与弹性体形状变化的比值）。

表 6-3　200℃ 下不同 M_w 的聚乳酸的分子量、零剪切黏度和弹性系数

M_w	$\eta_0/\mathrm{Pa \cdot s}$	$A_G/\mathrm{Pa \cdot s^2}$
40000	100	0.23
130000	6200	840
360000	7.0×10^5	7.1×10^7

利用线型无定形聚合物零剪切黏度（η_0）与分子量的经验公式，比较了 PLLA 熔体与传统聚合物熔体的黏度。此方程的形式已应用于弹性系数 A_G，以进一步量化分子量对弹性的影响（Cooper White，Mackay，1999）：

$$\eta_0 = K(M_w)^a \tag{6-1}$$

$$A_G = K'(M_w)^b \tag{6-2}$$

在这些方程中，常数 K 和 K' 取决于聚合物类型、分子量和温度。如图 6-4 所示，幂律因子"a"和"b"分别由对数黏度系数 VS 对数分子量曲线的斜率，和对数弹性系数 VS 对数分子量曲线的斜率所得到。理论预测分子量指数"a"具有一个大于 M_c（线型柔性聚合物纠缠态的临界分子量）的普遍值 3.4（Piver，1980）。许多系统都遵循这种关系。单分散聚苯乙烯的弹性系数与分子量的关系，用指数"b"表示，实验表明在 7.5 左右（Onogi et al.，1966）。

从图 6-4 中，得到以下方程：

$$\eta_0 = (3 \times 10^{-17}\,\mathrm{Pa \cdot s})(M_w)^{4.0} \tag{6-3}$$

$$A_G = (2 \times 10^{-38}\,\mathrm{Pa \cdot s^2})(M_w)^{8.0} \tag{6-4}$$

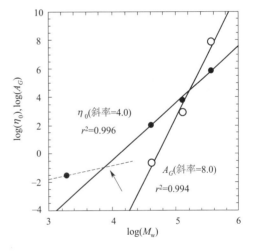

图 6-4　分子量对 200℃ PLLA 的
零剪切黏度和弹性系数的影响

分子量指数相对于零剪切黏度的值略高于普遍接受的 3.4。与单分散聚苯乙烯熔体相比，PLLA 熔体的弹性系数在 8.0 时对分子量的依赖性更高。这种偏差被认为是由空间位阻引起的——由于 PLLA 聚合物链内和链间可能存在的化学位移差异（包括三级链与链之间的相互作用）导致的过度缠绕膨胀。

Witkze 表明，温度对 15% D-丙交酯 PLA 的 η_0 的影响可以描述为（Witzke，1997）：

$$\eta_0 = \eta_{0,\mathrm{ref}} \times \left(\frac{M_w}{100000}\right)^a \exp\left[\frac{E_a}{R}\left(\frac{1}{T(K)} - \frac{1}{373}\right)\right] \tag{6-5}$$

式中，$a = 3.38 \pm 0.13$，流体活化能 $E_a = 190\mathrm{kJ/mol}$，$\eta_{0,\mathrm{ref}} = 89400 \pm 9300\mathrm{Pa \cdot s}$，$R$

是气体常数＝8.314J/(k·mol)，T 是温度（K）。零剪切黏度 η_0 可通过拟合已知的 WLF 方程（Witzke，1997）与异构体组分关联起来：

$$\eta_0 = (a_1 + a_2 W_{meso} + a_3 W_{L-mer}) \left[\frac{M_w}{100000}\right]^{3.38} \times \exp\left\{\frac{-C_1[T(C)-100]}{C_2 + [T(C)-100]}\right\} \quad (6-6)$$

其中，W_{meso} 和 W_{L-mer} 分别是内消旋丙交酯和 L-丙交酯的初始质量分数，$a_1 = -3000$、$a_2 = -42000$、$a_3 = 112000$、$C_1 = 15.6 \pm 1.6$ 和 $C_2 = (110 \pm 11)$℃；a_1、a_2、a_3 和 C_1 没有单位；$T(C)$ 测试温度单位是℃。式(6-6) 可用于在 T_g 和 $T_g + 100$℃之间预测含 L-单体组分 50％以上的无定形聚乳酸的 η_0。该方程预测 η_0 随着 L-单体含量的增加而增加，随着内消旋丙交酯含量的增加而减少。

6.4 支化的影响

引入扩链剂可以显著改善 PLA 的流变性能。由于线型聚合物在某些应用中表现出较低的熔体强度，因此希望通过引入长链分支来提高熔体强度。有几种方法可以促进 PLA 的支化，如使用多功能聚合引发剂、羟环酯引发剂、多环酯和通过自由基加成进行交联（Lehermeier，Dorgan，2001）。图 6-5 显示了商业级支链和线型 PLA 的复合黏度与频率的关系图（Dorgan et al.，2000）。这些聚合物的 L/D 含量为 96/4，以辛酸亚锡作为催化剂熔融聚合而成。商业级支化材料是通过反应挤出的过氧化物引发的线型材料的交联而进一步加工的。线型材料的重均分子量（M_w）为 111×10^3，多分散性值为 2.1；支链 PLA 的重均分子量（M_w）为 149×10^3，多分散性值为 2.9。

根据图 6-5，与线型 PLA 相比，支链 PLA 具有更高的零剪切黏度 η_0 和更明显的剪切变稀现象。这最终证明，通过简单的结构改性，PLA 可以获得广泛的流动性能，使得在各种加工操作中都可以使用这种重要的可降解热塑性塑料。η_0 的偏差可能是受自由体积的影响，导致黏度不稳定。鉴于这一效应，Lehermeier 和 Dorgan（2000）在支化 PLA 聚合物的热流变实验中使用三（壬基酚）作为 PLA 的稳定剂（Lehermeier，Dorgan，2000）。用时温叠加技术研究了磷酸三壬基苯酯（TNPP）的稳定作用。该化合物通过防止降解反应的混杂效应，极大地促进了热流变实验。

为了将数据参数化为一个描述型模型，将线型和线型-支链 PLA 的黏度和剪切速率关系的组合数据集拟合于 Carreau-Yasuda 模型。使用的模型形式由（Lehermeier，Dorgan，2001）给出：

$$\eta = C_1 [1 + (C_2 \dot{\gamma})^{C_3}]^{\left(\frac{C_4 - 1}{C_3}\right)} \quad (6-7)$$

其中，η 是黏度，$\dot{\gamma}$ 是剪切速率，C_1、C_2、C_3 和 C_4 是材料相关参数。表 6-4 总结了模型系数。C_1 决定了 η_0，线型度较高时，其值减小。C_2 是松弛时间，近似对应于剪切变稀开始频率的倒数，C_3 影响剪切变稀，它随线型度的增加而增加，也就是说，支化后的 PLA 剪切变稀的程度比线型材料要大。η_0 和剪切变稀的程度随支化度的增加而增加，这在

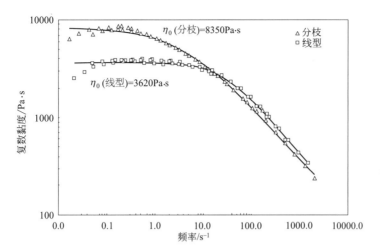

图 6-5 商业级支化和线型材料的比较流动曲线

改编自 Dorgan J R，Lehermeier H，Mang M. Thermal and rheological
properties of commercial-grade poly (lactic acid) s. J. Polym. Environ.，
2000，8：1-9. with permission from AIP Publishing。

其他关于星型支链结构的 PLA 聚合物研究中也有相关报告（Dorgan et al.，1999）。

表 6-4　聚乳酸的 Carreau-Yasuda 模型参数

混合(线性)/%	Carreau 参数			
	$C_1/(Pa \cdot s)$	C_2/s	C_3	C_4
0	10303	0.01022	0.3572	-0.0340
20	8418	0.00664	0.3612	-0.0731
40	6409	0.01364	0.4523	0.0523
60	5647	0.00513	0.4356	-0.1002
80	4683	0.00450	0.4754	-0.1108
100	3824	0.01122	0.7283	0.0889

6.5　拉伸黏度

对高 L 含量 PLA（$M_w = 111000 \sim 120000$）的拉伸黏度研究表明，PLA 可以在不断裂的情况下被拉伸成大应变。聚合物在变形过程中也表现出应变硬化行为（Palade et al.，2001），这是纤维纺丝、薄膜浇铸和吹膜等加工操作中的一个重要特征。图 6-6 显示了使用辛酸亚锡作为催化剂合成的 PLA，其拉伸黏度 η_{el} 对重均分子量分别为 110000 和 120000 的 PLA 的时间数据关系图。这个拉伸测量在 Rheometrics 拉伸流变仪上使用矩形样品进行，温度为 $180℃$，拉伸速率为 $0.1s^{-1}$。响应的最显著特征是发生了很强的应变硬化（拉伸黏度增加两个数量级）。当存在长支链时，这种效应最为显著，因为它使得松弛时间变长。

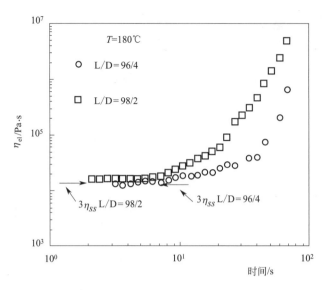

图 6-6　以 $0.1s^{-1}$ 的速率测得的拉伸黏度 η_{el} 随时间的增长的变化

PLA 样品（标称 L/D 值为 98/2 和 96/4，相应的重均分子量为 120000 和 110000）。

改编自 Palade L -L, Lehermeier H J, Dorgan J R. Melt rheology of high

content poly (lactic acid). Macromolecules, 2001，34：1384-1390, with permission from ACS。

6.6　聚乳酸的溶液黏度

　　尽管 PLA 在溶剂中的溶液黏度与熔融 PLA 聚合物的加工过程没有直接关系，但通常为了质量控制，会对该特性进行评估以确定树脂和加工零件的分子量。黏度与溶解在稀溶液中的 PLA 分子量之间的关系通常使用 Mark-Houwink 方程进行建模：

$$[\eta]=K \times M_v^a \tag{6-8}$$

　　式中，$[\eta]$ 为特性黏度，K 和 a 为常数，M_v 为实验黏度平均分子量。Mark-Houwink 方程取决于 PLA 的类型、使用的溶剂和溶液的温度。表 6-5 总结了 PLA 聚合物在不同溶剂溶液中的不同组分的 Mark-Houwink 参数。

表 6-5　特定溶剂中 PLA 的 Mark-Houwink 系数

聚合物类型	方程式	条件
PLLA	$[\eta]=5.45 \times 10^{-4} M_v^{0.73}$	氯仿中 25℃ (Perego et al,1996；Tsuji,Ikada,1996)
PDLLA	$[\eta]=1.29 \times 10^{-5} M_v^{0.82}$	氯仿中 25℃ (Doi,Fukuda,1993)
PDLLA	$[\eta]=2.21 \times 10^{-4} M_v^{0.77}$	氯仿中 25℃ (Perego et al,1996；Tsuji,Ikada,1996)
线型 PLLA	$[\eta]=4.41 \times 10^{-4} M_v^{0.72}$	氯仿中 25℃ (Doi,Fukuda,1993)
PDLLA	$[\eta]=2.59 \times 10^{-4} M_v^{0.689}$	在 THF 中 35℃ (Van Dijk et al,1983)
PDLLA	$[\eta]=5.50 \times 10^{-4} M_v^{0.639}$	在 THF 中 31.15℃ (Van Dijk et al,1983)
PDLLA(无定形)	$[\eta]=6.40 \times 10^{-4} M_v^{0.68}$	在 THF 中 30℃ (Spinu et al,1996)

聚合物类型	方程式	条件
PLLA(无定形/半晶)	$[\eta]=8.50\times10^{-4}M_{\mathrm{v}}^{0.66}$	在 THF 中 30℃(Spinu et al,1996)
PLLA(半晶)	$[\eta]=1.00\times10^{-3}M_{\mathrm{v}}^{0.652}$	在 THF 中 30℃(Spinu et al,1996)
PDLLA	$[\eta]=2.27\times10^{-4}M_{\mathrm{v}}^{0.75}$(一分法)	苯中 30℃(Gupta,Deshmukh,1982)
PDLLA	$[\eta]=1.58\times10^{-4}M_{\mathrm{v}}^{0.78}$	Tuan-Fuoss 黏度计 乙酸乙酯中 25℃(Xu et al,1996)

6.7　聚合物共混物的流变性能

聚合物共混技术可以改善 PLA 的性能。为了提高 PLA 的性能并获得新的材料，PLA 与几种合成聚合物和生物聚合物进行了共混。PLA 已与橡胶、热塑性淀粉、聚丁二酸丁二醇酯、聚丁二酸丁二醇酯、聚己二酸-对苯二甲酸丁二酯（PBAT）、丙烯腈-丁二烯-苯乙烯、聚丙烯、聚乙烯、聚苯乙烯和层状硅酸盐共混，以获得成本更低、性能更优的材料。

6.7.1　聚乳酸/聚己二酸对苯二甲酸丁二酯共混物

PLA/PBAT 共混熔体在不同 PBAT 共混比下的稳态剪切流变行为表现为典型的非牛顿流体（Gu et al.，2008）。如图 6-7 所示，在较低的剪切速率下，PLA/PBAT 熔体的剪切黏度高于纯 PLA 熔体的剪切黏度，并且随着 PBAT 含量的增加而显著增加。随着 PBAT 含量的增加，PLA/PBAT 熔体剪切变稀的趋势增强，所以在较高的剪切速率下，PLA/PBAT 熔体的剪切黏度甚至低于纯 PLA 熔体。数据的波动可能是由不相容体系形成的两相结构所引

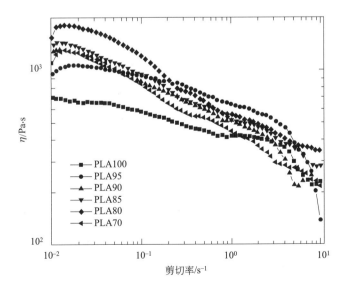

图 6-7　PLA 和 PLA/PBAT 在 170℃熔融时的稳态剪切黏度

改编自 Gu 等（2008），经 Elsevier 许可转载。

起的。Gu 等（2008）的研究采用螺杆直径 27mm、L/D 比为 42 的双螺杆挤出机熔融共混制备 PLA/PBAT 共混物。采用约 0.5%（PLA/PBAT 的质量比）的 TNPP 作为稳定剂消除了 PLA 在加热过程中的降解。TNPP 起到扩链剂的作用，重新连接因潮湿和温度升高而断裂的聚合物链。

利用幂律方程对数据进行拟合，结果表明所有方程的相关系数（r^2）均大于 0.99。计算的 PLA 及其混合物熔体的 n 值见表 6-6。PBAT 的加入导致流动指数 n 降低。聚合物熔体黏度的温度依赖性是聚合物流动中最重要的参数之一。在一定的温度范围内，依赖关系可以用 Arrhenius 形式表示：

$$\eta_0 = A \times \exp\left(\frac{E_a}{RT}\right) \tag{6-9}$$

式中，η_0 为零剪切黏度，R 为气体常数，A 为常数，E_a 为流动活化能。较高的 E_a 将导致熔体对温度变化更敏感。从 Arrhenius 拟合得到的纯 PLA 和 PLA/PBAT 熔体的流动活化能值（E_a）见表 6-6。用 η_0 数据计算了 160℃、170℃、180℃温度下的 E_a 值。结果非常符合 Arrhenius 模型，很显然 E_a 随 PBAT 的加入而减小。PLA/PBAT 熔体对温度的低依赖性简化了选择混合物的加工温度。也就是说，由于其对温度低的黏度敏感性，PLA/PBAT 共混物具有较宽的加工温度窗口。

表 6-6　聚乳酸（PLA）和 PLA/聚己二酸丁二醇酯/对苯二甲酸对苯二甲酸酯（PBAT）熔体的流变特性

PLA : PBAT	100 : 0	95 : 5	90 : 11	85 : 15	80 : 20	70 : 30
流量指数 n	0.8555	0.8298	0.7374	0.7582	0.7260	0.7304
流动活化能 E_a/(kJ/mol)	113.02	91.34	89.01	61.99	72.53	68.89

6.7.2　与层状硅酸盐纳米复合材料的共混物

纯 PLA 和一系列插层 PLA/有机改性蒙脱石（MMTs）的稳定剪切流变行为如图 6-8 所示（Ray，Okamoto，2003）。在 Ray 和 Okamoto（2003）的研究中，MMT 的用量分别为 2%、3% 和 4.8%（质量分数）——它们分别缩写为 PLACN3、PLACN5 和 PLACN7。这些测量是在 175℃ 的 Rheometric 动态分析仪（RDAII）上进行的，采用直径为 25mm、锥角为 0.1 rad 的锥板和平板几何结构。结果表明，在所有剪切速率下，PLACNs 的剪切黏度随时间的增加而显著增加，并且在固定剪切速率下，PLACNs 的剪切黏度随 MMT 含量的增加而单调增加。所有插层的 PLACNs 均表现出较强的触变行为，在低剪切速率下（$\gamma = 0.001 \mathrm{s}^{-1}$）这一行为变得更为突出，而纯 PLA 的黏度在所有剪切速率下均表现出与时间无关。随着剪切速率的增加，剪切黏度在一定时间后达到一个平台（如图 6-8 中箭头所示），而达到这个平台所需的时间在较高剪切速率下减少。这种行为的一个可能原因是在剪切作用下，MMT 颗粒实现了向流动方向的平面排列。当剪切速率非常慢（$\gamma = 0.001 \mathrm{s}^{-1}$）时，MMT 颗粒使用了较长时间沿流动方向获得完全的平面排列，该测量时间太短（1000s），所以无法获得这样的结果。因此，纳米复合材料表现出很强的触变行为。然而，在略低的剪切速率（$0.005 \mathrm{s}^{-1}$ 或 $0.01 \mathrm{s}^{-1}$）下，该测量时间足以实现这种平面取向，因此，纳米复合材料在一定时间后表现出与时间无关的剪切黏度。

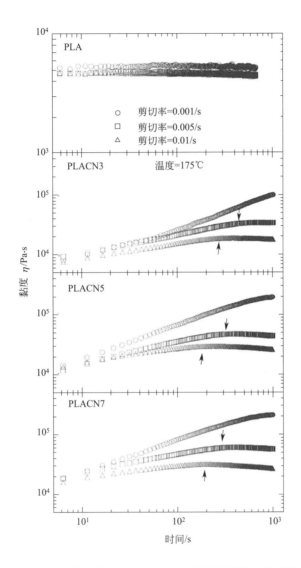

图 6-8　PLA 和各种 PLACNs 的稳态剪切黏度随时间变化

改编自 Ray S S，Okamoto M. New polylactide/layered silicate

nanocomposites，6a melt rheology and foam processing. Macromol. Mater. Eng.，

2003，288：936-944，经 John Wiley 许可转载。

图 6-9 绘制了纯 PLA 和各种 PLACNs 在 175℃下测得的黏度与剪切速率的关系。纯 PLA 在所有剪切速率下都表现出近似牛顿流体的行为，而 PLACNs 则表现出非牛顿流体行为。在非常低的剪切速率下，PLACNs 的剪切黏度最初表现出一些剪切增稠行为，这与在非常低的剪切速率下观察到的触变行为相对应（图 6-8）。因此，在所有测量的剪切速率下，所有 PLACNs 都表现出非常明显的剪切变薄行为。此外，在非常高的剪切速率下，PLACNs 的稳态剪切黏度与纯 PLA 相当。这些观察表明，在高剪切速率下，硅酸盐层强烈地朝流动方向取向，并且纯聚合物主导剪切变稀行为。

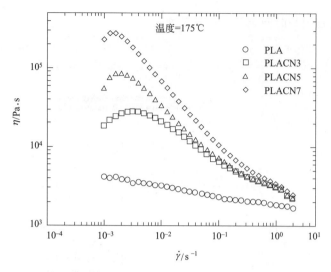

图 6-9　PLA 和各种 PLACNs 的稳态剪切黏度与剪切速率的关系

改编自 Ray S S，Okamoto M. New polylactide/layered silicate
nanocomposites，6a melt rheology and foam processing. Macromol. Mater.
Eng，2003，288：936-944，经 John Wiley 许可转载。

6.7.3　聚乳酸/聚苯乙烯共混物

　　Hamad 等（2010）研究了石油基聚苯乙烯与 PLA 的共混以提高共混物的刚度，同时确定其在高剪切速率下的流变行为。本节不讨论 PLA/聚苯乙烯的力学性能。但是，使用 Davenport 3/80 毛细管流变仪在 165℃、175℃、185℃和 195℃以及 $L/R=8$、15、25 和 36 的毛细管条件下研究了 PLA/聚苯乙烯共混物的流变性能。使用实验室规模的单螺杆挤出机以 30％、50％和 70％（质量分数）聚苯乙烯的比例制备了共混物，分别缩写为 PLA70、PLA50 和 PLA30（Hamad et al.，2010）。这些共混物在 165℃下的流变曲线如图 6-10 所

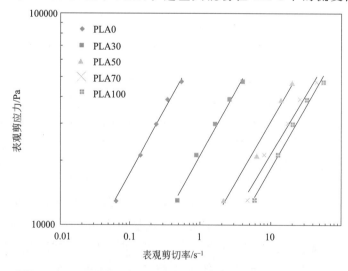

图 6-10　PLA/聚苯乙烯混合物的流动曲线（165℃，$L/R=15$）

改编自 Hamad K，Kaseem M，Deri F. Rheological and mechanical properties of
poly（lactic acid）/polystyrene polymer blend. Polym. Bull，2010，65：509-519。

示。可见，这些线的线型度很高，并且它们在一定的剪切速率范围内服从幂律。由拟合
直线的斜率计算出的幂律指数 n 的值小于 1。这意味着 PLA/聚苯乙烯共混物熔体是假塑
性流体，与大多数热塑性聚合物熔体相似。图 6-11 显示了 165℃时 PLA/聚苯乙烯共混物
的真实黏度与真实剪切速率的关系图。PLA、聚苯乙烯及其共混物在所研究的剪切速率
范围内表现出典型的剪切变稀行为。这种行为可能是由聚合物链段在所施加的剪应力方
向上排列所致。

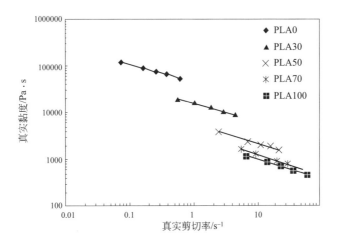

图 6-11　混合物的真实黏度与真实剪切速率的关系（165℃，$L/R=15$）
改编自 Hamad K，Kaseem M，Deri F. Rheological and mechanical properties of
poly（lactic acid）/polystyrene polymer blend. Polym. Bull，2010，65：509-519。

剪切速率为 $10s^{-1}$ 和 $100s^{-1}$ 时，混合物的真实黏度和 PLA 含量的曲线如图 6-12 所示。
结果表明，聚苯乙烯的黏度高于纯 PLA，共混物的黏度随聚苯乙烯含量的增加而增大。随

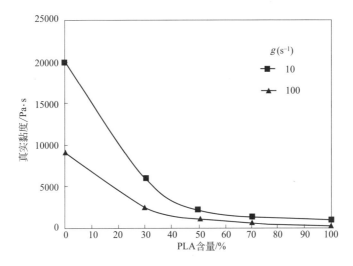

图 6-12　真实黏度与 PLA 含量（%）的关系（165℃，$L/R=15$）
改编自 Hamad K，Kaseem M，Deri F. Rheological and mechanical properties of poly
（lactic acid）/polystyrene polymer blend. Polym. Bull.，2010，65：509-519，经 Springer 许可转载。

着聚苯乙烯含量的增加，这一影响清晰可见。这种现象是由聚苯乙烯固有的高黏度引起的。这些结果非常重要，因为它们表明 PLA/聚苯乙烯共混物成型加工的最佳工艺条件可能与纯 PLA 相比有很大的不同。在聚苯乙烯中加入 30% 聚乳酸，真实黏度（$\dot{\gamma}=10\text{s}^{-1}$）下降了 0.7 倍，这可能是由 PLA 与聚苯乙烯相容性差所导致。

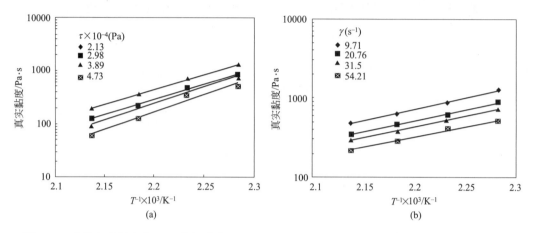

图 6-13 在恒定剪切应力（a）剪切速率（b）（$L/R=15$）下，PLA70 的真实黏度与 $1/T$ 的关系

改编自 Hamad K，Kaseem M，Deri F. Rheological and mechanical properties of poly (lactic acid)/polystyrene polymer blend. Polym. Bull，2010，65：509-519，经 Springer 许可转载。

表 6-7 在恒定剪切应力和恒定剪切速率下 PLA70 混合物的流动活化能值

剪应力 $\tau/\times 10^{-4}\text{Pa}$	$E_\tau/(\text{kJ/mol})$	剪切率 $\dot{\gamma}/\text{s}^{-1}$	$E_{\dot{\gamma}}/(\text{kJ/mol})$
2.13	108.9	9.71	54.04
2.98	111.4	20.76	52.71
3.89	119.8	31.5	51.96
4.73	126.04	54.21	50.21

在恒定剪切应力（τ）和恒定剪切速率（$\dot{\gamma}$）下，PLA70（$L/R=15$）的真实黏度与 $1/T$ 的关系曲线如图 6-13 所示。

在恒定剪切应力（E_τ）和恒定剪切速率（$E_{\dot{\gamma}}$）下的流动活化能可以从图中的斜率获得，如下所示：

$$E_\tau = R\left(\frac{\text{d}\log\eta_r}{\text{d}\left(\dfrac{1}{T}\right)}\right)_\tau \tag{6-10}$$

$$E_{\dot{\gamma}} = R\left(\frac{\text{d}\log\eta_r}{\text{d}\left(\dfrac{1}{T}\right)}\right)_{\dot{\gamma}} \tag{6-11}$$

PLA70 的 E_τ 和 $E_{\dot{\gamma}}$ 的值列于表 6-7。

从固定剪切应力和固定剪切速率下的实验结果可以看出，熔体黏度与温度成反比。熔体黏度与结构和自由体积有关，因此温度的升高可能导致自由体积的增加和链流动性的提高。

因此黏度随温度的升高呈指数下降。众所周知，流动活化能的大小反映了黏度对温度的敏感性，因此，E_τ 或 E_γ 越高，共混物对温度的敏感性越高。由 E_τ 和 E_γ 的值可以看出，E_τ 随剪应力的增大而增大，而 E_γ 随剪应力的增大而减小。也可以看到 $E_\tau > E_\gamma$ 和 $E_\gamma / E_\tau < 1$，证实 PLA70 是一种假塑性材料（Han，2007）。

6.8 **结论**

PLA 的无定形和半结晶态的流变性能对加工性能有重要影响。虽然研究了不同类型的 PLA 及其共混物，但许多结果表明 PLA 在高剪切条件下仍保持非牛顿假塑性行为。目前已经建立了多种模型来描述 PLA 及其共混物的流变行为。这些模型对预测加工行为和揭示剪切作用下的分子相互作用具有重要意义。由于 PLA 应用领域的不断扩大，人们认为对 PLA 流变性能和加工性能的改进将促进未来聚合物生产技术的发展。

参 考 文 献

Cooper-White，J. J.，Mackay，M. E.，1999. Rheological properties of poly（lactides）. Effect of molecular weight and temperature on the viscoelasticity of poly（L-lactic acid）. J. Polym. Sci. Part B：Polym. Phys. 37，1803-1814.

Doi，Y.，Fukuda，K.，1993. Biodegradable plastics and polymers. In：Doi，Y.，Fukuda，K.（Eds.），Proceedings of the Third International Scientific Workshop on Biodegradable Plastics and Polymers. Elsevier Science，Amsterdam，pp. 464-469.

Dorgan，J. R.，Williams，J. S.，Lewis，D. N.，1999. Melt rheology of poly（lactic acid）：entanglement and chain architecture effects. J. Rheol. 43，1141-1155.

Dorgan，J. R.，Lehermeier，H.，Mang，M.，2000. Thermal and rheological properties of commercial-grade poly（lactic acid）s. J. Polym. Environ. 8，1-9.

Fang，Q.，Hanna，M. A.，1999. Rheological properties of amorphous and semicrystalline polylactic acid polymers. Ind. Crops Prod. 10，47-53.

Ferry，J. D.，1980. Viscoelastic Properties of Polymer. Wiley，New York.

Garlotta，D.，2001. A literature review of poly（lactic acid）. J. Polym. Environ. 9（2），63-84.

Gu，S. -Y.，Zhang，K.，Ren，J.，Zhan，H.，2008. Melt rheology of polylactide/poly（butylenes adipate-co-terephthalate）blends carbohydrate. Polymers 74，79-85.

Gupta，M. C.，Deshmukh，V. G.，1982. Thermal oxidative degradation of polylactic acid. Part II. molecular weight and electronic spectra during isothermal heating. Colloid. Polym. Sci. 260，514-517.

Hamad，K.，Kaseem，M.，Deri，F.，2010. Rheological and mechanical properties of poly（lactic acid）/polystyrene polymer blend. Polym. Bull. 65，509-519.

Han，C. D.，2007. Rheology and Processing of Polymeric Materials（Polymer Processing）. Oxford University Press，New York.

Lehermeier，H. J.，Dorgan，J. R.，2000. Poly（lactic acid）properties and prospect of an environmentally benign plastic：melt rheology of linear and branched blends. In：Fourteenth Symposium on Thermophysical Properties，June 25 to 30，University of Colorado，Boulder，CO.

Lehermeier，H. J.，Dorgan，J. R.，2001. Melt rheology of poly（lactic acid）：consequences of blending chain architectures. Polym. Eng. Sci. 41，2172-2184.

Moldflow Plastic Labs，2007. Moldflow Material Testing Report MAT2238. NatureWorks PLA，Victoria，Australia.

Onogi, S., Kato, H., Ueki, S., Ibaragi, T., 1966. J. Polym. Sci; Part C. 15, 481-494.

Palade, L. -I., Lehermeier, H. J., Dorgan, J. R., 2001. Melt rheology of high content poly (lactic acid). Macromolecules 34, 1384-1390.

Perego, G., Cella, G. D., Bastioli, C., 1996. Effect of molecular weight and crystallinity on poly (lactic acid) mechanical properties. Polymer 59, 37-43.

Ray, S. S., Okamoto, M., 2003. New polylactide/layered silicate nanocomposites, 6a melt rheology and foam processing. Macromol. Mater. Eng. 288, 936-944.

Spinu, M., Jackson, C., Keating, M. Y., Gardner, K. H., 1996. Material design in poly (lactic acid) systems: block copolymers, star homo- and copolymers, and stereocomplexes. J. Macromol. Sci. A 33, 1497-1530.

Tsuji, H., Ikada, Y., 1996. Blends of isotactic and atactic poly (lactide) s. 2. Molecular-weight effects of atactic component on crystallization and morphology of equimolar blends from the melt. Polymer 37, 595-602.

Van Dijk, J. A. P. P., Smit, J. A. M., Kohn, F. E., Feijen, J., 1983. Characterization of poly (D, L-lactic acid) by gel permeation chromatography. J. Polym. Sci. Polym. Chem. 21, 197-208.

Witzke, D. R., 1997. Introduction to Properties, Engineering, and Prospects of Polylactide Polymers (Ph. D. thesis). Michigan State University, East Lansing, MI.

Xu, K., Kozluca, A., Denkbas, E. B., Piskin, E., 1996. Synthesis and characterization of PDLLA homopolymers with different molecular weights. J. Appl. Polym. Sci. 59, 561-563.

第7章

聚乳酸的降解与稳定性

7.1　简介

　　如第 6 章聚乳酸的流变性能所述，聚乳酸或聚丙交酯（PLA）以其环境质量而闻名，在包装应用中比聚乙烯、聚丙烯、聚苯乙烯和聚乙烯-乙酸乙烯酯等商品塑料"绿色"得多。虽然包括聚己内酯（PCL）、聚羟基脂肪酸酯（PHA）和聚丁二酸丁二醇酯（PBS）在内的几种脂肪族聚酯也是可生物降解的，但 PLA 的优点是可以通过糖的乳酸发酵生产，从而实现大规模生产。虽然 PCL 和 PBS 也是可生物降解的聚合物，但它们是从石化资源生产而来的。这进一步凸显了 PLA 的优势，其生产减少了温室气体的排放。然而，为了提高产量，PLA 还需要进一步的开发。

　　为了满足当前严格的环境法规，了解 PLA 的生物可降解性和生物降解对塑料工业的作用是至关重要的。此外，PLA 及其共聚物在医学上的应用已有几十年的历史，因此对其在生物体内的生物降解性进行评价和控制是非常必要的。目前，市场上的大多数 PLA 是由乳酸的环二聚体丙交酯开环聚合合成的。乳酸具有 D 和 L 两种立体异构体，其组成对 PLA 的力学性能和生物降解性有重要影响。L 型乳酸是由微生物的发酵作用自然产生的。少量 D-乳酸是由一些细菌种类偶然产生的。化学合成对 PLA 的生产有重大贡献。由于 D-乳酸在自然界中并不大量存在，因此细胞和微生物缺乏代谢这种乳酸的能力或代谢能力非常低。D-乳酸的降解大多是通过水解反应，将其转化为简单的分子。聚合后，根据 PLA 的异构体组成，PLA 的立体形态——聚（L-乳酸）（PLLA）、聚（D-乳酸）（PDLA）和聚（D,L-乳酸）（PDLLA）——显示出不同的熔点和结晶度。在医用 PLA 的发展中，控制 PLA 的平均分子量（M_w）对控制 PLA 的腐蚀具有重要作用。添加 D-丙交酯异构体也有助于降低 PLA 在体液和组织中的降解性。这是因为哺乳动物不能产生一种合适的酶来作用于 D-乳酸。因此，水解反应被认为参与了 D-乳酸在被肝脏同化前的还原过程。尽管 PLA 已经被了解和使用了几十年，但有关其被微生物和活组织降解和消耗的信息仍然有限（Tokiwa，Calabia，2006）。本章综述了 PLA 通过微生物、酶和活组织作用的降解，以及通过热辐射和焚烧降解。

7.2　影响聚乳酸降解的因素

聚合物的降解主要是由外部元素的侵蚀引起的。这是因为聚合物链高度稳定，很少发生自催化反应。尽管 PLA 是由有机过程（细菌发酵糖类）产生的乳酸所生产的，但其转化为 PLA 会导致生物和化学降解机制的重大变化。PLA 不能像乳酸本身那样被活细胞直接高效地分解和消耗。立体化学、结晶度和分子量是影响 PLA 生物降解行为的主要因素。

首先，为了更好地理解降解机制，需要明确几个术语。表 7-1 总结了这些术语的定义。区分环境中发生的"生物降解"和活体组织中发生的"生物降解"是很重要的。这是因为环境中的生物降解是由微生物的作用引起的，而组织中的生物降解是指发生在体内或体外，与细胞或体液中的酶和组分的反应有关的降解过程。PLA 是一种生物聚合物，在日常生活和生物医学领域都有广泛的应用。它可以用作包装材料，也可以用作手术缝合线和植入物。

表 7-1　生物聚合物常见生物学术语的定义

可生物降解物①（环境）	通过好氧微生物将聚合物分解为二氧化碳、水和矿物盐（矿化）。在没有氧气的情况下，聚合物的微生物降解会产生二氧化碳、甲烷、矿物盐和新的生物质
可生物降解物②（体内）	具有体内大分子降解作用的植入聚合物的分解。尽管人体中的生物成分会侵蚀聚合物系统或植入物，但仍缺乏有力的证据证明从体内消除了大分子碎片。体液可能从植入点转移了植入的碎片，以便在水解后可能从体内消除
可生物吸收物②	这些聚合物可以从体内完全消除。聚合物植入物经历整体降解以在体内吸收，然后发生自然代谢。这种可生物吸收的聚合物不会引起残留的副作用
生物侵蚀物②	该术语与生物可吸收物概念类似，不同之处在于植入聚合物的降解主要集中在表面，而降解聚合物在体内会吸收
生物吸收剂②	整个聚合物可以溶解在体液中，其初始分子量变化很小。通常，这种聚合物与缓慢的水溶性植入物有关

① 来自 British Standard Institutions BS EN 13432（2005）的概括术语。

② 来自 Woodruff and Hutmacher（2010）的概括术语。

一般来说，聚合物的降解本质上受化学键的影响。聚合物的低反应性主链几乎不受外部元素的侵袭。这对于不含负电性元素（特别是氧）的聚合物来说是显而易见的，因为它们不太可能被水解，所以可以保持较长时间不变。Göpferich（1996）在他的综述文章中，比较了一些可水解聚合物聚酸酐、聚原酸酯和聚酯（表 7-2）。他发现聚酸酐和聚原酸酯的含氧主链最易发生水解反应。PLA 属于聚酯类，并且需要较长时间达到水解半衰期。这是由于空间效应：大量的烷基阻碍了水的侵袭（Göpferich，1996）。聚乙烯醇（PVOH）是另一种可水解聚合物。PVOH 在羟基（OH）存在的情况下具有较高的水解速率，因为羟基突出在外很容易形成氢键。虽然 PLA 是一种与 PVOH 相似的极性聚合物，但它作为疏水性聚合物，缺乏对水分敏感的行为。所以为了启动与微生物或组织/器官同化有关的水解过程，需要将 PLA 长期暴露在水中。

表 7-2　可水解聚合物的降解半衰期（取决于分子量）

聚合物	半衰期
聚酸酐[1]	0.1h
聚原酸酯[1]	4h
聚乙烯醇[2]	23h
聚酯[1]	3.3 年

[1] Göpferich（1996）。

[2] Yamaoka 等（1995）。

共聚物的组成也会影响聚合物的降解。表 7-3 显示了纯聚合物及其衍生共聚物的近似降解时间。共聚物降解动力学发生变化的主要原因之一是附加单体影响了结晶度并降低了空间效应（Hiemenz，1984）。研究发现，随着乙交酯含量的增加，链的断裂速度加快。相反，L-丙交酯与 D,L-丙交酯的共聚增加了降解时间。这是由于 D-乳酸不太可能被人体的酶自然降解。这种方法有助于延长 PLA 植入物在人体内发挥功能的时间。PCL 是一种生物高聚物，可被细菌和真菌消耗，但由于缺乏合适的酶（Vert，2009）而不能被哺乳动物在体内消耗，它可与丙交酯聚合生成一种降解时间较长的共聚物。该生物聚合物在早期经历水解降解，并继续通过从表面到主体的过程完成降解。操纵共聚物的组成对开发理想的药物在体内的控释载体是非常重要的（Göpferich et al.，1995）。

表 7-3　生物聚合物及其共聚物的降解时间

聚合物系统	大约降解时间/月
聚丙交酯	6～12
聚乙交酯	＞24
聚己内酯	＞24
聚（D,L-丙交酯-co-乙交酯）	5～6
聚（L-丙交酯-co-D,L 丙交酯）	12～16
聚（D,L-丙交酯-co-己内酯）	＞24

分子量和结晶是影响聚合物降解的重要因素。对 PLA 的研究（Tsuji，Miyauchi，2001；Zhou et al.，2010；Itävaara et al.，2002；Södergård，Näsman，1994）表明 PLA 的结晶部分比无定形部分更耐降解。Tuji 和 MiyaCii（2001）发现，即使结晶区之间存在无定形区，也比无定形 PLA 中的完全无定形区具有更好的耐水解性。水解是微生物和酶降解的初级阶段，因为大分子的水解为进一步的有效反应提供了更大的表面积。典型的聚合物结晶也取决于共聚物的组成成分。聚丙交酯中的乙交酯降低了该共聚物的结晶度，因为单体分子的大小不同，阻止了紧密晶体结构中链的重排。Gilding 和 Reed（1979）发现，虽然纯聚乳酸和聚乙醇内酯的结晶度都约为 35%～55%，但含有 25%～65%（摩尔分数）的乙交酯的聚丙交酯-乙交酯仍然是无定形态的（图 7-1）。无定形共聚物可用作药物传递载体，载体各部分同时发生质量损失可促进药物活性成分良好分散。对于缝合线或物理植入物，在需要机械强度的情况下，应减少乙交酯的成分，以便随着时间的推移依然有较好的物理性能（Gilding，Reed，1979）。

如前所述，除了结晶度外，分子量大小也对 PLA 的降解起着重要作用。事实上，大

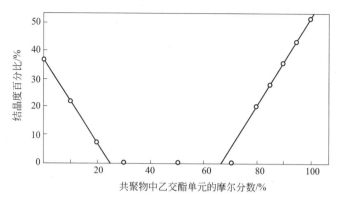

图 7-1　通过 X 射线和差示扫描量热法测定的乙交酯/丙交酯共聚物的结晶度百分比与组成的关系

改编自 Gilding D K，Reed A M. Biodegradable polymers for use in surgery-polyglycolic/poly

(lactic acid) homo- and copolymers. Polymer，1979，20：1459-1464。

多数 PLA 的药物/医学等级都是根据其特性黏度进行分类的，这是一种间接测定分子量的方法。与色谱法相比，特性黏度的测量更容易用于质量控制，因为色谱法更为昂贵和耗时。然而，在处理敏感产品时，为了确保测量的准确性，应谨慎使用特性黏度测量。研究人员观察到高分子量聚酯的降解速度较慢（Saha，Tsuji，2006；Burkersroda et al.，2002）。这是由于高分子量分子具有更大的缠结，这意味着它们能抵抗水解从而避免链式裂解。最初表面降解的低聚物往往形成一种中间介质，并由活细胞和微生物代谢（Tokiwa，Calabia，2006）。

　　吸水率和酸度也是影响生物聚合物降解的重要因素。通常，吸水率与水解降解有关，水分子在水解降解过程中对聚合物进行反应，从而使聚合物碎裂；这也被称为反向缩聚（Södergård et al.，1996）。水的吸收水解过程是保证生物聚合物在生物系统中发挥功能并最终被微生物降解的重要机制。吸水程度取决于聚合物的形态、分子量、纯度、样品形状和加工历史。例如，晶体结构可以降低水的渗透能力。这可以通过共聚或聚合物的淬火过程来实现。脂肪族聚酯的吸水性导致酯键的断裂，从而使低聚物被活细胞吸收。酸度通过催化作用控制酯的裂解反应速率（Vert et al.，1991）。通过比较聚乙醇酸和聚乳酸乙交酯缝合线，Chu（1982）发现，整个缝合线的断裂强度取决于 pH 值，特别是在高 pH 值和低 pH 值时。在酸性和碱性条件下，可以有效地利用离子交换促进链式裂解的稳定。

　　根据 Hutmacher（2001）的研究，典型的可吸收聚合物如 PLA 在体内的降解机制如图 7-2 所示。最初，水解过程发生在前 6 个月，在此期间发生质量损失而分子量保持不变。需要过量的水渗透到更高的分子量结构中以引发与酯键的水解反应。经过聚合物长时间积累水分后，酯键被裂解，生成水溶性单体低聚物。形成乳酸单体，在 6～9 个月期间引起水化降解。这些单体扩散到体液中，导致明显的质量损失。被分解的单体和低聚物进一步转移到肝脏进行代谢。在此阶段，体液中的乳酸受到酶降解，但这仅限于 L-乳酸，因为身体不产生 D-乳酸酶。因此，D-乳酸需要较长的时间进行水解降解，最后分解成二氧化碳和水，然后从体内排出。从图 7-2 的曲线可以看出，整个生物可吸收聚合物最终的质量损失发生在第

9 个月，并伴随着分子量的逐渐减少。这与我们所知道的水解过程的速率是一致的，即水解过程很缓慢，聚合物只有长时间浸泡在水或体液中才会分解。

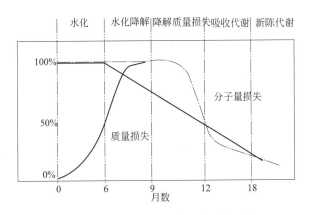

图 7-2　可吸收聚酯型聚合物的降解阶段

改编自 Hutmacher D W. Scaffold design and fabrication technologies for engineering-state of art and future perspectives. J. Biomater. Sci. Polym. Ed. ，2001，12：107-124。

7.3　聚乳酸的水解和酶促降解

水解又称水解降解，是 PLA 的主要降解机理。它是一种产生羧酸的自催化过程，即乳酸有助于催化水解过程。在一项研究中观察到了这一点，将一个厚样品浸入 37℃的 pH＝7.4 的缓冲液中；主体水解发生的速率高于表面水解（Henton et al.，2005）。这可以解释为厚的 PLA 样品的表面与缓冲液接触，表面 PLA 端基水解产生的乳酸容易扩散，外部 pH 值维持在 pH＝7.4。然而，PLA 样品的内部以较高的速率裂解，是因为产生的酸在缓冲介质中的扩散速率较低；因此，从裂解的 PLA 末端基团中积累的乳酸诱导了自催化反应。这种水解降解机理如图 7-3 所示，在降解过程中形成了中空样品，降解被误认为是从外层开始的。

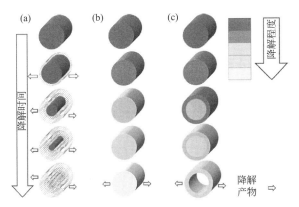

图 7-3　生物聚合物在表面腐蚀（a），整体降解（b）和自身催化降解（c）下的降解模式

改编自 Woodruff M A，Hutmacher D W. The return of a forgotten polymer-polycaprolactone in the 21st century. Prog. Polym. Sci.，2010，35：1217-1256。

在 37℃下的水介质如磷酸盐缓冲溶液或水中研究了 PLA 的水解，以模拟其在适当温度的体液中的降解过程。为了确定 PLA 在恶劣和加速条件下的水解效果，还研究了添加酶的酸性溶液、碱性溶液或缓冲溶液，以及在更高温度下的水解效果（Tsuji et al.，2004）。当结晶 PLLA 在低于其熔点的温度下水解时，发现无论水解介质是什么，无定形区都遭受了很大的损失，并且保持了一条结晶链。

Tsuji（2002）对 PLA 的无定形形式的水解进行了研究，以确定 L-丙交酯含量、立构规整度和对映体聚合物混合物的影响。在这项工作中，制备了四个样品，分别是 PDLLA、PLLA、PDLA 膜，以及 PLLA 和 PDLA 的混合物样品。结果总结在表 7-4 中，其中还包括一项补充研究，探讨了水解对分子量及其分布、玻璃化转变温度、结晶温度、熔融温度和力学性能的影响。

表 7-4　在 37℃ 的磷酸盐缓冲溶液（pH＝7.4）中水解 16 层（D，L 共聚物薄膜）或

24 层（L，D 和 L-D 混合膜）前后水解的无定形聚乳酸（PLA）薄膜的特性

属性	PLA 的形式	水解前	水解后
$M_n/10^5$	D,L 共聚物	3.7	0.02
	L 均聚物	5.4	0.23
	D 均聚物	4.4	0.15
	L-D 混合	4.4	0.38
M_w/M_n	D,L 共聚物	2.0	6.3
	L 均聚物	2.2	2.9
	D 均聚物	1.9	3.5
	L-D 混合	2.1	2.1
玻璃化转变温度 $T_g/℃$	D,L 共聚物	54	—
	L 均聚物	68	65
	D 均聚物	68	62
	L-D 混合	69	68
结晶温度 $T_c/℃$	D,L 共聚物	—	—
	L 均聚物	109	87
	D 均聚物	112	85
	L-D 混合	101	91
均质熔融温度 $T_{m,H}/℃$	D,L 共聚物	—	—
	L 均聚物	177	173
	D 均聚物	178	171
	L-D 混合	177	175
立体复合物的熔化温度 $T_{s,H}/℃$	D,L 共聚物	—	—
	L 均聚物	—	—
	D 均聚物	—	—
	L-D 混合	222	229
拉伸强度/(kg/mm^2)	D,L 共聚物	4.0	0.0
	L 均聚物	4.8	1.4
	D 均聚物	5.2	0.3
	L-D 混合	4.2	1.5

续表

属性	PLA 的形式	水解前	水解后
杨氏模量/(kg/mm²)	D,L 共聚物	184	0
	L 均聚物	183	99
	D 均聚物	209	34
	L-D 混合	155	132
断裂伸长率/%	D,L 共聚物	21.0	0.0
	L 均聚物	6.5	0.8
	D 均聚物	5.3	0.2
	L-D 混合	14.5	1.2

资料来源：Tsuji，2002。

　　Tsuji（2002）发现，与均聚物——无论是 PDLA 还是 PLLA——相比，PDLLA 的共聚物出现了明显的质量损失，如图 7-4 所示。当 PDLA 和 PLLA 共混在一起时，由于水解作用引起的质量损失不显著。PDLLA 共聚物的质量损失主要是由于分子的重排，分子重排破坏了与立构规整度相关的结晶致密结构。PDLA 与 PLLA 的共混物完全由等规结构组成。然而，PDLLA 主要由等规序列和少量无规序列组成。因此，水分子很容易在 DL 链的无序螺旋构象之间迁移，并与样品内部进行有效地相互作用以促进自催化。尽管与立体复合均聚物的混合会影响聚合物链的结构重排，但聚合物的质量在 24 个月内保持不变。这表明纯均聚物具有很强的防止水解发生的结构特性，而在混合区域之间形成的水溶性低聚物被认为是被困在了相互作用强的结构之间（Tsuji，2002）。

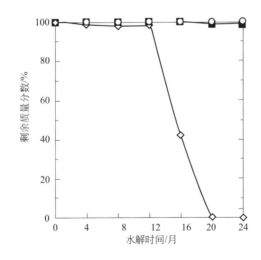

图 7-4　共聚物聚（D,L-丙交酯）（◇），均聚物聚（L-丙交酯）（PLLA）（▲），
均聚物聚（D-丙交酯）（PDLA）（■）以及 PLLA 和 PDLA 的
均聚物共混物（○）的剩余质量百分比与水解时间的函数

改编自 Tsuji H. Autocatalytic hydrolysis of amorphous-made polylactides: effects of L-lactide
content，tacticity，and enantiomeric polymer blending. Polymer，2002，43：1789-1796。

　　尽管随着时间的推移 PLA 薄膜的质量没有出现明显的损失，但是平均分子量 M_n 发生了显著变化，如图 7-5 所示。聚（D,L-丙交酯）共聚物在 16 个月内 M_n 发生了巨大变化，然而均聚物及其共混物则是逐渐减少。一方面，这提供了共聚物结构较弱的证据，使得水分子在诱导自催化反应的同时自由迁移，从而导致水解形成的催化低聚物实现了聚集。另一方面，均聚物具有强的限制迁移的结构，这使得水解反应以温和的方式进行。PLA 的水解速率可以用以下方程式表示，k 系数总结如表 7-5 所示：

$$\ln M_n(t_2) = \ln M_n(t_1) - kt \tag{7-1}$$

式中，$M_n(t_2)$ 和 $M_n(t_1)$ 为 t_2 和 t_1 水解时的平均分子量 M_n。

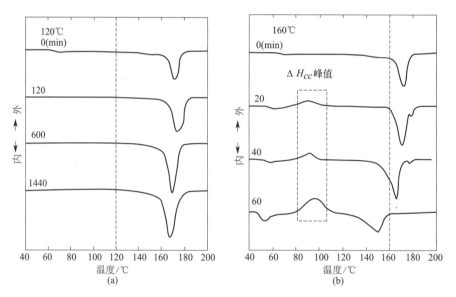

图 7-5　聚（L-丙交酯）在 120℃（a）和 160℃（b）的差示扫描量热分析图

改编自 Tsuji H，Saeki T，Tsukegi T et al. Comparative study on hydrolytic degradation and monomer recovery of poly（L-lactide acid）in the solid and in the melt. Polym. Degrad. Stab.，2008，93：1956-1963。

表 7-5　PLLA、PDLA、PDLLA 和混合物的水解速率

聚合物	k 值[参见式(7-1)]/d^{-1}
均聚物 PLLA	3.49×10^{-3}
均聚物 PDLA	3.88×10^{-3}
共聚物 PDLLA	7.22×10^{-3}
均聚物共混	2.96×10^{-3}

　　此外，根据表 7-4 中的数据，经过水解处理后，单一晶体（T_m，H）和复合晶体（T_m，S）的玻璃化转变（T_g）、结晶（T_c）和熔融温度值降低。PLLA、PDLA 和由均聚物组成的共混物在结晶时形成单一晶体，而共聚物 PDLLA 形成复合晶体。这表明水解是一个链式裂解过程，它降低了聚合物的分子量，导致低聚物减少了微晶的形成。结果表明，PLLA 和 PDLA 共混物的 T_g、T_c 和 T_m、H 值均高于其他共混物。这与 M_n 的分子量一致，水解 24 个月后，分子量分布 M_w/M_n 保持不变。结果表明，PLLA 与 PDLA 的共混具有明显的强相互作用，延缓了水解反应的发生。Tsuji（2000）观察到了这一现象，他发现

聚乳酸的良好立体配位 D 和 L 混合物可以促进无定形区域的三维网络结构生成。这些发现与 PLA 在控制植入物降解方面的生物医学应用有关。已知 D-乳酸不能被体内的酶分解，而较高的立构规整度有助于（D，L-丙交酯）共聚物形成极强的相互作用，从而延缓水降解。

Tsuji 等（2008）进一步扩展了对 PLA 在高温下水解的研究。表 7-6 总结了不同条件下水解和降解 PLLA 的热性能。很明显，对于在 160℃以上降解的样品，PLLA 表现出冷结晶，存在 ΔH_{cc}。冷结晶是无定形区域重新排列成结晶相的结果（Wellen，Rabello，2005）。PLLA 在高温水解降解下的再结晶过程中，通过链裂反应形成了较宽的无定形区。这可以从图 7-6 Tsuji 等（2008）的研究结果中，通过比较 PLLA 在 120℃和 160℃下的分子量 M_n 来证明。当温度升高时，无定形区的分子往往会重新排列成更稳定的结晶状态，从而经历放热过程。

表 7-6　水解降解的聚 L-丙交酯的热性能

降解条件		热性能					
温度/℃	时间/min	T_g/℃	T_{cc}/℃	T_m/℃	ΔH_{cc}/(J/g)	ΔH_m/(J/g)	X_c/%
—	0[①]	63.3	—	171.9	—	37.0	27.2
120	120	55.5	—	173.8		67.6	50.1
	600	—[②]	—	169.5		79.0	58.5
	1440	—[②]	—	167.1		92.0	68.1
140	60	55.0	—	174.3		64.7	47.9
	120	44.1	—	169.9		66.9	49.6
	210	—[②]	—	163.8		65.5	48.5
150	40	53.1	—	173.9		62.1	46.0
	80	35.8	—	171.1		57.4	42.5
	120	—[②]	—	164.2		41.4	30.7
160	20	56.2	90.4	171.4	−11.6	52.4	30.2
	40	54.1	91.5	165.9	−14.1	56.0	31.0
	60	48.2	96.4	150.4	-40.8	41.2	0.3
170	10	59.3	113.3	173.0	−39.4	39.9	0.4
	20	55.4	97.0	168.4	−50.8	51.2	0.3
	40	—[②]	87.9	127.1	−18.5	18.5	0
180	5	59.7	115.4	172.8	−38.4	39.2	0.6
	15	53.6	96.1	166.3	−47.3	47.5	0.1
	30	—[②]	90.4	119.3	−11.6	12.0	0.3
190	5	58.0	99.4	167.4	−51.4	51.7	0.2
	10	56.1	98.9	169.1	−47.1	47.4	0.2
	20	33.4	96.6	136.4	−34.8	34.9	0.1

资料来源：Tsuji et al.，2008。

① 水解降解前。

② 玻璃化转变太分散而无法估计 T_g。

尽管如此，随着温度的增加，在高温下的水降解已经显示出 PLLA 熔融温度（T_m）和百分比结晶度（X_c）降低。T_m 和 X_c 是相互关联的：聚合物的晶体结构需要更高的温度来诱导分子振动（即，ΔH_m），以便将其从晶格中解放出来。X_c 是聚合物结晶度的度量，包括冷结晶和熔融焓，如式（7-2）所示。据 Miyata 和 Masuko（1998）报道，100%结晶时的 PLLA 的 ΔH_{mc} 为 135J/g。结晶度的损失是由于水降解导致了晶格更加无序。

$$X_c = \frac{(\Delta H_{cc} + \Delta H_m)}{\Delta H_{mc}} \times 100\% \tag{7-2}$$

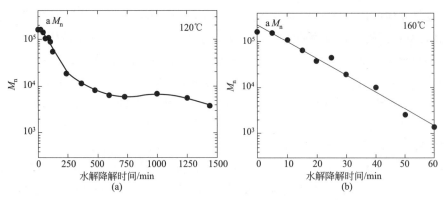

图 7-6　在温度 120℃（a）和 160℃（b）时水解降解时间的函数中的分子量 M_n（Tsuji et al.，2008）

　　PLLA 在高温下的水解降解导致分子量的损失和分子量分布的增加。这与 PLLA 中发现的体蚀机理相似。图 7-7 所示的典型尖峰是从水解降解后的 PLLA 的凝胶渗透色谱（GPC）中获得的，峰宽较宽表明其分子量分布较广。以低聚物形式存在的水解 PLLA 进一步还原为乳酸。如图 7-7 所示，由 PLLA 水解形成的乳酸逐渐增加，并且达到乳酸总产率的时间取决于温度。Tsuji 等（2008）表明，在 120℃、140℃、160℃ 和 180℃ 下，当降解持续超过 4320min、510min、180min 和 120min 时，可以成功地获得超过 95% 的乳酸。假设水降解是一种自催化机制，则可根据表 7-7 中给出的式(7-1)计算水降解（Tsuji et al.，2005）。

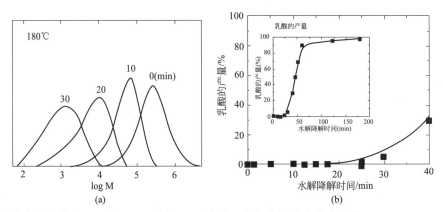

图 7-7　凝胶渗透色谱图（a）和 180℃下聚（L-丙交酯）水解降解形成乳酸的量（b）（Tsuji et al.，2008）

表 7-7　不同温度下聚（L-丙交酯）的水解速率

温度/℃	k 值[参见式(7-1)]/min^{-1}	温度/℃	k 值[参见式(7-1)]/min^{-1}
120	1.00×10^{-2}	170	1.57×10^{-1}
140	2.78×10^{-2}	180	1.93×10^{-1}
150	3.77×10^{-2}	190	2.11×10^{-1}
160	7.76×10^{-2}		

　　可以在水解过程中添加酶以提高降解率。与内部降解比表面更快的自催化不同，PLA 酶降解，主要是发生在合适的酶的表面（即蛋白酶 K）。PLA 在蛋白酶 K 的作用下可被微生物（包括真菌和细菌）生物同化（Torres et al.，1996）。蛋白酶 K 的性质见表 7-8。这种酶优先降解 L-乳酸而不是 D-乳酸（Reeve et al.，1994）。一般来说，PLA 的无定形区比晶区更容易受到酶的侵袭。Reeve 等（1994）首次在 8% 的 D-丙交酯 PLA 中观察到这种现象。

MacDonald 等（1996）发现从 L-乳酸和内消旋丙交酯共聚的 PLA 的失重速率比由 L-丙交酯或 D-丙交酯共聚制备的无定形 PLA 薄膜的失重速率低 43% 左右。这表明蛋白酶 K 的选择性对立体化学结构的类型高度敏感，这将影响结晶度，进而影响 PLA 的降解。

表 7-8　蛋白酶 K 酶的特性

别名	肽酶 K，蛋白酶 K
特异性	在脂肪族、芳香族或疏水性残基的羧基侧裂解
来源	*Tritirachium album* or *Engydontium album*
分子量	28900
形式	冻干形式
浓度/活动	35℃时为 20 单位/mg
蛋白酶类型	丝氨酸蛋白酶
用途/应用	在分子生物学应用中用于消化不需要的蛋白质，例如来自微生物，培养细胞和植物的 DNA 或 RNA 制备物中的核酸酶
反应条件	0.05～1mg/mL 蛋白酶 K，pH=7.5～8，通常含有 0.5%～1% 十二烷基硫酸钠
储存条件	储存在 -20℃
抑制剂	氟磷酸二异丙酯，苯基甲烷磺酰氟

7.4　聚乳酸的环境降解

了解 PLA 的环境降解非常重要，因为每年生产的 PLA 超过 10 万吨，主要用于消费品和包装。因此，在经过短期使用后，大部分 PLA 将在垃圾填埋场处理。PLA 通过好氧和厌氧途径进行生物降解，并依赖于氧气来完成细菌和真菌同化。测量生物聚合物的生物降解有许多方法，如耗氧量、质量损失、沼气生成和 CO_2 生成。

PLA 的一些材料性能包括分子量、立构体的复杂性、结晶度等可以影响其降解。同时，外部因素，如水分、阳光、温度、溶剂的存在以及氧气供应，也会显著影响其生物降解率。Massardier-Nageotte 等（2006）对商业化塑料的需氧和厌氧生物降解进行了研究。结果见表 7-9。富含淀粉的 MaterBi 样品在好氧和厌氧条件下质量损失都最大，而 PLA 在好氧条件下质量损失较大，在厌氧条件下质量损失较小。对 MaterBi 和 PCL 样品进行详细分析发现 PCL 具有较低的生物降解性，而 MaterBi 样品的质量损失主要是由淀粉引起的。这是因为淀粉是一种很容易被微生物消耗的天然材料，不需要经过水解就可以被分解成单体消耗。换

表 7-9　有氧和无氧条件下生物聚合物的质量损失

聚合物	质量损失/%	
	有氧条件	无氧条件
聚丙交酯—NatureWorks PLA	39.16±10.97	不显著
Mater-Bi—聚己内酯+淀粉	52.91±11.51	44.82±0.88
EASTARBio—聚(丁二烯己二酸-*co*-对苯二甲酸酯)	0.43±0.21	不显著
聚己内酯	7.62±0.77	不显著

资料来源：Massardier-Nageotte et al.，2006。

言之，聚合物的生物降解不仅取决于微生物对聚合物本身的反应性，而且聚合物在被活细胞消耗之前的化学降解也可能影响降解性。

对不同生物聚合物在 7、14 和 28 个培养日内的生物降解率进行了进一步研究（Massardier Nageotte et al.，2006）。结果见表 7-10。PLA 在生物聚合物中的生物降解速率似乎

表 7-10　有氧条件下生物聚合物的生物降解百分比

时间/天	PLA	Mater-Bi	Eastar Bio	PCL
7	3.2	23.9	4.9	13.7
14	3.6	35.7	11.6	29.3
28	3.7	42.8	15.1	34.8

资料来源：Massardier-Nageotte et al.，2006。

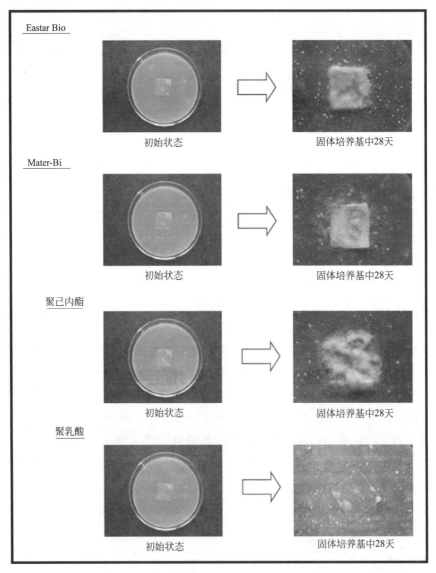

图 7-8　培育 28 天后不同生物聚合物的演变

改编自 Massardier-Nageotte V，Pestre C，Cruard-Pradet T，et al. Aerobic and anaerobic biodegradability of polymer films and physicochemical characterization. Polym. Degrad. Stab.，2006，91，620-627。

最慢。在这四种生物聚合物中，只有 MaterBi 能够产生沼气，每克 MaterBi 样品在 7 天、14 天和 28 天能分别产生 58.2mL、113.6mL 和 216.4mL 沼气。研究人员得出结论，与其他生物聚合物相比，PLA 的生物降解非常缓慢，在样品表面缺乏微生物聚集（图 7-8）。典型数据表明，与其他生物聚合物相比，PLA 更耐用，抗降解时间也更长，但同时又保持其生物可降解特性。对于 PLA 来说，在涉及长期使用的一系列应用中保持其功能性是非常重要的，例如织物和床垫。这些产品可以一直使用直到磨损，然后进行生物降解处理，最终在自然环境中转化为无害的残留物。

图 7-9　由 Biota 销售的使用奈琪沃克聚乳酸制造的瓶子（Kale et al.，2007）

这就引出了一个问题，"PLA 产品要多久才能完全降解？" Kale 等（2007）在实际和模拟堆肥条件下对聚乳酸瓶进行了生物降解性研究。这项研究使用了美国 Biota 公司销售的装矿泉水的 500mL 的 PLA 瓶。PLA 瓶是由奈琪沃克制造的（图 7-9）。PLA 由 96% 的 L-丙交酯和蓝酮添加剂组成，如图 7-10 所示。依据国际标准 ASTM D5338 和 ISO 14855—1，PLA 瓶在受控条件下进行堆肥掩埋。

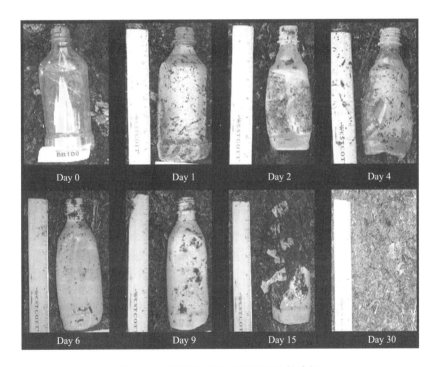

图 7-10　堆肥中的聚乳酸瓶的生物降解

改编自 Kale G，Auras R，Singh S P，et al. Biodegradability of polylctide bottles in real and simulated composting conditions. Polym. Test.，2007，26：1049-1061。

当 PLA 瓶被埋在由牛粪、木屑和废弃饲料（即奶牛留下的饲料）组成的堆肥堆中 30 天时，瓶子在测试最后阶段已经完全腐烂。Kale 等（2007）报告说，由于微生物作用和环境，使堆肥温度达到了 65℃，第 1 天和第 2 天高温就使 PLA 瓶变形。因为该温度高于 PLA 的玻璃化转变温度（T_g）（60.6℃）。随后瓶子的结构保持坚固，直到第 6～9 天，表面出现粉状结构，并开始破裂。到了第 15 天，瓶子失去了原有结构，很大一部分已经变为堆肥。第 30 天未发现可见残留物。PLA 瓶在堆肥堆中的生物降解时间如图 7-10 所示。

使用累积测量呼吸（CMR）系统（根据 ASTM D5338 和 ISO 14855—1）对 PLA 生物降解的进一步研究表明，埋在堆肥堆中的 PLA 瓶需要大于 30 天的生物降解以达到 80％的矿化度。CMR 是一种设计用来从样品的有机碳含量中产生 CO_2 百分比的系统。CMR 系统的典型设置如图 7-11 所示。它由一组控制空气供应的生物反应器组成。在 2psi 的加压空气下通过 10mol/L 氢氧化钠（NaOH）溶液，以测量空气中的 CO_2。去离子水主要用于增湿空气——当使用相对湿度（RH）计测量时，保湿空气进一步与干燥空气混合以达到 50％的湿度。生物反应器包含堆肥和蛭石，提供了 300％的高持水能力，相比之下，在砂质到黏土土壤中的持水能力仅为 28％～45％（Grima et al.，2001）。样品放在堆肥中，同时用纤维素作对比材料，在测试过程中，生物反应器中的微生物消耗样品并释放 CO_2。CO_2 被困在 0.25mol/L 的 NaOH 溶液中。将少量已知量的反应 NaOH 溶液转移出去，在一定时间内进行酸滴定（如向 HCl 溶液滴定）以测定所产生的 CO_2 量。

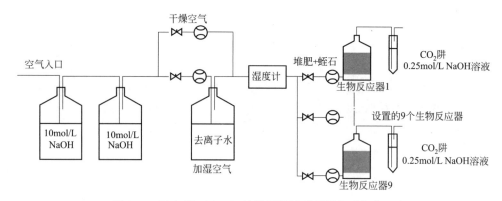

图 7-11 Kale 等（2007）的累积测量呼吸测定系统装置

滴定反应方案在 ASTM D5338 中描述如下，使用强酸 HCl。
在吸收样品生物降解产生的 CO_2 过程中：

$$NaOH + CO_2 \longrightarrow NaHCO_3$$
$$NaHCO_3 + NaOH \longrightarrow Na_2CO_3 + H_2O$$

滴定反应：

$$NaHCO_3 + HCl \longrightarrow NaHCO_3 + NaCl$$
$$NaHCO_3 + HCl \longrightarrow NaCl + H_2O + CO_2$$

滴定时使用酚酞等指示剂。CO_2 浓度可根据以下方程式计算：

$$CO_2(g) = \frac{V \times C \times 44}{1000} \tag{7-3}$$

式中，V 是反应中消耗的 HCl 体积（R-4）。根据方程式，矿化率用于计算正向控制如纤维素中和空白 PLA 样品中产生的 CO_2 的量：

$$矿化率 = \frac{wCO_2 - wCO_2b}{W_{材料}(C_{材料}/100\%)(44/12)} \times 100\% \tag{7-4}$$

其中 wCO_2 为样品和正向控制产生的以克为单位的 CO_2 总量，wCO_2b 为空白组中生成的以克为单位的 CO_2 总量；$W_{材料}$＝样品质量；$C_{材料}$＝样品的有机碳含量。

PLA 瓶和纤维素生物降解的 CMR 系统如图 7-12 所示。结果表明，PLA 的矿化率在初期较低，但最终能赶上纤维素的矿化水平。这一发现与 Massardier-Nageotte 等（2006）的发现不同，他们发现 PLA 是一种完全可降解的聚合物。然而，进一步深入的研究发现，PLA 的降解需要多种微生物的作用，才能积极地消耗 PLA 残留物的痕迹。PLA 矿化过程较缓慢的主要原因是 PLA 需要水解过程将其宏观结构降解为低聚物，才能使其被微生物消耗，最终形成 CO_2。

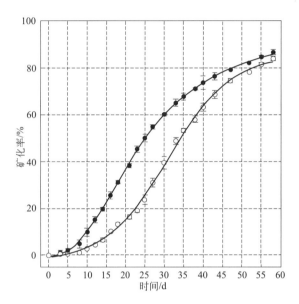

图 7-12　在累积测量呼吸测定法系统中，纤维素（●）和聚乳酸瓶（○）进行生物降解的矿化率

改编自 Kale G，Auras R，Singh S P，et al. Biodegradability of polylctide bottles in real and simulated composting conditions. Polym. Test.，2007，26：1049-1061。

Kale 等（2007）还报告了 PLA 和一般生物聚合物的生物降解率在实际土壤埋藏和模拟堆肥中的差异，如 CMR 所示。模拟堆肥具有较高的生物降解率，主要是由于试验中使用的样本量较小，增强了水解作用并为微生物的反应提供了较大的表面。在实际的堆肥条件下，由于湿度、堆肥原料、微生物种类和处理后产物尺寸较大等原因，生物降解速率往往较慢。因此，Kale 等（2007）的结论是，必须进行真正的堆肥试验，以确保生物聚合物产品能够在商业堆肥设施和垃圾填埋场中成功地被生物降解和分解。

Torres 等（1996）早期对参与生物降解的微生物类型进行了研究，他们使用了各种微生物菌株（表 7-11）。目的是筛选参与 PLA 和含乳酸聚合物生物降解的微生物。最初，研究人员使用 D,L-乳酸（D,L-LA）及其低聚物研究了 7 天内丝状真菌的反应程度。Torres 等（1996）在 10g/L 的浓度下分别对 D,L-LA 和低聚物进行了两项分析，并进行了灭菌以避免可能导致错误结果的生物污染。结果表明，所有菌株均能主动消耗乳酸和低聚物。在所分析的菌株中，只有 3 株能够完全利用 D,L-LA 和 D,L-LA 低聚物作为唯一的碳和能量来源（2 株串珠镰刀菌和 1 株罗氏青霉菌）。其他菌株只能部分吸收 DL-乳酸和低聚物。这表明乳酸仅仅是某些菌株的同化源。串珠镰刀菌和罗氏青霉菌的生物量仍较高，菌株同化产生的生物质一直是植物营养物质的良好来源。

表 7-11　不同类型丝状真菌在培养基中 7 天后的聚乳酸和干生物质的组成

品种	最终量/(g/L)			
	乳酸与：		生物质与：	
	DL-LA	低聚物	DL-LA	低聚物
泡盛曲霉 Aa 20	7.8	7.8	0.1	0.4
泡盛曲霉 NRRL 3112	8.6	7.6	0.1	0.3
臭曲霉	3.3	5.6	0.7	1.4
构巢曲霉	4.8	5.6	0.9	0.9
黑曲霉 CH4	7.8	7.7	0.1	0.5
黑曲霉 An 10	3.1	5.9	0.7	2.0
米曲霉	3.3	7.4	0.2	1.3
镰刀菌 Fmm	0.0	0.0	2.8	3.1
镰刀菌 Fm1	0.0	0.0	2.6	2.9
罗氏青霉菌	0.0	0.0	0.9	2.8
青霉菌	6.1	7.7	0.1	0.7
少孢根霉	7.5	7.5	0.1	0.4
哈茨木霉	2.2	7.8	0.1	1.8
木霉属	3.6	5.5	1.0	0.3
控制	9.2	8.2	0.0	0.0

对生长在聚丙交酯-乙交酯上的不同类型的真菌研究发现，2 个月后，标本上仅生长念珠菌（Fmm）。图 7-13 显示了在标本表面形成的菌丝体，以膨胀或空洞的形式出现。图像放大（见箭头）显示念珠菌丝已经穿透样本的一定深度。这被认为与微生物侵袭植物角质层导致感染的方式有关（Torres et al.，1996）。角质是植物角质层的结构成分。它是由 ω-羟

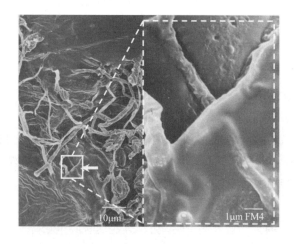

图 7-13　扫描电子显微镜照片显示培养 2 个月后，丝状真菌在 PLAGA
共聚物中的渗透深度，左侧为其放大图

改编自 Torres A，Li S M，Roussos S，et al. Screening of microorganisms for
biodegradation of poly（lactic acid）and lactic acid-containing polymers.
Appl. Environ. Microbiol，1996，62：2393-2397。

基-C16 和 C18 脂肪酸、二羟基-C16 酸、18 羟基-9,10-环氧-C18 酸和 9,10,18-三羟基-C18 酸组成的聚酯。这种不溶性聚合物构成了有助于保护植物免受病原真菌渗透的主要物理屏障。病原真菌以角质作为碳的唯一来源生长时会产生胞外角质酶（Kolattukudy et al.，1987）。由于聚丙交酯-乙交酯（PLAGA）共聚物也是一种聚酯，因此降解机理相似。降解开始于非生物降解，使 PLA 转化为低聚物，并将菌株丝状物附着到 PLAGA 上。由此得出结论，PLAGA 是生物可吸收聚合物。当 PLA 埋在自然土壤中 2 个月时，也进行了类似的观察。丝状真菌也在聚合物上生长并渗透，如图 7-14 所示。

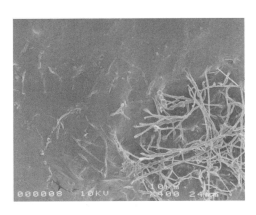

图 7-14　在当地天然土壤中埋藏了 8 周的外消旋聚乳酸板表面的丝状真菌的生长，
并于 30℃ 的水化环境中老化了 8 周的扫描电子显微镜照片
改编自 Torres A，Li S M，Roussos S，et al. Screening of microorganisms for
biodegradation of poly（lactic acid）and lactic acid-containing polymers.
Appl. Environ. Microbiol，1996，62：2393-2397。

Rudeekit 等（2008）在废水处理、填埋场、堆肥厂和受控堆肥条件下对 PLA 进行了生物降解试验（表 7-12）。研究人员发现，PLA 板在废水处理条件下暴露 1 个月后，表面有明显的白点，在试验期间，受白点影响的区域明显增大（图 7-15）。但在高温高湿（50～60℃和 RH＞60％）的堆肥条件下，PLA 的生物降解速度更快。片状 PLA 试样经 8 天的试验后变脆并开始破裂（图 7-16）。这是因为土壤堆肥的温度高于 PLA 的玻璃化转变温度。因此，当温度超过玻璃化转变温度时就会引起链段运动，使水渗透进去进行水解反应。通过比较土壤堆肥和废水处理条件下的生物降解速率，说明了该机理的重要性。这表明，无论在废水处理条件下与 PLA 接触的水量有多大，PLA 的降解率都明显低于堆肥条件下的降解率，这是因为其降解温度低于玻璃化转变温度。

表 7-12　Rudeekit 等（2008）测试的聚乳酸的生物降解条件

条件	细节
废水处理	泰国素攀府的废水处理 15 个月
堆肥厂	将样品放置在由蔬菜废物（32％）（此处为质量分数），木片（17％），椰子壳（17％），果皮（17％）和旧堆肥（17％）。在温度（45～70℃），含水量（40％～55％）和 pH＝（4～8）的条件下测量堆肥。堆肥过程进行 3 个月，直到获得稳定的堆肥
垃圾填埋场	在泰国素攀府的一个垃圾填埋场中进行了季节性变化的户外测试,历时 15 个月。将样品埋入距垃圾填埋场表面 1m 的深度

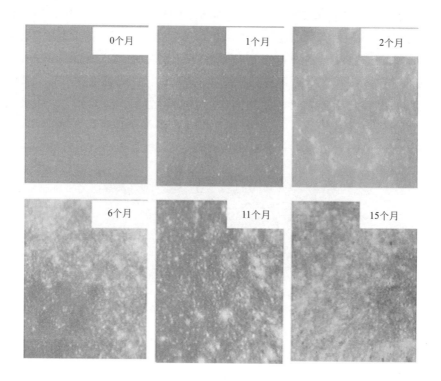

图 7-15　在废水处理条件下聚乳酸样品的降解

改编自 Rudeekit Y，Numnoi J，Tajan M，et al. Determining biodegradability of polylactic acid under different environments. J. Met.，Mater. Miner. 2008，18：83-87。

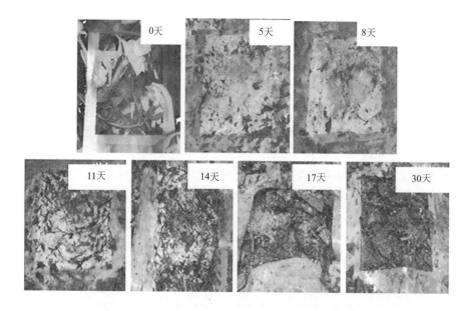

图 7-16　在堆肥厂条件下聚乳酸样品的降解

改编自 Rudeekit Y，Numnoi J，Tajan M，et al. Determining biodegradability of polylactic acid under different environments. J. Met.，Mater. Miner.，2008，18：83-87。

当 PLA 片被埋在垃圾填埋场时，它们的降解速度比在堆肥厂条件下慢（图 7-17）。再次，这是因为堆肥的温度和湿度较高，有助于 PLA 迅速降解。在填埋条件下，需要 6 个月的时间才能出现大的碎片，15 个月才能出现部分消失。相比之下，在堆肥条件下，PLA 仅在 30 天内消失。可以得出结论，PLA 的降解能力取决于水解和裂解聚合物主链上的酯键以形成低聚物的能力。

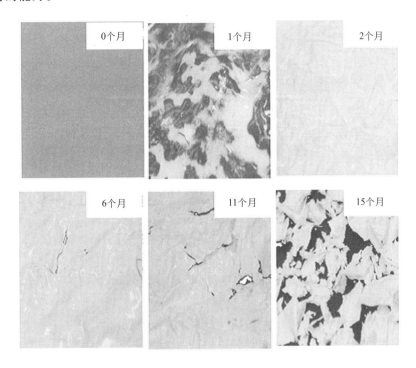

图 7-17　在垃圾填埋场条件下聚乳酸样品的降解

改编自 Rudeekit Y，Numnoi J，Tajan M，et al. Determining biodegradability of polylactic acid under different environments. J. Met.，Mater. Miner.，2008，18：83-87。

7.5　聚乳酸的热降解

聚合物材料通常在室温以上使用。现有的通用聚合物，如聚乙烯、聚丙烯、聚苯乙烯和聚碳酸酯，经常被用来制造热食和热饮的杯子和容器，甚至用于热水的管道。为此，可市场化生物降解 PLA 也应具有相似的热稳定性特征，才能使 PLA 替代现有的商业聚合物，并得到更广泛的加工和应用。

McNeil 和 Leiper（1985）最初用热重法研究了 PLA 的热降解。据报道，在氮气气流下，PLA 在 365℃ 的降解率最高，在过量空气中由于自由氧的氧化而加速分解。Zhan 等（2009）最近的一项研究也发现了这一点，还比较了加入阻燃剂后 PLA 的耐火性（图 7-18）——SPDPM 是膨胀型阻燃剂。PLA 有一个简单的单级降解，在 325℃ 时发生了 5% 的初始质量损失，最后加热到 500℃ 时没有残留。从图 7-19 的傅里叶变换红外光谱可以观察到 PLA 的热分解化合物含有 OH，例如 H_2O（3400～3600cm^{-1}），CO_2（2360cm^{-1}），脂肪族化合物醚（1120 cm⁻¹），单键、双键和环键碳氢化合物（1400～1200cm⁻¹）以及含羰基的化合物（1760cm⁻¹）（Wang et al.，2011）。在聚合物中可以发现这样的观察结果，表明解聚发生得非常活跃。

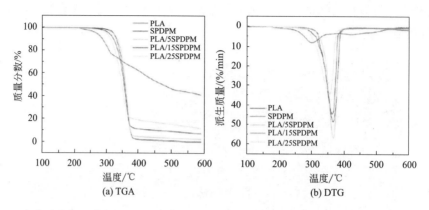

图 7-18　聚乳酸和螺环季戊四醇双磷酸酯二磷酸基三聚氰胺膨胀型阻燃剂的 TGA 和 DTG 曲线
改编自 Zhan J，Song L，Nie S，et al. Combustion properties and thermal degradation behavior of polylactide with an effective intumescent flame retardant. Polym. Degrad. Stab.，2009，94：291-296。

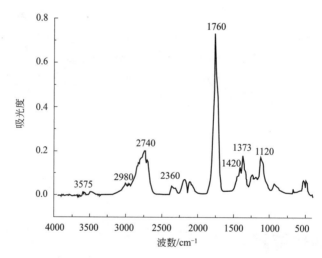

图 7-19　聚乳酸热解产物在最大分解速率下的红外光谱（Wang et al.，2011）

Carrasco 等（2010）研究了 PLA 的热分解和稳定性，因为它们与加工方法有关。表 7-13 提供了这项工作的总结：PLA-V 是由制造商新供应的，具有最高的降解温度（T_n，$n=5$、50、95，表示质量损失百分比，p 是在相应温度下的最高分解速率）。随着 PLA 的挤出和注射，热降解使分子量略有下降。这是由于反复的加热和冷却，导致了分子量略微下降，存在的水分引起了水解反应。Wang 等（2008）发现当 PLA 样品被挤出/注射时，它们有更多的生色团，即双末端键 CC 的存在，以及与羰基（CO）的结合物，它们引发链的断裂，导致颜色变黄。表 7-13 进一步显示退火 PLA 样品具有较低的降解温度。这可能是由于长时间暴露在高温下导致分子内官能团发生了反应，尽管退火过程导致了 PLA 结晶以及玻璃化转变温度轻微升高。当用于热食和热饮容器时，较高的玻璃化转变温度是有利的，因为这避免了由于聚合物软化而导致的容器坍塌。

表 7-13 TGA 分析的相应加工方法中的聚乳酸（PLA）的热降解特性

样品	T_5/℃	T_{50}/℃	T_{95}/℃	$\Delta T_{5\sim95}$/℃	T_p/℃
PLA-V	331	358	374	43	362
PLA-I	325	356	374	49	359
PLA-IA	323	353	370	47	357
PLA-EI	325	357	374	49	358
PLA-EIA	324	352	369	45	356

资料来源：Carrasco et al.，2010。

注：PLA-V—未加工原料；PLA-I—注射；PLA-EI—挤出和注射；PLA-IA—注射并退火；PLA-EIA—挤出、注射和退火。

热稳定性与平均分子量呈线性关系。实际上，数均分子量（M_n）每增加 10000，初始分解温度 T_5 增加 2.6 ℃（图 7-20），而当重均量分子量（M_w）每增加 10000，T_5 升高 1.4℃。其次，PLA 在挤出和注射过程中的热加工和剪切加工导致分子量降低，是 PLA 热阻减弱的主要原因。通过比较 PLA-EI（经过挤出和注射）和 PLA-I（经过注射）测定多分散指数进一步证实了这一点（图 7-21）：PLA-EI 的初始分解温度比 PLA-I 低。简而言之，PLA 的再加工和加工方法的仔细选择对保持 PLA 的固有特性是至关重要的。

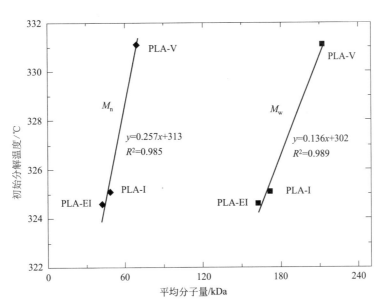

图 7-20 不同加工方式的聚乳酸（PLA）的初始分解温度 T_5 的变化与平均分子量 M_n 和 M_w 的关系

改编自 Carrasco F，Pagès P，Gámez-Pérez J，et al. Processing of poly（lactic acid）：characterization of chemical structure，thermal stability and mechanical properties. Polym. Degrad. Stab.，2010，95：116-125。

对于一些户外应用而言，光降解对 PLA 产品的寿命有重要影响。一般来说，当聚合物暴露在室外环境中时，它们会受到风化作用的影响。紫外线（UV）和水分是导致聚合物化学结构改变的主要降解剂，从而进一步影响其力学性能。当 PLA 在紫外光下加速老化时，其化学结构发生了本质上的变化，包括断链、交联和分子间反应，以形成新的官能团。

Belbachir 等（2010）报道的 GPC 分析的洗脱图 [图 7-22(a)] 显示，在 UV 加速照射

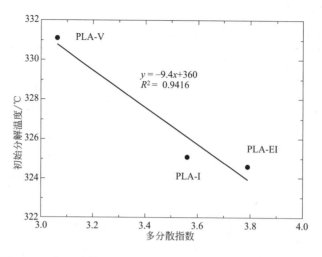

图 7-21   对于不同加工的聚乳酸（PLA），初始分解温度 T_5 的
变化与多分散指数的关系（Carrasco et al.，2010）

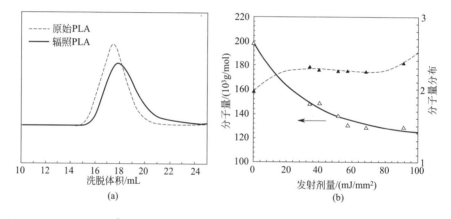

图 7-22   91.2mJ/mm^2 紫外线辐照剂量后的原始和辐照 PLA 的 GPC 洗脱图（a）以及
平均分子量 M_w 和分子量分布 M_w/M_n 作为发射剂量的函数（b）

下，原始 PLA 的洗脱量增加。此外，与原始 PLA 相比，辐照 PLA 的洗脱图谱也显示出更宽的曲线。这表明由于断链作用，分子量分布变宽了。当 UV 剂量较高时，分子量开始减少，而分子量分布进一步增加 ［图 7-22(b)］。自由基在光降解过程中生成，侵袭主链并形成较低分子量的产物。Ikada（1993，1997，1999）提出 PLA 遵循 Norrish Ⅱ 机制，该机制涉及大量的链裂解和 CC 和 OH 的形成，如图 7-23 所示。当 UV 到达 PLA 的骨架时，电负性氧原子被激活形成自由基，这就是所谓的光物理激发。侵袭反应还包括从空气中来的游离氧，最终使 PLA 分子链裂开。PLA 长期暴露在 UV 照射下会导致其力学性能损失。图 7-22(a) 显示 UV 剂量与弹性模量和屈服应力变化几乎呈线性关系，而断裂时的应力-应变在 UV 剂量较高时显示出快速下降。这可以解释为，较高的 UV 会引发链式裂解并产生过多的局部空化，从而促进局部薄弱点生成。当外部载荷作用于辐照样品时，这些薄弱点会传递和合并，损害整个结构。

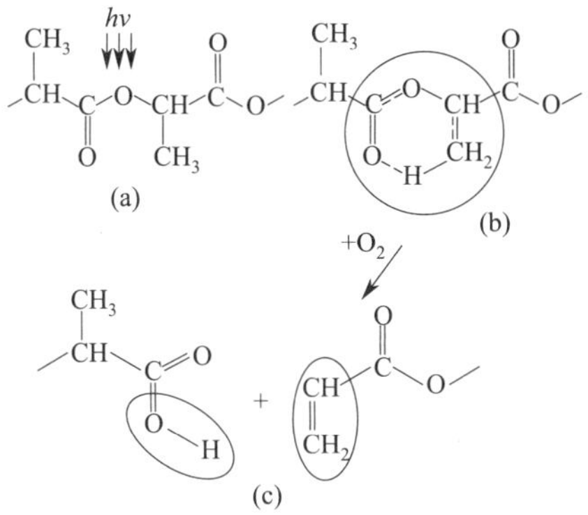

图 7-23　聚乳酸光氧化的 Norrish Ⅱ 机制

（a）紫外线照射下的骨架自由基活化；（b）光物理激发；（c）氧化和断裂反应

改编自 Belbachir S，Zaïri F，Ayoub G，et al. Modelling of photodegradation effect on elastic-viscoplastic

behavior of amorphous polylactic acid films. J. Mech. Phys. Solids.，2010，58：241-255。

可添加光敏剂以增强 PLA 的光降解，其目的是在加速 PLA 废物处理时提高降解率。Tsuji 等（2005）研究了 N,N,N',N'-四甲基-1,4-苯二胺（TMPD）对 PLA 无定形和结晶薄膜的影响。当 TMPD 暴露在 UV 照射下时，它被激活并释放攻击主链的自由基；其机制与 Norrish Ⅱ 反应相似。表 7-14 总结了 TMPD 在辐照 PLA 中作用的典型结果。TMPD 对 PLA 的光降解有促进作用，而与 PLA 的结晶度无关。这表明自由基的形成与主链的自由反应有关，而水解降解要求水分子与无定形结构接触才能发生链式裂解（Tsuji et al.，2005）。

表 7-14　添加 N,N,N',N'-四甲基-1,4-苯二胺(TMPD) 光敏剂的聚乳酸（PLA）膜紫外线照射 60h 后的性能

样品	TMPD 的质量分数／%	$\bar{M}_n/10^5$	$\bar{M}_n/\bar{M}_w$	TS[①]／MPa	YM[②]／GPa	EB[③]／%
PLA-A[④]	0	1.13	1.65	43.8	1.24	6.1
	0.01	0.94	1.78	50.5	1.15	5.8
	0.1	0.82	1.78	40.3	1.24	4.1
PLA-C[⑤]	0	1.14	1.77	50.5	1.21	5.5
	0.01	0.93	1.91	31.1	1.20	3.2
	0.1	0.86	1.97	28.8	1.15	3.3

资料来源：Tsuji et al.，2005

①拉伸强度；②杨氏模量；③断裂伸长率；④非晶质 PLA；⑤结晶 PLA。

但是，电子辐照也被用来改善 PLA 的物理和力学性能。提高 PLA 的结构性能是非常重要的，特别是对在高温下使用的热成型 PLA 产品。这是因为纯 PLA 在超过 60℃ 的温度下很可能被软化。PLA 的电子辐照需要三烯异氰尿酸酯（TAIC）（图 7-24）作为交联剂来增强其性能。如果没有它，电子辐照往往会使 PLA 变质，使 PLA 的加工性能和功能质量都恶化（Malinowski

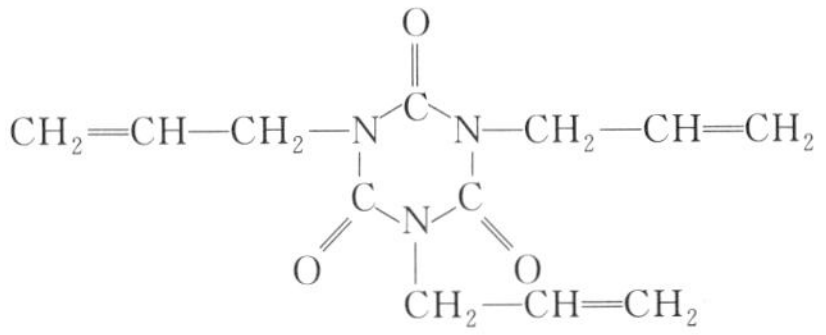

图 7-24　三烯丙基异氰脲酸酯的化学结构

et al.，2011；Kanazawa，2008）。图 7-25（a）显示纯 PLA 的熔体流动速率（MFI）随电子辐照剂量的增加而下降。MFI 是黏度的测量；较高的 MFI 意味着较低的黏度。高剂量的电子辐照会引起链断裂，从而导致 PLA 分子量降低、黏度下降。加入 TAIC 后可观察到不同的现象。添加 1% 的 TAIC 时，MFI 得到提高但依旧低于纯 PLA。这表明链式裂解和交联同时发生。根据 Malinowski 等（2011）的说法，TAIC 的含量应小于 1%，因为过量的 TAIC 会导致 PLA 热固化，使材料不能通过挤出机机头挤出。然而，电子交联能够改善 PLA 的玻璃化转变温度（T_g）（图 7-26）。添加 3% TAIC 时，T_g 的最大值可以在 60kGy 的剂量下实现。当需要高温应用时，这种交联方法可用于制造适合 PLA 热成型的薄膜产品。

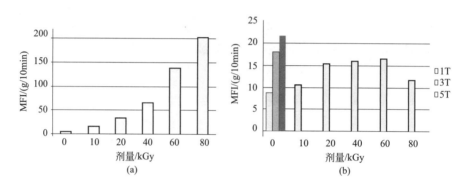

图 7-25　不同剂量的电子辐照下，纯聚乳酸（PLA）的熔体流动指数（a），添加了 1%（1T），

3%（3T）和 5%（5T）的三烯丙基异氰脲酸酯的 PLA 的熔体流动速率（b）

改编自 Malinowski R，Rytlewski P，Żenkiewicz M. Effects of electron radiation on

properties of PLA. Arch. Mater. Sci. Eng.，2011，49：25-32。

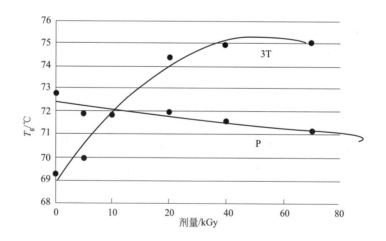

图 7-26　在相应的电子辐照剂量下，3% 三烯丙基异氰脲酸酯（TAIC）

PLA（3T）和纯 PLA（P）的玻璃化转变温度（T_g）

改编自 Malinowski R，Rytlewski P，Żenkiewicz M. Effects of electron radiation on

properties of PLA. Arch. Mater. Sci. Eng.，2011，49：25-32。

7.6　聚乳酸的阻燃性

当电子和电气设备长时间受到电流和电压的影响时，一些误用或故障可导致意外点火，如短路事件。由于 PLA 的应用范围已扩展到电器和电子设备的外壳，因此 PLA 的可燃性对于降低火灾风险具有重要意义。此外，了解 PLA 的燃烧行为，有助于设计满足防火安全要求的阻燃包装，并保持其可生物降解的特性。

塑料材料的可燃性应根据 UL-94 和极限氧指数（LOI）来评估。UL-94 是最著名的标准，由美国保险商实验室发布。根据本标准，塑料按其燃烧特性分类，并进一步划分为 12 个火焰类别。基本上，用来制造外壳、结构件和绝缘体的消费电子产品分为 6 个等级——5VA、5VB、V-0、V-1、V-2 和 HB；测试期间的观察结果见表 7-15。额定值 HF-1、HF-2 和 HBF 用于扬声器格栅和消声材料中的低密度泡沫材料，最后三个额定值 VTM-0、VTM-1 和 VTM-2 用于非常薄的薄膜。

表 7-15　根据 UL-94 的可燃性分类

分类	燃烧速度	滴落	不易燃性
5VA	标本垂直放置,燃烧在 60s 内停止。斑块标本可能不会出现孔	不允许	低
5VB	标本垂直放置,燃烧在 60s 内停止。标本可能没有孔	不允许	
V-0	标本垂直放置,燃烧在 10s 内停止	允许但不燃烧	
V-1	标本垂直放置,燃烧在 30s 内停止	允许但不燃烧	
V-2	标本垂直放置,燃烧在 30s 内停止	允许但不燃烧	
HB	厚度<3mm 的水平样品以<76mm/min 的速度缓慢燃烧	不适用	高

LOI 用于确定维持聚合物燃烧所需氧气的最低浓度百分比。在试样燃烧过程中控制氮气的流动，直到氧气达到临界水平。LOI 的测量标准为：BS EN ISO 4589—2 塑料。氧指数燃烧性能的测定，环境温度试验和测量支持塑料烛光燃烧最低氧浓度的 ASTM D2863—10 标准试验方法（氧指数）。根据 Réti 等（2008）和 Zhan 等（2009）的实验报告，因为 PLA 的易燃性，所有没有一个等级的纯 PLA 符合标准 UL-94，它的燃烧滴落物量很大，在燃烧过程中滴落是很危险的，并且当它接触到皮肤时会造成烧伤。此外，带火焰的滴落物可使火从最初的火源进一步蔓延到另一个区域，为点燃新火提供火源和燃料。为了满足防火安全的要求，PLA 包装阻燃剂的研制是必不可少的。

有研究提出 PLA 应采用膨胀型阻燃技术。膨胀技术是被动防火技术。易燃的聚合物材料会产生一种轻炭，作为热的不良导体能延缓传热。如图 7-27 所示，隔炭层利用表面的绝缘泡沫将可燃材料与火源、热源和氧气隔开。炭化层起到物理屏障的作用，有效地减少了气体和凝聚相之间的热量和质量传递。典型的膨胀技术阻燃体系通常由酸、铵盐和磷酸盐组成。Réti 等（2008）评估了在 PLA 中使用聚磷酸铵（APP）和季戊四醇（PER）的膨胀型阻燃系统的效率。在该体系中，APP 既是酸源又是发泡剂，而 PER 是炭化剂。APP 在高温下分解，生成磷酸衍生物，作为催化剂加速 PER 的分解，形成煤焦。在 APP 分解过程中，低沸点的酸衍生物作为发泡剂，产生不可燃气体，使焦层膨胀。然而，APP 和 PER 是石化

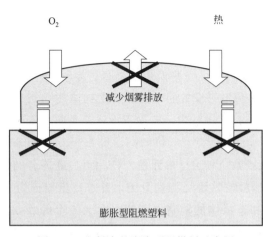

图 7-27　塑料中的膨胀型阻燃剂示意图

产品，不可生物降解。将 APP 和 PER 与 PLA 混合将降低 PLA 的"绿色"资质。因此，Réti 等（2008）用淀粉和木质素作为炭化剂代替 PER。表 7-16 和 7-17 给出了在 LOI 和 UL-94 下测试的 PLA 混合物的可燃性特性。结果表明，PER 的 LOI 最高，其次是淀粉和木质素。用 LOI 观察淀粉和木质素的炭化效果比纯 PLA 高。此外，根据 UL-94 测试结果，淀粉和木质素取代 PER 的确具有优异的阻燃性能。Wang 等（2011）使用聚氨酯微胶囊聚磷酸铵作为膨胀阻燃剂也出现了这一结果。在阻燃剂组成不变的 PLA 中加入 10% 的淀粉（比较表 7-17 中 PLA-2 和 PLA-10），阻燃性能显著提高，从燃烧加滴落优化为在 10s 内自熄的 V-0 级。Wang 等（2011）还报告了 LOI 随着淀粉含量的增加而改善，这说明维持燃烧需要更高浓度的氧气（图 7-28）。这一发现有利于淀粉与 PLA 的共混，因为它既具有阻燃作用，又不影响其生物降解性。从图 7-29 可以看出，燃烧纯 PLA 后留下的残渣很小，而 PLA-淀粉倾向于产生泡沫炭，产生膨胀效应。Zhan 等（2009）观察到，在 PLA 中添加螺环季戊四醇双磷酸二磷酰三聚氰胺阻燃剂（SPDRM FR）时，煤焦的形成非常相似。这一观察结果表明，淀粉具有与合成阻燃剂相当的膨胀效应。

表 7-16　Réti 等（2008）观察到的聚乳酸（PLA）材料膨胀型 UL-94 分类

标本	分类
100% PLA	未分类
60% PLA130% APP110% PER	V-2
60% PLA130% APP110%木质素	V-0
60% PLA130% APP110%淀粉	V-0

注：APP，聚磷酸铵；PER，季戊四醇。

表 7-17　Wang 等（2011）观察到的聚乳酸（PLA）材料膨胀性的 UL-94 分类

样本号	质量分数/%			阻燃性	
	PLA	IFR	淀粉	LOI/%	UL-94 等级
PLA-1	100	0	0	10.0	燃烧且滴落
PLA-2	80	20	0	17.0	燃烧且滴落
PLA-3	80	17.5	2.5	28.5	V-1
PLA-4	80	15	5	30.0	V-1
PLA-5	80	10	10	31.5	V-1
PLA-6	95	0	5	22.0	燃烧且滴落
PLA-7	90	0	5	23.0	燃烧且滴落
PLA-8	70	30	0	33.0	V-1
PLA-9	70	25	5	38.0	V-0
PLA-10	70	20	10	41.0	V-0

注：IFR，膨胀型阻燃剂；LOI，极限氧指数。

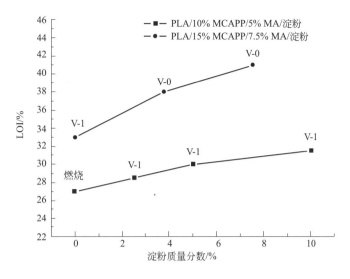

图 7-28　极限氧指数（LOI）与聚乳酸（PLA）中淀粉含量的关系（Wang et al.，2011）

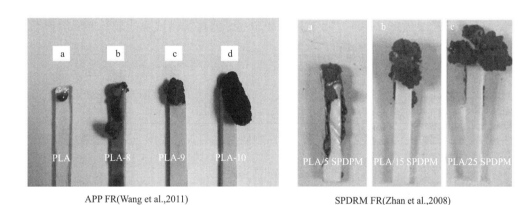

APP FR(Wang et al.,2011)　　　　　　SPDRM FR(Zhan et al.,2008)

图 7-29　经过 LOI 测试后，含有聚磷酸铵淀粉阻燃剂（APP FR）和螺环季戊四醇双磷酸
二磷酸酯基三聚氰胺阻燃剂（SPDRM FR）的聚乳酸（PLA）标本的图片

　　Li 等（2009）将有机改性蒙脱石（OMMT）与 APP 联用作为 PLA 膨胀阻燃剂。根据这些研究人员和 Si 等（2007）的研究表明，OMMT 的目的有两个：①燃烧过程中在聚合物表面形成的碳质硅酸盐煤焦保护聚合物基体并减缓质量损失率；②MMT 为燃烧聚合物提供了一种防滴效应。与支链聚合物或热固性聚合物相比，PLA、聚对苯二甲酸乙二醇酯和 PBS 等线型聚合物具有较低的熔体黏度，因此其防滴落效果在这些线形聚合物中起着非常重要的作用。这些聚合物在燃烧时非常不利：它们会产生严重的熔体滴落现象而加剧燃烧。Li 等（2009）用 N,N-二甲基脱氢牛脂季铵盐改性的 MMT 和 APP 阻燃体系与 PLA 共混（表 7-18），成功地克服了 PLA 的滴落。添加 MMT 并与膨胀型阻燃剂联用是至关重要的，因为这些添加剂（MMT 和膨胀型阻燃剂）都不能单独控制 PLA 在火中的滴落。然而，APP 是一种有效的阻燃剂，即使没有 OMMT 的加入，其 LOI 也最高。总之，选择合适的阻燃剂来抑制 PLA 的易燃性是很重要的，特别是在需要防火安全的情况下。

表 7-18　聚乳酸（PLA）与有机改性蒙脱土（OMMT）膨胀型阻燃剂（IFR）的可燃性

样本	PLA 质量分数 /%	IFR 质量分数[①] /%	OMMT 质量分数 /%	LOI	滴落	UL-94 等级
PLA	100	—	—	20.1	是	NC[②]
PLA-MMT	95	—	5	21.8	是	NC[②]
PLA-IFR	80	20	—	28.7	是	V-2
PLA-MMT-IFR	80	15	5	27.5	否	V-0

① 膨胀型阻燃剂。

② 未分类。

7.7　结论

聚乳酸是一种来源于农业的可生物降解的聚合物。这些特点需要为 PLA 的多样化应用而进一步加强。PLA 的生物降解性和生物相容性意味着它具有广泛的生物医学应用。通过控制结晶度以及同分异构体或其他单体的共聚反应，均可影响 PLA 在体外和体内生物降解的速率。通常，PLA 的降解是通过水解过程开始的，然后是酶或微生物作用。这种降解最终导致 PLA 破碎并转化为无害物质。

PLA 的软化点低，限制了它在高温下的使用。然而，交联、共聚和再结晶都有助于改善其热性能。长期暴露在热辐射和紫外线辐射下会导致 PLA 严重降解。在防火方面，PLA 是一种可燃材料，选择阻燃剂可以提高其在电气和电子领域应用的防火性能。总之，了解 PLA 的降解和稳定性是在保持其"绿色"特性的同时控制其性能的一个重要准备步骤。

参 考 文 献

Belbachir, S., Zaïri, F., Ayoub, G., Maschke, U., Naït-Abdelaziz, M., Gloaguen, J. M., 2010. Modelling of photodegradation effect on elasticviscoplastic behavior of amorphous polylactic acid films. J. Mech. Phys. Solids 58, 241-255.

British Standard Institutions, 2005. BS EN 13432: Packaging. Requirements for packaging recoverable through composting and biodegradation. Test scheme and evaluation criteria for the final acceptance of packaging.

Burkersroda, F. V., Schedl, L., Göpferich, A., 2002. Why degradable polymers undergo surface erosion or bulk erosion. Biomaterials 23, 4221-4231.

Carrasco, F., Pagès, P., Gámez-Pérez, J., Santana, O. O., Maspoch, M. L., 2010. Processing of poly (lactic acid): characterization of chemical structure, thermal stability and mechanical properties. Polym. Degrad. Stab. 95, 116-125.

Chu, C. C., 1982. A comparison of the effect of pH on the biodegradation of two synthetic absorbable sutures. Ann. Surg. 195, 55-59.

Gilding, D. K., Reed, A. M., 1979. Biodegradable polymers for use in surgerypolyglycolic/poly (lactic acid) homo-and copolymers. Polymer 20, 1459-1464.

Göpferich, A., 1996. Mechanisms of polymer degradation and erosion. Biomaterials 17, 103-114.

Göpferich, A., Karydas, D., Langer, R., 1995. Predicting drug release from cylindric polyanhydride matrix discs. Eur. J. Pharm. Biopham. 42, 81-87.

Grima，S.，Bellon-Maurel，V.，Silvestre，F.，Feuilloley，R.，2001. A new test method for determining biodegradation of plastic material under controlled aerobic conditions in a soil-simulation solid environment. J. Polym. Environ. 9，39-48.

Henton，D. E.，Gruber，P.，Lunt，J.，Randall，J.，2005. Polylactic acid technology. In：Mohanty，A. K.，Misra，M.，Drzal，L. T.（Eds.），Natural Fibers，Biopolymers，and Biocomposites. Taylor & Francis，Boca Raton，FL，pp. 527-577.

Hiemenz，P. C.，1984. Polymer Chemistry. Marcel Dekker，New York.

Hutmacher，D. W.，2001. Scaffold design and fabrication technologies for engineering—state of art and future perspectives. J. Biomater. Sci. Polym. Ed. 12，107-124.

Ikada，E.，1993. Role of the molecular structure in the photodecomposition of polymers. J. Photopolym. Sci. Technol. 6，115-122.

Ikada，E.，1997. Photodegradation behaviors of aliphatic polyesters. Photo- and bio-degradable polyesters. J. Photopolym. Sci. Technol. 10，265-270.

Ikada，E.，1999. Relationship between photodegradability and biodegradability of some aliphatic polyesters. J. Photopolym. Sci. Technol. 2，251-256.

Itävaara，M.，Karjomma，S.，Selin，J.-F.，2002. Biodegradation of polylactide in aerobic and anaerobic thermophilic conditions. Chemosphere 46，879-885.

Kale，G.，Auras，R.，Singh，S. P.，Narayan，R.，2007. Biodegradability of polylctide bottles in real and simulated composting conditions. Polym. Test. 26，1049-1061.

Kanazawa，S.，2008. Development of elastic polylactic acid material using electron-beam radiation. Electronics 66，50-54.

Kolattukudy，P. E.，Crawford，M. S.，Woloshuk，C. P.，Ettinger，W. F.，Soliday，C. L.，1987. The role of cutin，the plant cuticular hydroxyl fatty acid polymer，in the fungal interaction with plants，Ecology and Metabolism of Plant Lipids，vol. 325. ACS Symposium Series，pp. 152-175.

Li，S.，Yuan，H.，Yu，T.，Yuan，W.，Ren，J.，2009. Flame-retardancy and antidripping effects of intumescent flame retardant incorporating montmorillonite on poly（lactic acid）. Polym. Advan. Technol. 20，1114-1120.

MacDonald，R. T.，McCarthy，S. P.，Gross，R. A.，1996. Enzymatic degradability of poly（lactide）：effects of chain stereochemistry and material crystallinity. Macromolecules 29，7356-7361.

Malinowski，R.，Rytlewski，P.，Żenkiewicz，M.，2011. Effects of electron radiation on properties of PLA. Arch. Mater. Sci. Eng. 49，25-32.

Massardier-Nageotte，V.，Pestre，C.，Cruard-Pradet，T.，Bayard，R.，2006. Aerobic and anaerobic biodegradability of polymer films and physicochemical characterization. Polym. Degrad. Stab. 91，620-627.

McNeil，I. C.，Leiper，H. A.，1985. Degradation studies of some polyesters and polycarbonates—1. Polylactide：general features of the degradation under programmed heating conditions. Polym. Degrad. Stab. 11，267-285.

Miyata，T.，Masuko，T.，1998. Crystallization behavior of poly（L-lactide）. Polymer 39，5515-5521.

Reeve，M. S.，McCarthy，S. P.，Downey，M. J.，Gross，R. A.，1994. Polylactide stereochemistry：effect on enzymatic degradability. Macromolecules 27，825-831.

Réti，C.，Casetta，M.，Duquesne，S.，Bourbigot，S.，Delobel，R.，2008. Flamability properties of intumescent PLA including starch and lignin. Polym. Advan. Technol. 19，628-635.

Rudeekit，Y.，Numnoi，J.，Tajan，M.，Chaiwutthinan，P.，Leejarkpai，T.，2008. Determining biodegradability of polylactic acid under different environments. J. Met. Mater. Miner. 18，83-87.

Saha，S. K.，Tsuji，H.，2006. Effects of molecular weight and small amounts of D-lactide units on hydrolytic degradation poly（L-lactide acid）s. Polym. Degrad. Stab. 91，1665-1673.

Si，M.，Zaitsev，V.，Goldman，M.，Frenkel，A.，Peiffer，D. G.，Weil，E.，2007. Self-extinguishing polymer/organoclay nanocomposites. Polym. Degrad. Stab. 92，86-93.

Södergård，A.，Näsman，J. H.，1994. Stabilization of poly（L-lactide）in the melt. Polym. Degrad. Stab. 46，25-30.

Södergård，A.，Selin，J. -F.，Näsman，J. H.，1996. Hydrolytic degradation of peroxide modified poly（L-lactide）. Polym. Degrad. Stab. 51，351-359.

Tokiwa，Y.，Calabia，B. P.，2006. Biodegradability and biodegradation of poly（lactide）. Appl. Microbiol. Biotechnol. 72，244-251.

Torres，A，Li，S. M.，Roussos，S.，Vert，V.，1996. Screening of microorganisms for biodegradation of poly（lactic acid）and lactic acid-containing polymers. Appl. Environ. Microbiol. 62，2393-2397.

Tsuji，H.，2000. In vitro hydrolysis of blends from enantiomeric poly（lactide）s Part 1. Well-stereo-complexed blend and non-blended films. Polymer 41，3621-3630.

Tsuji，H.，2002. Autocatalytic hydrolysis of amorphous-made polylactides：effects of L-lactide content，tacticity，and en-antiomeric polymer blending. Polymer 43，1789-1796.

Tsuji，H.，Miyauchi，S.，2001. Poly（L-lactide）：VI effects of crystallinity on enzymatic hydrolysis of poly（L-lactide）without free amorphous region. Polym. Degrad. Stab. 71，415-424.

Tsuji，H.，Ikarashi，K.，Fukuda，N.，2004. Poly（L-lactide）：XII，formation，growth，and morphology of crystal-line residues as extended-chain crystallites through hydrolysis of poly（L-lactide）films in phosphate-buffered solution. Polym. Degrad. Stab. 84，515-523.

Tsuji，H.，Echizen，Y.，Saha，S. K.，Nishimura，Y.，2005. Photodegradation of poly（L-lactic acid）：effects of pho-tosensitizer. Macromol. Mater. Eng. 209，1192-1203.

Tsuji，H.，Saeki，T.，Tsukegi，T.，Daimon，H.，Fujie，K.，2008. Comparative study on hydrolytic degradation and monomer recovery of poly（L-lactide acid）in the solid and in the melt. Polym. Degrad. Stab. 93，1956-1963.

Vert，M.，2009. Degradable and bioresorbable polymers in surgery and pharmacology：beliefs and facts. J. Mater. Sci.：Mater. Med. 20，437-446.

Vert，M.，Li，S.，Garreau，H.，1991. More about the degradation of LA/GAderived matrices in aqueous media. J. Controlled. Release 16，15-26.

Wang，X.，Hu，Y.，Song，L.，Xuan，S.，Xing，W.，Bai，Z.，2011. Flame retardancy and thermal degradation of intumescent flame retardant poly（lactic acid）/starch biocomposites. Ind. Eng. Chem. Res. 50，713-720.

Wang，N.，Yu，J.，Ma，X.，2008. Preparation and characterization of compatible thermoplastic dry starch/poly（lactic acid）. Polymer Composites 29，551-559.

Wellen，R. M. R.，Rabello，M. S.，2005. The kinetics of isothermal cold crystallization and tensile properties of poly（ethylene terephthalate）. J. Mater. Sci. 40，6099-6104.

Woodruff，M. A.，Hutmacher，D. W.，2010. The return of a forgotten polymer-polycaprolactone in the 21st century. Prog. Polym. Sci. 35，1217-1256.

Yamaoka，T.，Tabata，Y.，Ikada，Y.，1995. Comparison of body distribution of poly（vinyl alcohol）with other water-soluble polymers after intravenous administration. J. Pharm. Pharmacol. 47，479-486.

Zhan，J.，Song，L.，Nie，S.，Hu，Y.，2009. Combustion properties and thermal degradation behavior of polylactide with an effective intumescent flame retardant. Polym. Degrad. Stab. 94，291-296.

Zhou，Z.，Zhou，J.，Yi，Q.，Liu，L.，Zhao，Y.，Nie，H.，2010. Biological evaluation of poly-L-lactic acid compos-ite containing bioactive glass. Polym. Bull. 65，411-423.

第**8**章

聚乳酸的添加剂和加工助剂

8.1 聚乳酸在加工和应用中的局限性

当前，聚乳酸（PLA）是使用最广泛的可生物降解聚合物之一，在许多应用例如食品包装和生物医学设备中，可代替不可生物降解的石油基聚合物。此外，PLA 还具有许多优势，例如具有环保性和生物相容性。PLA 可生物降解、可回收，并且可以从可再生资源如小麦，大米和玉米等获取（Farah et al.，2016）。此外，由于 PLA 对人体组织无毒且无致癌作用，PLA 与人体组织的生物相容性得到了生物医学领域的广泛关注。植入手术后，还发现植入的 PLA 装置在降解过程中只产生无毒的可降解产物，而不会干扰组织的愈合过程。然而，PLA 仍有一些缺点，限制了其在食品包装和生物医学中的应用。PLA 的力学性能较差，例如拉伸强度和模量较低，具有脆性且断裂伸长率低，这些都是限制 PLA 在工业中得到广泛使用的主要原因（Farah et al.，2016）。PLA 是一种脆性聚合物，在应变下具有很低的伸长能力。PLA 韧性差，极大地限制了其在食品包装和生物医学行业中的应用。例如，在骨外科中限制了将 PLA 作为组装螺钉和骨折固定板的材料。这是因为 PLA 生物医学组件或设备，例如螺钉或骨折固定板，在高应力水平条件下需要有较高的塑性变形能力（Daniels et al.，1990）。PLA 植入装置硬度低会导致骨骼过度移动并阻碍愈合过程。

另外，PLA 降解速率慢也是限制其应用的重要原因之一。PLA 是一种合成聚合物，在聚合物链的主链上具有水解不稳定的酯官能团。PLA 的生物降解最初是通过水解主链酯官能团形成分子量急剧下降的可溶性低聚物（Farah et al.，2016）。最后，可溶性低聚物被人体代谢。PLA 生物降解的速率取决于 PLA 的结晶度、分子量、分子量分布、水通过聚合物基质的渗透速率以及立体异构体的成分（Rasal et al，2010）。与无定形区域相比，发现PLA 聚合物的结晶区域更耐降解（Tokiwa，Calabia，2006）。PLA 的生物降解行为是其最重要的特征，在生物医学行业的应用中引起了极大的关注和兴趣。这归因于 PLA 的降解时间缓慢，可以延长植入人体的设备或装置在体内的寿命，使其在某些情况下可能长达数年（Bergsma et al.，1996；Rasal et al.，2010）。一些报道提到，基于 PLA 的植入装置在植入手术三年后，需要进行第二次手术以去除装置（Incardona et al.，1996；Bergsma et al.，1996）。PLA 的降解速度缓慢，植入物的降解需要数年时间，这阻碍了基于 PLA 的植入装置在生物医学应用中的应用。

PLA 加工效果差，限制了其在某些行业中的应用。PLA 可根据不同的应用场合采用不同的加工方法，包括挤出、混炼、吹塑、注塑等（Farah et al.，2016）。然而，在高温（≥200℃）或较长的加工时间下加工，会通过氧化主链断裂（Ng et al.，2014）、水解、丙交酯的重整、分子间或分子内反应的酯交换等方式降低 PLA 的分子量和改变物理性质，从而严重降低 PLA 的热稳定性。例如，PLA 均聚物所需的加工温度约为 185~190℃，与 175℃的熔融温度相比过高（Farah et al.，2016）。Auras 等（2004）发现，当 PLA 在高于熔融温度 10℃的加工温度下加工时，PLA 会严重降解。在这些加工温度下，PLA 基体中链的剪裂和劈裂都会导致 PLA 分子量降低，从而导致热降解（Carrasco et al.，2010；Farah et al.，2016）。根据 Carrasco 等（2010）的研究表明，加工导致 PLA 分子量降低，从而导致力学性能下降。此外，他们通过进行 X 射线衍射（XRD）和 DSC 分析还发现机械加工会导致 PLA 基体中的结晶结构消失。这是由于挤出、吹塑、注射成型等之后的冷却时间很快，导致聚合物链无法重排为结晶结构，只能保持为无序结构（Migliaresi et al.，1991）。他们的观察还总结出，对 PLA 的加工严重降低了 PLA 基体的结晶度。

此外，PLA 的疏水行为可能会导致细胞与 PLA 基材料之间的亲和力较低，并在与生物液体直接接触时导致活体产生炎症反应（Rasal et al.，2010）。这是将 PLA 应用于生物医学植入装置和平板的主要问题。这是由于其疏水性导致所需要的生物活动不能在 PLA 上进行。此外，PLA 中官能团的缺乏也导致材料的体积和表面发生改性。（Kakinoki，Yamaoka，2010）。

8.2 **聚乳酸的增韧**

为了提高 PLA 纳米复合材料的力学性能，例如刚度，人们通过在 PLA 纳米复合材料中添加各种类型的增强填料，包括蒙脱土（MMT）、滑石粉、碳纳米管（CNT）进行了各种研究（Balakrishnan et al.，2010；Lee et al.，2003）。观察到添加 MMT 可有效提高 PLA 纳米复合材料的刚度（杨氏模量和弯曲模量）。在 Balakrishnan 等（2010）进行的研究中发现，在 PLA 中添加 4 份（质量份）的 MMT 粒子可分别使杨氏模量和弯曲模量增加 10% 和 18%。根据 Jiang 等（2007）的研究，在 PLA 纳米复合材料中添加 7.5%（本章均表示质量分数）的 MMT 的粒子后，杨氏模量迅速增加 43%。PLA 纳米复合材料的刚度（杨氏模量和弯曲模量）的提高主要归因于 MMT 堆叠层在 PLA 基体中的有效插层/剥离。这是因为在 PLA 基体中有效插层/剥离 MMT 的粒子会导致其与 PLA 基体相互作用的界面面积增大。因此，改善 MMT 粒子与 PLA 基体之间的相互作用导致 PLA 刚性增加。较大的界面相互作用区域可以进一步有效地将施加的应力从 PLA 基体转移到 MMT 粒子上，从而提高 PLA 纳米复合材料的刚度。此外，插层的 MMT 粒子也可能进一步限制 PLA 分子链的运动。通过使用 XRD 分析可以评估 MMT 粒子在 PLA 基体中的插层效果。根据 Balakrishnan 等（2010）和 Lee 等（2003）的研究，原始 MMT 的 XRD 曲线显示，在 2θ 为 $3.50°$~$3.76°$存在一个偏转峰（001），如图 8-1 所示。在 Balakrishnan 等（2010）进行的研究中，发现偏转

峰（001）从 PLA / MMT 纳米复合材料的 XRD 曲线中消失了 ［图 8-1（a）］。这表明 MMT
粒子均匀地分散在 PLA 基体中形成了剥离结构，并导致 MMT 粒子层之间存在很大的层间
间隔。另一方面，Balakrishnan 等（2010）也发现，偏转峰（001）向较低的 2θ 值移动并且
强度变小。这也证明了 PLA 基体有效地扩散到 MMT 粒子的间层中（即插层），随后推导出
偏转峰（001）的 d 间距。这是因为 MMT 粒子的有效插层也可以增加 d 间距，从而减弱
MMT 层间的静电吸引，使 PLA 的刚性增加。

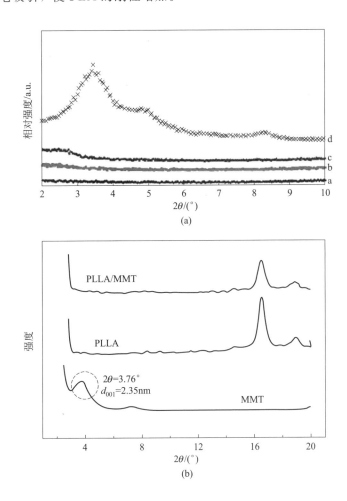

图 8-1　原始 PLA、2 份（质量份）MMT/PLA、4 份（质量份）MMT/PLA 和原始 MMT(a)（Balakrishnan et al.，
　　　　2010），原始 MMT、原始 PLLA 和 PLLA/MMT 纳米复合材料(b)（Lee et al.，2003）

　　Balakrishnan 等（2010）报道，PLA 基体中 MMT 粒子数量的增加使 PLA 复合材料的
抗拉强度和抗弯强度分别降低了 10% 和 25%。这也表明，过多的 MMT 粒子会使其趋于聚
集并削弱了 MMT 粒子与 PLA 基体之间的界面黏合作用。这进一步导致团聚的 MMT 粒子
在施加外应力时充当 PLA 基体中的应力集中点，无法将应力均匀地传递到整个 PLA 基体
中。并且由于 PLA 纳米复合材料的脆性行为，材料在应变过程早期就已失效。此外，由于
做拉伸和弯曲测试时施加的应力方向不同，PLA 基体中 MMT 粒子的分散和取向也对拉伸
强度和弯曲强度起着重要作用（Balakrishnan et al.，2010）。通过参考 Balakrishnan 等

（2010）的研究结果可以看出，将 MMT 的量增加至 4 份（质量份），会使 PLA 纳米复合材料的抗冲击强度降低 13%，从而对抗冲击强度产生重大不利影响。然而，添加 2 份和 4 份的 MMT 粒子可将 PLA/LLDPE 纳米复合材料的抗冲击强度分别提高 53% 和 21%（Balakrishnan et al.，2010）。与 PLA 纳米复合材料相比，在 MMT/PLA 纳米复合材料中加入 10%（质量分数）的 LLDPE 可以提高抗冲击强度。从该观察结果来看，LLDPE 的存在可以为 PLA 基体中的 MMT 粒子提供更好的分布和取向，从而在快速加载时增加聚合物基体吸收的能量。

  Harris 和 Lee（2007）发现，添加 2%（质量分数）的滑石粉可将 PLA 的弯曲强度和弯曲模量显著提高 25%。这是由于加入的滑石粒子充当了成核剂促使了 PLA 结晶，从而进一步提高了 PLA 的韧性。另外，由于滑石粉粒子的结构及其在 PLA 基体中的取向，滑石粉的存在还可以有效地将施加的应力从滑石粉粒子上转移到 PLA 基体，从而对 PLA 基体的刚度和韧性提供增强效果。Yu 等（2012）研究了提高滑石粉含量对 PLA 力学性能（弯曲强度和模量）的影响，如图 8-2 所示。他们还获得了与 Harris 和 Lee（2007）相似的结果，即添加滑石粉显著提高了纯 PLA 的弯曲强度和弯曲模量。此外，Yu 等（2012）还发现，当滑石粉含量从 0% 提高到 2.0% 时，PLA 的弯曲强度和弯曲模量会迅速增加。添加滑石粉填料提高 PLA 的弯曲强度和弯曲模量主要是利用自然界中刚性高的滑石填料代替 PLA 基体，使其在受到外部载荷时可以有效地限制 PLA 基体的延展和流动。此外，图 8-3 中 Yu 等（2012）的扫描电子显微镜（SEM）分析证明，滑石粉填料与 PLA 基体之间的良好界面黏合作用使施加的载荷均匀地传递到整个聚合物基体中，从而产生了增强和增韧作用。然而，当滑石粉含量进一步从 2% 增加到 24.3% 时，发现 PLA 复合材料仅在弯曲强度和模量上出现小幅的增加。当滑石粉含量进一步增加到 2% 以上时，滑石粉对 PLA 复合材料的弯曲强度和模量的增强作用都不太明显。Yu 等（2012）报道，高含量（>2%）滑石粉的增韧效果降低主要归因于滑石粉颗粒的不充分分层，导致制品中存在着较厚的滑石粉粒子，如图 8-3(c)~(f) 中的 SEM 显微照片所示。较厚的滑石粉颗粒与 PLA 基体之间的界面黏合作用不良，导致施加的载荷无法有效地从聚合物基体转移至滑石粉粒子上，从而在较高的滑石粉填料含量下触发了 PLA 基体本身的脆性。另外，还观察到添加更高含量的滑石粉粒子降低了 PLA 基体中滑石粉粒子的取向度，并且滑石粉层的取向方向不平行于注射方向。这进一步引起了滑石粉粒子与 PLA 界面的脱黏作用，从而导致出现沿断裂方向传播的微裂纹（Yu et al.，2012）。

  Ouchiar 等（2015）比较并研究了提高滑石粉和高岭土含量对 PLA 复合材料性能的影响。发现添加 5%（质量分数）的滑石粉可使纯 PLA 的杨氏模量从 2.4GPa 略微增加到 2.6GPa。此外，添加了 5% 的高岭土与添加了 5% 的滑石粉的 PLA 复合物材料的杨氏模量有着类似的增量。根据 Ouchiar 等（2015），进一步将滑石粉和高岭土的含量从 5% 增加到 30%，可以逐渐提高 PLA 复合材料的杨氏模量，如图 8-4 所示。然而，添加滑石粉的 PLA 复合材料的杨氏模量增量明显高于添加高岭土的 PLA 复合材料。这是因为与纯 PLA 和添加高岭土的 PLA 复合材料相比，添加了滑石粉的 PLA 复合材料显示出更早的结晶起始时间，从而提高了 PLA 复合材料的刚性，这也证实了滑石粉的成核作用。

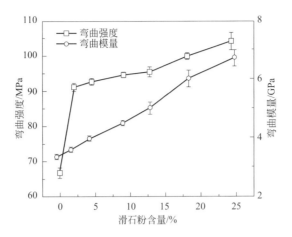

图 8-2　以％为单位的滑石粉含量对聚乳酸（PLA）的弯曲强度和
弯曲模量的影响（Yu el al.，2012）

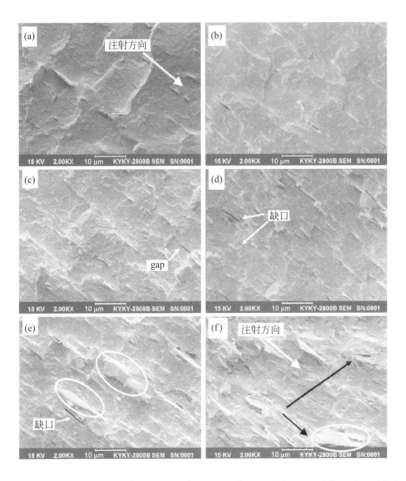

图 8-3　添加含量为 2.5％（a），5.0％（b），10％（c），15％（d），20％（e）和 30％（f）
（质量分数）滑石粉的 PLA 复合材料断裂表面的 SEM 显微照片（Yu et al.，2012）

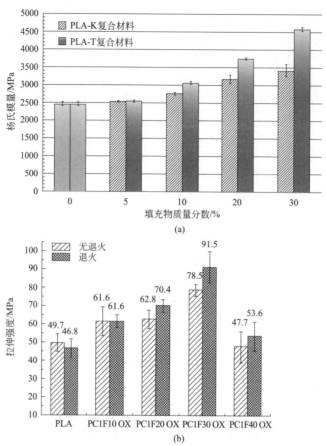

图 8-4　当滑石和高岭土填料含量增加时，PLA 复合材料的杨氏模量（Ouchiar et al.，2015）
（a）以及退火过程前后的化学功能化洋麻纤维（KF-OX）/多壁碳纳米管（MWCNTs）/ PLA 纳米复合
材料的拉伸强度（b）（Chen et al.，2017）

表 8-1　含不同含量羧基的碳纳米管（CNT-COOH）增强的 PLA
纳米复合材料的拉伸强度和悬臂梁式冲击强度（Zhou et al.，2018）

碳纳米管含量/%	拉伸强度/MPa	悬臂梁式冲击强度/(kJ/m²)
0	39.5±0.2	15.5±0.2
0.1	40.5±0.3	22.6±0.3
0.5	42.8±0.3	27.7±0.5
1.0	40.6±0.3	20.5±0.4
2.0	39.6±0.2	8.8±0.3

注：CNT-COOH，具有羧基的碳纳米管。

表 8-2　平行和垂直挤压方向上以各种 CNT 含量增强的 PLA 纳米复合材料的拉伸强度（Wang et al.，2019）

CNT 含量/%	拉伸强度/MPa	
	平行挤出方向	垂直挤出方向
0	≈51.3	≈60.5
1	≈58.8	≈65.0
3	≈68.1	≈67.8
5	≈62.8	≈64.5
10	≈57.8	≈62.5

注：CNT，碳纳米管。

根据 Zhou 等（2018）的研究，使用含羧基的 CNT（CNTs－COOH）（质量分数在 0.5%以上）可以迅速提高 PLA 纳米复合材料的拉伸强度和悬臂梁式冲击强度，如表 8-1 所示。这也说明添加少量的 CNT 可以改善 PLA 的拉伸强度和抗冲击强度。这可能是由于具有高纵横比和表面积的 CNT 刚度高，可通过 CNT 有效地联锁在 PLA 基体中从而进一步增强 PLA 基体。CNT 粒子的联锁作用可以有效地将施加的应力从 CNT 粒子转移到 PLA 基体上，从而实现 PLA 纳米复合材料的增强。另外，CNT-COOH 粒子与 PLA 基体之间的强化学键也阻碍了 PLA 大分子链的运动，从而增强了 PLA 基体。然而，Zhou 等（2018）也报道，将 CNT-COOH 的含量从 0.5%（质量分数）增至 2.0%会显著降低拉伸强度和悬臂梁冲击强度，分别从（42.8±0.3）MPa 和（27.7±0.5）kJ/m^2 降至（39.6±0.2）MPa 和（8.8±0.3）kJ/m^2。Wang 等（2016）进行的一项研究发现了类似的结果，该研究还发现添加更高含量的 CNT（质量分数>3%）会逐渐降低 PLA 纳米复合材料的拉伸强度，如表 8-2 所示。抗拉强度和抗冲击强度的小幅下降可能归因于 CNT 粒子之间的范德华力相互作用，当 PLA 基体中 CNT 含量较高时，它们会倾向于聚集成更大的 CNT 团聚体（Zhou et al.，2018；Wang et al.，2016）。因此，PLA 基体中的 CNT 团聚体会降低 CNT 与基体间的黏接性，同时还会充当应力集中点，削弱施加的载荷在整个 PLA 基体中的传递。

在 Chen 等（2017）进行的一项研究中，他们通过 3-（甲基丙烯酰氧）丙基三甲氧基硅烷（OX-硅烷）偶联制得 KF-OX，以克服具有亲水性的洋麻纤维与具有疏水性的 PLA 基体之间的不良相容性。Chen 等（2017）将 KF-OX 和 MWCNT 添加到 PLA 基体中，以研究增加 KF-OX 含量对 PLA 纳米复合材料性能的影响。将 KF-OX 的含量逐步提高直至 30%（质量分数），退火前后均能逐步增加 MWCNT/PLA 纳米复合材料的拉伸强度。PLA 纳米复合材料拉伸强度的增强作用主要归因于 KF-OX 纤维与 PLA 基体之间的化学反应。另外，还观察到退火过程使 PLA 纳米复合材料重结晶，从而提高了 KF-OX/MWCNT/PLA 纳米复合材料的拉伸强度，如图 8-5 所示。当进行退火工艺时，添加较高含量的 KF-OX（30%）可将 PLA 纳米复合材料的拉伸强度迅速提高至 91.5MPa（比纯 PLA 高 84%）。这是因为 KF-OC 与 PLA 基体有着良好的相容性，同时在 PLA 基体与 KF-OX 纤维之间的界面处形成了晶体结构，从而显著提高了 PLA 纳米复合材料的力学性能（拉伸强度）。这也归因于 PLA 基体中的横晶结构增加了 KF-OX 纤维与 PLA 基质之间界面的黏接性，从而对施加的外部载荷产生了抵抗作用（Quan et al.，2005）。KF-OX 纤维与 PLA 基体之间的优异界面黏合效果可以更有效地将施加的应变从 KF-OX 纤维转移到 PLA 基体上，从而提高拉伸强度。然而，当 KF-OX 的含量进一步从 30%增加到 40%时，PLA 纳米复合材料的拉伸强度从 91.5MPa 迅速降低到 53.6MPa。这是由于 PLA 纳米复合材料的聚合物基体中缠结的 KF-OX 纤维过多，可能阻碍了 PLA 链的重结晶并削弱了 PLA 纳米复合材料的刚度（Chen et al.，2017）。

Wootthikanokkhan 等（2013）研究了洋麻纤维、Cloisite 30B 纳米黏土和六方硼腈（h-BN）填料对 PLA 复合材料性能的影响。他们发现，在退火处理前后，添加 5%洋麻纤维、Cloisite 30B 纳米黏土和 h-BN 均可以稍微提高 PLA 复合材料的拉伸模量。然而，相比于 Cloisite 30B 纳米黏土或 h-BN，添加红麻纤维使 PLA 复合材料的拉伸模量增加的更少。这也表明 Cloisite 3B 纳米黏土和 h-BN 可以更好地改善 PLA 复合材料的拉伸模量，因为 Cloisite 30B 纳米黏土和 h-BN 填料与 PLA 基体之间具有良好的相容性（Wootthikanokkhan et al.，2013）。一方面，烷基铵表面活性剂

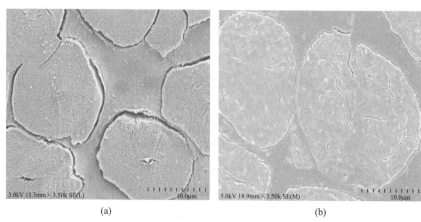

图 8-5 亚麻／ PLA 复合材料（a）和氧化 TiO$_2$-亚麻/PLA 复合材料（b）
的 SEM 显微照片（Foruzanmehr et al.，2016）

改性的 Cloisite 30B 纳米黏土上的羟基官能团，通过促进 PLA 基体中 Cloisite 30B 中间层颗粒的剥落作用，与 PLA 链的羰基官能团形成了极性相互作用，这有助于增加 PLA 复合材料的拉伸模量。另一方面，h-BN 填料与 PLA 基体之间的相容性良好主要归因于 PLA 的羰基官能团与 h-BN 填料表面上氮的借出电子对之间的相互作用，可通过红外光谱在 1360cm^{-1} 处 B-N-B 的弯曲振动来证实。但是，由于洋麻纤维与 PLA 链之间缺乏极性相互作用，洋麻纤维与 PLA 基体之间的界面黏合效果较差，导致 PLA 复合材料的刚性降低。

Swaroop 和 Shukla（2018）研究了添加氧化镁颗粒（纳米镁）对 PLA 纳米复合材料性能的影响。在他们的工作中发现，若将纳米 MgO 含量提高到 2％（质量分数），会逐渐将 PLA 纳米复合材料的拉伸强度和弹性模量分别从 29.1MPa 和 1.89GPa 提高到 37.5 MPa 和 2.47GPa。这是由于降低纳米 MgO 颗粒的尺寸可以提高 MgO 颗粒的表面积/体积比，从而提高 MgO 纳米颗粒的界面面积。在 PLA 基体中添加纳米 MgO 颗粒可以在 MgO 填料和 PLA 基体之间提供较高的界面作用力，从而促进施加的应力从 PLA 基体向纳米 MgO 填料转移、改善 PLA 的力学性能。然而，当纳米 MgO 的负载水平从 2％增加到 4％时，发现了相反的现象。根据 Swaroop 和 Shukla（2018），PLA 纳米复合材料的拉伸强度和弹性模量分别从 37.5MPa 和 2.47GPa 逐渐降低至 26.2MPa 和 1.96GPa。这归因于较高含量的纳米 MgO 会自团聚成较大的团聚颗粒，削弱团聚的纳米 MgO 粒子与 PLA 基体间的界面黏合作用。因此，团聚的颗粒从 PLA 基体中实现相分离并且充当 PLA 基体中的应力集中点，降低了 PLA 基体中纳米 MgO 的增强作用。

8.3 提高热变形温度和耐热性

聚合物材料在最大工作温度下维持其重要性能一段时间的能力被定义为耐热性。聚合物基体的耐热行为高度依赖于聚合物材料的结晶行为和结晶度（Ma et al.，2011）。人们发现半结晶 PLA 的链段以三种形式共存：结晶部分、刚性无定形部分和柔性无定形部分（Nagarajan et al.，2016）。在半结晶 PLA 的结晶部分中，链段排列成有序的晶体结构。结晶链与无定形部分的随机长分子链共存。当 PLA 聚合物的温度达到其玻璃化转变温度 T_g 时，由于分子间键的存在，结晶区域中的 PLA 分子链不太可能移动，而无定形区域中的 PLA 分子链则倾向于自由移动（Nagarajan et al.，2016）。在无定形区域内有一些刚性的 PLA 链段可能会阻碍整个长分子链的运动，即刚性无定形部分。另一方面，在 T_g 下具有高活性的无定形区域中的剩余链段被称为可移动的无定形部分。由于存在无规的长分子链排列结构，在接近 T_g 的变形温度下，可移动的无定形部分具有非常低的耐热性。另外，通常通过在固定载荷下检测软化点来评估耐热性。用两种测量技术来量化热阻，一是测量维卡软化温度（VST），二是测量热变形温度（HDT）。用横截面积为 $1mm^2$ 的平头针刺穿样品至 1 mm 深度的温度称为 VST。HDT 定义为在一定的载荷（通常为 0.46MPa 或 1.80MPa）和厚度下，以 2℃/ min 的速率升温，样品变形至 $250\mu m$ 时的温度。为了提高 PLA 的耐热性，可添加成核剂，将 PLA 与耐热聚合物共混，并将 PLA 复合材料与纳米增强填料和天然纤维混合。

8.3.1　添加成核剂

如前所述，PLA 的耐热性受 PLA 基体的结晶行为影响。添加成核剂可显著改变 PLA 基体的结晶行为，从而对 PLA 的耐热性具有显著影响。在 Yu 等（2012）的研究中，他们研究了提高偶联剂改性的滑石粉的浓度对 PLA 复合材料的力学和热性能的影响。他们发现将滑石粉含量提高至 30%（质量分数）会显著提高 PLA 复合材料的玻璃化转变温度 T_g 和结晶度 X_c，如表 8-3 所示。此外，还发现提高的滑石粉的含量可略微降低 PLA 的冷结晶温度 T_{cc}（Yu et al.，2012）。滑石粉含量对 T_g、T_{cc} 和 X_c 的显著影响还表明，滑石粉填料具有强大的成核作用，可提高 PLA 的结晶能力。T_g 的增加主要归因于 PLA 和滑石粉颗粒之间的强界面黏合作用，这可以减少 PLA 基体中的自由体积并限制 PLA 链的运动。换句话说，较高的 T_g 也表明，在流动的无定形组分中，杂乱的 PLA 分子链需要达到更高的温度才能自由移动，从而提升了 PLA 的耐热性。此外，如表 8-3 所示，较高的结晶度还说明提高基体中 PLA 链间的分子键，有助于增加 PLA 基体的结晶度。另一方面，由 Yu 等（2012）报道，随着 PLA 基体中滑石粉含量的增加，熔融温度 T_m 略有降低。这也表明在滑石粉颗粒表面成核的晶体通常是不完美的，并且倾向于在较低温度下破裂和熔化。另外，观察到 PLA 复合材料的 HDT 随着滑石粉含量的增加而逐渐增加，直至滑石粉含量达到 30%，如表 8-3 所示，表明添加滑石粉可以提高 PLA 复合材料的使用温度，使其在高温下承受更大的载荷，从而提高 PLA 复合材料的耐热性。

表 8-3　成核剂对 PLA 的 T_g、T_{cc}、T_m、X_c 和 HDT 的影响

PLA	成核剂		T_g/℃	T_{cc}/℃	T_m/℃	X_c/℃	HDT/℃	参考文献
工业级 PLA：Revode 201 购自中国浙江海正生物材料	从中国四川蛇纹石矿物厂购买的滑石粉(2500 目，长径比为 6)用 0.3% 的 3-氨基丙基三乙氧基硅烷偶联剂处理	0%	57.7	129.7	146.8	3.1	49	Yu 等（2012）
		2.5%	58.7	120.8	145.5	15.3	49±0.6	
		5.0%	58.8	120.8	145.6	15.2	49±0.6	
		10.0%	58.5	114.6	143.7	20.1	50±0.6	
		15.0%	59.0	113.6	146.0	21.0	51±0.6	
		20.0%	59.0	109.8	142.5	24.5	52±0.6	
		30.0%	59.2	108.4	142.9	25.1	52±0.6	

续表

PLA	成核剂		$T_g/℃$	$T_{cc}/℃$	$T_m/℃$	$X_c/℃$	HDT/℃	参考文献
PLE003 等级的 PLA 购自法国 NaturePlast	滑石 (Luzenac 00 级) 购自法国 Imerys 的 Barrisurf LX	0%	57.5	121.5	NP	NP	NT	Balakrishnan 等 (2010)
		5%	57.1	100.6	NP	NP	NT	
		10%	56.5	103.6	NP	NP	NT	
		20%	56.7	100.0	NP	NP	NT	
		30%	56.6	98.0	NP	NP	NT	

注：NP，未提供；NT，未经测试。

Quchiar 等（2015）还研究了黏土矿物、滑石粉和高岭石作为成核剂对 PLA 复合材料热性能的影响。他们发现，增加滑石粉和高岭石的含量，PLA 复合材料的玻璃化转变温度 T_g 依旧保持在 57℃ 左右。此外，还观察到 PLA 复合材料的冷结晶温度 T_{cc} 随着滑石粉含量的增加而逐渐降低。T_{cc} 的降低归因于加入滑石粉的 PLA 复合物在冷却过程中已经结晶。但是，他们还观察到高岭石的添加对 PLA 复合材料的耐热性能没有显著影响。Balakrishnan 等（2010）发现，当添加 MMT 作为成核剂时，PLA 复合材料的冷却过程不存在结晶峰。相信这是因为冷却过程中 PLA 的结晶速率非常慢。在 PLA 基体中加入 MMT 后，T_g 降低主要是因为表面活性剂 MMT 起到了增塑的作用。用于改性 MMT 粒子的烷基铵表面活性剂可以促进 PLA 分子链插入到 MMT 粒子层间缝隙的插层效应。因此，这进一步导致 PLA 基体的可移动无定形部分中的 PLA 分子链在较低的 T_g 下自由移动。他们还观察到，增加 MMT 含量显著降低了结晶温度 T_c。他们还提出，MMT 粒子的存在可以通过促进 PLA 基体的初始结晶充当成核剂。Wang 等（2016）研究了增加 CNT 含量对 PLA 纳米复合材料的结晶和热性能的影响。增加 CNT 含量可以显著增强 PLA 的结晶能力，可将结晶度从 4.7% 增加到 12.46%。这可能是由于 CNT 粒子较高的长径比和较大的比表面积导致 CNT 粒子与 PLA 基体之间产生了界面附着力。此外，CNT 粒子的-OH 和-COOH 基团与 PLA 基体之间的强界面相互作用能诱导形成许多晶核，从而提高了 PLA 基体的结晶度。他们还发现，所有添加 CNT 的 PLA 纳米复合材料的结晶温度 T_c（T_c 约为 59℃）均比原始 PLA（T_c = 59.7℃）略低。这也说明 CNTs 作为成核剂的存在促进了 PLA 的初始结晶。另一方面，Zhou 等（2018）研究了添加带有羧基（CNT-COOH）的 CNT 作为成核剂对 PLA 复合材料热学性能的影响。他们发现增加 CNT-COOH 的含量会显著提高 PLA/CNT-COOH 纳米复合材料的初始降解温度和玻璃化转变温度。初始降解温度和玻璃化转变温度的增加可能是由于 CNT-COOH 与 PLA 基体之间形成了牢固的界面键，阻碍了 PLA 无规分子链的运动。

根据 Tang 等（2012）的报道，添加亚乙基双羟基硬脂酰胺（EBH）作为晶体成核剂，在 105℃ 的熔融结晶温度下退火 20min 可以将 PLA 的结晶度从 19% 迅速提高到 42%。这是由于 PLA 中的部分熔融无定形区域经历了一个连续的重结晶过程，形成了更完美且更厚的晶片。此外，添加 EBH 将纯 PLA 的 HDT 从 51% 迅速提高到 93%。当 PLA 的结晶度增加超过 20% 时，添加了 EBH 的 PLA 复合材料的 HDT 开始增加。此外，他们发现 PLA 复合材料的 HDT 显著提高主要是因为 PLA 结晶度的增加。

8.3.2　聚乳酸与耐热性聚合物共混

聚（ε-己内酯）（PCL）和聚（ε-己内酯/ L-丙交酯），P（CL/ L-LA）与聚（L-乳酸）（PLLA）共混会显著降低 PLLA 的玻璃化转变温度 T_g 和熔融温度 T_m。PLLA 共混物 T_g 降低表明 PCL/PLLA 共混物和 P（CL/L-LA）共混物促进了聚合物基体在较低温度下结晶，从而提高了 PLLA 共混物的结晶度。此外，他们还发现 PLLA 与 P（CL/L-LA）混合后只有一个 T_g，说明 P（CL/L-LA）与 PLLA 具有互溶性。然而，当与 P（CL/L-LA）共聚时未发现 T_g，T_g 从差示扫描量热法（DSC）曲线消失。但是，发现 PCL 与 PLLA 不相容，这是因为它们的共混物有两个熔化温度。在 Cock 等（2013）进行的一项研究中，DSC 分析表明 PCL 与 PLA 的共混可以迅速提高 PLA 共混物的结晶速率。此外，由于 PCL 的熔融温度约为 55℃，所以 PCL 与 PLA 共混也将原始 PLA 的 T_g 移至较低的值。这还通过支持 PCL 在 PLA 基体的后熔融过程中的成核作用降低了 PLA 的热结晶。D'Amico 等（2016）发现，聚（3-羟基丁酸酯）（PHB）与 PLA 的共混物通过提高 PLA 的结晶速率来提高 PLA 的耐热性。增加 PLA 基体中 PHB 的含量，可通过促进 PLA/PCL 基体在较低的 T_g 值下较早结晶，迅速降低 PLA 共混物的 T_g。此外，高达 70%（质量分数）的 PHB 与 PLA 共混也将结晶度从纯 PLA 的 2.7% 增至 35.2%。这是由于 PHB 与 PLA 共混，增加了结晶分数从而降低了无定形可流动部分的比例，并最终促进了 PLA 基体中结晶的形成。

由于聚酰胺（PA）微纤维的非均相晶核作用，在等温结晶过程中将 PA 微纤维与 PLA 共混可显著改善 PLA 的结晶动力学（Kakroodi et al., 2017）。这是由于大量的小 PA 晶粒的约束作用。Hashima 等（2010）报道，由于聚碳酸酯（PC）较高的结晶度和 T_g，提高 PC 含量会显著提高 PLA 混合的苯乙烯-丁二烯-苯乙烯嵌段共聚物的 HDT。另一方面，Guo 等（2015）发现，混入 50%（质量分数）的聚甲醛（POM）（具有高耐热性能的聚合物）可将 PLA 的 HDT 从 65℃ 大大提高到 133℃。此外，随着 POM 含量的增加，PLA/POM 共混物的 T_g 略有降低，这说明 POM 的存在可以促进 PLA 的早期结晶过程。

8.3.3　与纳米天然纤维共混的聚乳酸复合材料

在 PLA 中加入洋麻纤维和木纤维等天然纤维以改善 PLA 的性能，包括耐热性能，引起了许多研究人员的兴趣。根据 Renstad 等（1998）的研究，混入 20% 洋麻纤维可将退火 PLA 的 HDT 从 99.7℃ 显著提高至 128℃。PLA 的 HDT 值的提高可能是由于具有高纵横比的洋麻纤维的纤维形状促进了 PLA 的等温结晶。这一结论也得到了进一步证实，当添加 20% 洋麻纤维时，PLA 的结晶度从 33.9% 增至 37.4%（Renstad et al., 1998）。另一方面，Huda 等（2008）发现，当外加载荷为 0.46MPa、加热速率为 2℃/ min 时，将 40% 的未经处理的洋麻纤维添加到 PLA 复合材料中，可以将其 HDT 值从 64.5℃±1.2℃ 大大提高到 170.3℃±1.0℃。此外，他们还研究了硅烷和碱处理对 PLA 复合材料 HDT 的影响。硅烷处理的洋麻纤维增强 PLA 复合材料的 HDT 值最高（174.8℃±1.1℃），大于其他材料，如未处理的洋麻纤维增强 PLA 复合材料（170.3℃±1.0℃）、碱处理洋麻纤维增强 PLA 复合材料（172.8℃±0.9℃）、碱硅烷处理的洋麻纤维增强 PLA 复合材料（173.4℃±1.0℃）。可能由于洋麻纤维能够限制洋麻纤维增强的 PLA 复合材料的变形，从而促进了复合材料中 PLA 相的结晶，从而使所有洋麻纤维增强的 PLA 复合材料的耐热性都得到了极大提高。此外，高纵横比的长洋麻纤维可以通过提高界面结合强度来改善 PLA 基体和洋麻纤维的界面结合效果。

Awal 等（2015）通过热重分析和 HDT 试验研究了将木浆和木浆/生物酰胺添加到 PLA 中，对 PLA 生物复合材料热行为的影响。他们报道，原始 PLA 在失重 5%（质量分数）时的温度（$T_{5\%}$）为 304℃，而木浆的 $T_{5\%}$ 的温度为 208℃。发现木浆增强的 PLA 生物复合材料和木浆/生物酰胺增强的 PLA 生物复合材料的 $T_{5\%}$ 均发生在 274℃。将木浆和木浆/生物二酰亚胺添加到 PLA 中，原始 PLA 最大失重时的温度从 350℃ 显著升高至 450℃。另一方面，在 PLA 中添加木浆会轻微地将原始 PLA 的 HDT 从 54℃ 升高到 56℃。木浆中掺入生物亚胺可将 PLA 生物复合材料的 HDT 极大地提高至 61℃。这表明生物酰胺的存在可以提高纸浆纤维在 PLA 基体中的润湿性并且增强纸浆纤维与 PLA 基体的界面黏附强度（Awal et al.，2015）。因此，在木浆中加入生物酰胺可提高 PLA 复合材料在材料工程领域的使用温度。

8.4 流动增强、熔体强度、快速成型时间

聚合物的熔体强度是用于确定特定聚合物可加工性的最重要的特性之一，尤其是在高熔体拉伸或拉伸流动中的应用（例如薄膜和模具成型）。在工业应用中，PLA 的低熔体强度可能会导致加工性能和产品质量差，例如在吹膜过程中存在不稳定的气泡以及在吹塑过程中出现下沉现象（Liu et al.，2013；Field et al.，1999）。为了提高 PLA 的熔体强度和可加工性，人们对各种改性方法进行了深入研究和开发，如加入交联剂、增塑剂、扩链剂以及与具有较高熔体强度的聚合物共混（Liu et al.，2013）。

8.4.1 交联剂

乳酸聚合的常规途径不能在有限的聚合时间内生产高分子量的聚乳酸。PLA 的分子量低，导致熔体强度和加工性能差，可能会导致 PLA 最终的产品质量下降。为了提高 PLA 的熔体强度，可在加工 PLA 共混物时引入合适的交联剂或采用高能电子方法。Nijenhuis 等（1996）通过在较高的固化温度下添加过氧化二异丙苯的交联剂来提高 PLA 的熔体强度，从而制备了交联的 PLA。此外，其他研究人员（Liu et al.，2013；Yu et al.，2013）使用 Luperox 和过氧化月桂酰作为交联剂，通过引入交联结构来提高 PLA 的熔体强度和熔体黏度。Liu 等（2013）的研究表明，添加 Luperox 和过氧化月桂酰可显著提高 PLA 的熔体强度，但是由于交联结构的存在限制了 PLA 熔体的滑脱作用，导致熔体应变降低。他们还发现，大分子尺寸（M_z）与熔融强度和挠曲寿命有关，因为分子间的相互作用限制了 PLA 基体的变形。Yu 等（2012）还通过分别向 PLA 中添加 0.3% 的 Luperox 和 0.3% 的过氧化月桂酰

来提高 PLA 的熔体强度和加工性能。添加 0.3％ 的 Luperox 使原始 PLA 的熔体强度从（10.5±2.1）×10^{-2} N 增加到（18.3±1.4）×10^{-2}N，而添加 0.3％ 的月桂酰过氧化物则使 PLA 的熔体强度达（15.1±2.1）×10^{-2} N。这是由于交联反应引起了长支链的形成，强化了伸长流体的拉伸硬化现象，并限制了 PLA 的流动性。因此，交联后的 PLA 的熔体强度和熔体黏度显著提高。另一方面，增加交联剂过氧化苯甲酰（BPO）的含量至 1％（质量分数），可通过促进三维网络的形成显著提高 PLA 的熔体强度和熔体黏度（Zhang et al.，2017）。

8.4.2　扩链剂

将各种扩链剂例如二异氰酸酯和 1,4-丁二醇与 PLA 一起使用，可通过增加其分子量来提高 PLA 的熔体强度和加工性能（Liu et al.，2013）。Di 等（2005）用扩链剂（1,4-丁二醇和 1,4-丁烷二异氰酸酯）改性 PLA，以提高 PLA 的熔体强度、熔体黏度和加工性能。添加 1,4-丁二醇和 1,4-丁烷二异氰酸酯可显著提高改性 PLA 的熔体强度和熔体黏度，从而可以生产具有较小泡孔尺寸和较大泡孔密度的 PLA 泡沫。另一方面，Liu 等（2013）和 Yu 等（2013）还研究了扩链剂（均苯四甲酸二酐或 PMDA 和恶唑啉）对 PLA 熔体强度、熔体黏度和加工性能的影响。PMDA 和恶唑啉的添加显著提高了熔体强度、熔体速率和熔体黏度。熔体强度、熔体速率和熔体黏度的增加主要与分子量例如 M_z 的增加相对应，其较大的分子间键合会限制链的变形能力（发生缠结），从而产生较高的熔体强度。重要的是，Yu 等（2013）也报道了这种观察。

8.4.3　与其他聚合物共混

聚合物共混是在低熔体强度和加工性较差的情况下提高聚合物熔体强度的最常用方法之一。在 Liu 等（2013）和 Yu 等（2013）的工作中，PLA 与可生物降解的聚酯 Bionolle（聚丁二酸琥珀酸丁二酯的共聚物）和 Ecoflex（脂族芳香族共聚物）的共混后，略微提高了熔体强度和加工性能。Bionolle 和 Ecoflex 对熔体强度和加工性能的增强作用主要归因于这些聚合物与 PLA 具有部分相容性，从而增加了聚合物共混物中分子间的物理相互作用力和聚合物链的抗变形能力。此外，由于 PLA 和 Biomax 的良好相容性，使得 PLA 与 Biomax（弹性体）的共混显著提高了熔体强度、熔体应变和加工性能，从而在聚合物共混体系中引起了分子间的相互作用（Liu et al.，2013）。根据 Gu 等（2008）的研究，PLA 与聚己二酸-对苯二甲酸丁二酯（PBAT）的共混可提高熔体强度、黏度和加工性能，因为混合 PLA/PBAT 的熔体具有更强的复杂剪切变稀趋势。Zhang 等（2017）将交联的 PLA（与 0～1％ 的 BPO 交联）与 PBAT 共混，以进一步提高熔体强度、黏度和加工性能。他们的结果表明，添加 PBAT 可以通过链缠结有效地提高交联 PLA 的熔体性能，如熔体强度和黏度，从而抵抗聚合物链的变形（Zhang et al.，2017）。

8.4.4　增塑剂

通常将增塑剂添加到聚合物共混体系中以改善其加工性能。对于 PLA，添加增塑剂可以有效降低玻璃化转变温度 T_g，并降低半结晶聚合物 PLA 的熔融温度和结晶度（Farah et al，2016）。人们对于使用各种增塑剂，例如聚乙二醇（PEG）、乙酰基柠檬酸三正丁酯（ATBC）、葡萄糖单酯、偏脂肪酸酯和环氧化豆油（ESO）等提高 PLA 的加工性能以及韧性也做了大量研究（Arrieta et al.，2014；Jacobsenm，Fritz，2004；Xu，Qu，2009；Liu et al.，2013）。Xu 和 Qu（2009）的研究表明，随着增塑剂 ESO 含量的增加，PLA 的熔体强度也逐渐增加了，并在 ESO 含量为 6%（质量分数）时达到最大值。熔体强度的提高是因为 PLA 的长支链分子增加了 PLA 熔体中的分子间相互作用力，从而限制了聚合物链的变形。此外，ESO 和 PLA 之间的相互作用也可能有助于 ESO 的环氧基与 PLA 酯键中的羰基形成氢键。Tee 等（2014）研究了添加两种增塑剂，环氧化棕榈油（EPO）和 ESO 对改善 PLA 的性能和可加工性能的影响。研究发现添加 EPO 和 ESO 可以显著降低扭矩（最大和最终值）、料温以及达到均相混合物所需的时间。这表明 EPO 和 ESO 的结合可以提供更好的润滑效果，从而提高 PLA 的加工性能。人们发现 EPO 增塑剂的黏度低于 ESO，在辅助 PLA 加工时具有更好的效果。

Li 等（2014）合成了增塑剂乳酸甘油酯，目的是改善 PLA/PVA 共混物的热加工性能和熔融性能。由于乳酸甘油酯上同时存在乳酸酯基和羟基，所以它的加入通过增强 PLA 和 PVA 之间的相容性改善了 PLA/PVA 的加工性能。Maiza 等（2015）研究了向 PLA 中添加两种不同的增塑剂柠檬酸三乙酯（TEC）和 ATBC 的效果。TEC 和 ATBC 的加入降低了 PLA 的 T_g 和熔体黏度并提高了 PLA 的加工性能。这是因为 TEC 和 ATBC 的分子量低，使得 TEC 和 ATBC 的分子能够占据聚合物链之间的空间，并增加 PLA 链的流动性。Saravana 等（2018）研究了聚乙二醇 1500（PEG1500）和聚乙二醇 6000（PEG6000）级别的增塑剂对滑石粉增强的 PLA 复合材料性能的影响。随着 PEG1500 和 PEG6000 的增加，滑石粉增强的 PLA 复合材料的 T_g 也随之上升。这表明 PLA 与这些增塑剂具有良好的相容性，可以增强 PLA 链的流动性，从而改善其加工性能。此外，同时加入 PEG1500 和 PEG6000 可以通过克服滑石粉在 PLA 基体中的团聚提高加工性能。

8.5 特殊添加剂：抗静电剂、冲击改性剂、纤维增容剂/偶联剂

8.5.1 抗静电剂

对于疏水性聚合物，例如 PLA，在成型过程中的放电现象会吸引灰尘或尘土，并导致办公设备发生故障。为了克服该问题，通常可以通过添加抗静电剂的方式来防止这些聚合物的表面形成静电。抗静电剂的有效性是通过测定聚合物共混物的表面电阻率来衡量的（Niaounakis，2015）。在疏水聚合物例如 PLA 中添加抗静电剂可将聚合物的表面电阻率显著降低 $10^9 \sim 10^{12}\Omega$（Niaounakis，2015）。为了降低表面电阻率或者说提高聚合物的电导率，必须在疏水性聚合物中添加导电填料，例如炭黑、CNT、碳纤维、导电陶瓷和粉末状金属（Moon et al.，2005；Silva et al.，2019）。根据 Silva 等（2019）的研究，当炭黑的添加量达到 15% 时，将显著提高 PLA 复合材料的电导率并降低其电阻率。这些特性使添加了炭黑

的 PLA 复合材料可作为抗静电包装，用于电子设备的运输和存储（Silva et al.，2019）。另一方面，如 Moniruzzaman 和 Winey（2006）所述，添加具有半导体行为的 CNT 可以提高聚合物复合材料的电导率。将 CNT 添加到 PLA 基体中可显著降低 PLA 复合材料的表面电阻率，并提高电磁波屏蔽的效率（Moon et al.，2005）。

8.5.2　冲击改性剂

如前所述，PLA 可以通过使用传统的熔融加工技术例如挤出和注塑成型来加工。此外，它还具有良好的生物相容性、生物降解性和拉伸性能。然而，PLA 的韧性差（高脆性）和延展性低限制了 PLA 在各种应用中的应用。为了提高 PLA 的韧性，可以在 PLA 共混体系中使用抗冲改性剂，以降低 PLA 的脆性但不削弱其刚度。多家公司推出了抗冲改性剂（如表 8-4 所示），它们是专为 PLA 应用而设计的。Notta-Cuvier 等（2014）向 PLA 中添加了 10%（质量分数）的 Biomax Strong（BS）100 抗冲改性剂，显著提高了 PLA 的断裂伸长率和拉伸性能。此外，向增塑的 Cloisite 25A/PLA 复合材料中添加 10%（质量分数）的 BS 可获得良好的延展性，同时又保持了 PLA 复合材料的刚性和强度。Mat Taib 等（2012）将 BS 抗冲改性剂的含量提高至 50%（质量分数），可以显著改善缺口冲击强度和 PLA 的断裂伸长率。这也表明添加 BS 抗冲改性剂可以提高 PLA 的韧性。然而，发现 PLA 的拉伸模量和屈服应力随着 BS 抗冲改性剂的增加而降低。这是由于 BS 抗冲改性剂的增韧作用是通过增加 PLA 基体的塑性变形能力而降低了 PLA 的结晶度。Barletta 等（2017）将 1.8%（质量分数）的 Paraloid BPM-515 抗冲改性剂添加到 PLA/滑石粉复合材料中，以提高 PLA 与滑石粉填料之间的相容性效果，从而提高韧性。在 Diaz 等（2016）进行的一项研究中，将 Paraloid BPM-515 抗冲改性剂添加到 PLA 中会稍微增加断裂伸长率。另外，观察到 PLA 的抗冲击强度随着 Paralois BPM-515 抗冲改性剂的添加而迅速增加，这也表明了 PLA 的增韧作用。Choochottiros 和 Chin（2013）研究和合成了两种不同的 PLA 透明抗冲改性剂。他们合成了聚（丁二烯-甲基丙烯酸甲酯-甲基丙烯酸丁酯-丙烯酸丁酯-丙烯酸甲基丁酯-甲基丙烯酸-羟乙基酯）（称为 BMBH 共聚物）和聚（丁二烯-丙交酯-甲基丙烯酸-甲基丙烯酸酯-甲基丙烯酸丁酯）（称为 BLMB 共聚物）作为 PLA 抗冲改性剂，它们可通过增加与 PLA 基体的相容性来提高韧性和抗冲击强度，同时保持 PLA 的透明度。

但是，如前所述，所有市售 PLA 抗冲改性剂都是不可生物降解的，并且通常以 10%（质量分数）的量用于工业应用（Notta-Cuvier et al.，2014）。由于前面提到的市售抗冲改性剂不可降解，所以各种类型的可生物降解的聚合物就被用作 PLA 的可降解抗冲改性剂。PCL 是用作 PLA 抗冲改性剂最常用的可生物降解聚合物之一（Wang et al.，1998；Broz et al.，2003；Notta-Cuvier et al.，2014）。根据 Wang 等（1998）的研究，当 PLA/PCL 质量比为 80/20 时，反应相容的 PLA/PCL 共混物实现了协同相容性和增韧。另外，还有一些可生物降解的聚合物，也被用作 PLA 的可降解抗冲改性剂，例如聚碳酸亚丙酯、聚丁二酸丁二酯、聚对二噁烷酮、聚己二酸丁二酯-对苯二甲酸对苯二甲酸酯和聚己二酸四亚甲基酯-对苯二甲酸对苯二甲酸酯（Notta-Cuvier et al.，2014）。Odent 等（2012）对应用聚（ε-己内酯-co-δ-戊内酯）（无规脂肪族共聚酯）作为可生物降解的抗冲改性剂进行了研究，它提高了 PLA 的韧性，同时保持了 PLA 的透明性。

表 8-4　不同公司生产的 PLA 冲击改性剂的不同等级

公司	等级	应用	特性	参考文献
DuPont	Biomax Strong 100（乙烯共聚物抗冲改性剂）	包装及工业应用	混合量为 5%（质量分数）时，可改善韧性、冲击强度，保持与聚丙烯相似的透明度	DuPont Biomax Strong 100（2014）
	Biomax Strong 120（乙烯共聚物抗冲改性剂）	食品包装应用	增加韧性、柔韧性、抗冲击强度、良好的接触清晰度	DuPont Biomax Strong 120（2014）
Dow Chemical	Paraloid BPM-515（丙烯酸抗冲改性剂）	汽车，医疗和电子行业	增加韧性并保持透明度，降低成本	Dow Chemical（2010）
Arkema	Biostrength Strong 150（高效核壳抗冲改性剂）	不透明的应用，不需要高透明度	提高抗冲击强度，在耐久的片材挤出，注射成型应用中有效	Arkema（2008）；Biostrength 150-Opaque Impact Modifier（2014）
	Biostrength Strong 280（丙烯酸核-壳抗冲改性剂）	清晰度应用	增加 PLA 的韧性并保持透明度	Arkema（2008）；Biostrength 280-Transparent Impact Modifier（2014）

8.5.3　纤维增容剂/偶联剂

有很多学者研究了天然纤维（如洋麻纤维和亚麻纤维）对可降解聚合物如 PLA 和聚乙烯醇力学性能的增强作用（John，Anandjiwala，2008；Foruzanmehr et al.，2016；Lee et al.，2009）。具有生物可降解性、高韧性、高比强度、低成本、低密度、可再生的天然纤维是替代 PLA 复合材料中传统增强填料如碳酸钙的理想产品（Foruzanmehr et al.，2016）。然而，疏水性 PLA 与亲水性天然纤维之间的低相容性显著削弱了 PLA 复合材料的力学-物理性能，并限制了 PLA 复合材料的应用（Kumar et al.，2010；Lee et al.，2009）。Foruzanmehr 等（2016）进行的一项研究表明，通过使用溶液凝胶浸涂技术在亚麻纤维表面涂覆氧化 TiO_2 膜，可以显著改善亚麻纤维与 PLA 基体之间的界面黏合力。氧化亚麻/PLA 复合材料的加入显著提高了亚麻/PLA 复合材料的拉伸强度和断裂伸长率。这主要是因为纤维与 PLA 基体之间通过有效地转移纤维与 PLA 基体之间的应力而使纤维与 PLA 基体之间具有较好的界面结合力。Lee 等（2009）研究了 3-环氧丙氧基丙基三甲氧基硅烷作为偶联剂对洋麻纤维 PLA 复合材料力学性能的影响。用 3-环氧丙氧基丙基三甲氧基硅烷处理洋麻纤维可显著改善洋麻纤维与 PLA 基体之间的相互作用（Lee et al.，2009）。Wang et al.（2011）研究了在添加木粉的同时使用四种不同的偶联剂，乙烯基三甲氧基硅烷（乙烯基硅烷）、γ-氨基丙基三乙氧基硅烷（氨基硅烷）、γ-环氧丙氧基丙基三甲氧基硅烷（环氧硅烷）和γ-甲基丙烯酰氧基丙基三甲氧基硅烷（烯丙基酯硅烷），对木粉/PLA 复合材料的力学性能的影响。氨基硅烷、环氧硅烷和烯丙基酯硅烷的添加显著提高了木粉/PLA 复合材料的拉伸强度、断裂伸长率和抗冲击强度。这是因为硅烷偶联剂在 PLA 基体与木粉之间形成了"桥"，从而改善了 PLA 基体与木纤维之间的界面相互作用。

8.6　结论

通过添加包括增强填料等在内的各种添加剂，可以改善 PLA 的不良特性，例如脆性、低韧性、低热稳定性和较差的加工性能等。为了扩大 PLA 的应用范围，改善 PLA 现有的性能，不同学者对各种合适的添加剂进行了研究。另外，已使用多种增强添加剂来改善 PLA 的力学性能，以实现各个行业所需的目标性能。向 PLA 共混物中添加加工助剂的目的还在于提高熔融加工过程中 PLA 的加工性能。通常，加入添加剂和加工助剂旨在改善 PLA 的力学性能、加工性能、热性能和其他特殊性能的同时，又保持其生物可降解性和生物相容性。

参考文献

Arkema，2008. Arkema presents modifier range for PLA. Addit. Polym. 2008，4-5.

Arrieta，M. P.，Lopez，J.，Rayon，E.，Jimenez，A.，2014. Disintergrability under composting conditions of plasticized PLA-PHB blends. Polym. Degrad. Stab. 108，307-318.

Auras，R.，Harte，B.，Selke，S.，2004. An overview of polylactides as packaging materials. Macromol. Biosci. 4，835-864.

Awal，A.，Rana，M.，Sain，M.，2015. Thermorheological and mechanical properties of cellulose reinforced PLA biocomposites. Mech. Mater. 80，87-95.

Balakrishnan，H.，Hassan，A.，Wahit，M. U.，Yussuf，A. A.，Abdul Razak，S. B.，2010. Novel toughened polylactic acid nanocomposites：mechanical，thermal and morphological properties. Mater. Des. 31，3289-3298.

Barletta，M.，Pizzi，E.，Puopolo，M.，Vesco，S.，2017. Design and manufacture of degradable polymers：biocomposites of micro-lamellar talc and poly（lactic acid）. Mater. Chem. Phys. 196，62-75.

Bergsma，J. E.，De Bruijn，W. C.，Rozema，F. R.，Bos，R. R. M.，Boering，G.，1996. Late degradation tissue response to poly（L-lactide）bone plates and screws. Biomaterials 16，25-31.

Biostrength 150-Opaque Impact Modifier，2014. Available from：<www. palmerholland. com>.

Biostrength 280-Transparent Impact Modifier，2014. Available from <www. palmerholland. com>.

Broz，M. E.，Vanderhart，D. L.，Washburn，N. R.，2003. Structure and mechanical properties of poly（D，L-lactic acid）/poly（ε-caprolactone）blends. Biomaterials 24（23），4181-4190.

Carrasco，F.，Pagès，P.，Gámez-Pérez，J.，Santana，O. O.，Maspoch，M. L.，2010. Processing of poly（lactic acid）：characterization of chemical structure，thermal stability and mechanical properties. Polym. Degrad. Stab. 95，116-125.

Chen，P. Y.，Lian，H. Y.，Shih，Y. F.，Chen-Wei，S. M.，Jeng，R. J.，2017. Preparation，Characterization and Crystallization Kinetics of Kenaf Fiber/Multi-walled Carbon Nanotube/ Polylactic Acid（PLA）Green Composites. Mater. Chem. Phys. 196，249-255.

Choochottiros，C.，Chin，I. J.，2013. Potential transparent PLA impact modifiers based on PMMA copolymers. Eur. Polym. J. 49，957-966.

Cock，F.，Cuadri，A. A.，Garcia-Morales，M.，Partal，P.，2013. Thermal，rheological and microstructural characterisation of commercial biodegradable polyesters. Polym. Test. 32，716-723.

D' Amico，D. A.，Montes，M. L. I.，Manfredi，L. B.，Cyras，V. P.，2016. Fully biobased and biodegradable polylactic acid/［oly（3-hydroxybutirate）blends：Use of a common plasticizer as performance improvement strategy. Polym. Test. 49，22-28.

Daniels，A. U.，Chang，M. K. O.，Andriano，K. P.，1990. Mechanical properties of biodegradable polymers and composites proposed for internal fixation of bone. J. Appl. Biomater. 1，57-78.

Di，Y.，Iannacc，S.，Maio，E. D.，Nicolais，L.，2005. Reactively modified poly（lactic acid）：properties and foam processing. Macromol. Mater. Eng. 290（11），1083-1090.

Diaz，C. A.，Puo，H. P.，Kim，S.，2016. Film performance of poly（lactic acid）blends for packaging application. J. Appl. Packag. Res. 8（3），43-51.

Dow Chemical，2010. Dow introduces impact modifier for polylactic acid. Addit. Polym. 2，2-3.

DuPont Biomax Strong 100，Product Data Sheet. August 2014. Available from〈www. dupont. com〉.

DuPont Biomax Strong 120，Product Data Sheet. September 2014. Available from〈www. dupont. com〉.

Farah，S.，Anderson，D. G.，Langer，R.，2016. Physical and mechanical properties of PLA，and their functions in widespread applications—a comprehensive review. Adv. Drug Deliv. Rev. 107，367-392.

Field，G. J.，Micic，P.，Bhattacharya，S. N.，1999. Melt strength and film bubble instability of LLDPE/LDPE blends. Polym. Int. 48，461-466.

Foruzanmehr，M.，Vuillaume，P. Y.，Elkoun，S.，Robert，M.，2016. Physical and mechanical properties of PLA composites reinforced by TiO_2 grafted flax fibers. Mater. Des. 106，295-304.

Gu，S. Y.，Zhang，K.，Ren，J.，Zhan，H.，2008. Melt rheology of polylactide/poly（butylene adipate-co-terephthalate）blends. Carbohy. Polym. 74，79-85.

Guo，X.，Zhang，J.，Huang，J.，2015. Poly（；actic acid）/ polyoxymethylene blends：Morphology，crystallization，rheology，and thermal mechanical properties. Polymer 69，103-109.

Harris，A. M.，Lee，E. C.，2007. Improving mechanical performance of injection molded PLA by controlling crystallinity. J. Appl. Polym. Sci. 107，2246-2255.

Hashima，K.，Nishitsuji，S.，Inoue，T.，2010. Structure-properties of supertough PLA alloy with excellent heat resistance. Polymer 51，3934-3939.

Huda，M. S.，Drzal，L. T.，Mohanty，A. K.，Misra，M.，2008. Effect of fiber surface-treatments on the properties of laminated biocomposites from poly（lactic acid）（PLA）andkenaf fibers. Compos. Sci. Technol. 68，424-432.

Incardona，S. D.，Fambri，L.，Migliaresi，C.，1996. Poly-L-lactic acid braided fibers produced by melt spinning：characterization and in vitro degradation. J. Mater. Sci. Mater. Med. 7，387-391.

Jacobsen，S.，Fritz，H. G.，2004. Plasticizing polylactide—the effect of different plasticizers on the mechanical properties. Polym. Eng. Sci. 39（7），1303-1310.

Jiang，L.，Zhang，J.，Wolcott，M. P.，2007. Comparison of polylactide/ nano-sized calcium carbonate and polylactide/ montmorilonite composites：Reinforcing effects and toughening mechanisms. Polymer 48（26），7632-7644.

John，M. J.，Anandjiwala，R. D.，2008. Recent developments in chemical modification and characterization of natural fiber-reinforced composites. Polym. Compos. 29，187-207.

Kakinoko，S.，Yamaoka，S.，2010. Stable modification of poly（lactic acid）surface with nuerite outgrowth-promoting peptides via hydrophobic collagenlike sequence. Acta Biomaterialia. Available from：https：//doi. org/10. 1016/ j. actbio. 2009. 12. 001.

Kakroodi，A. R.，Kazemi，Y.，Nofar，M.，Park，C. B.，2017. Tailoring poly（lacticacid）for packaging applications via the production of fully bio-based in situ microfibrillar composite films. Chem. Eng. J. 308，772-782.

Kumar，R.，Yakabu，M. K.，Anandjiwala，R. D.，2010. Effect of montmorillonite clay on flax fabric reinforced polylactic acid composites with amphiphilic additives. Manufacturing 41（11），1620-1627.

Lee，J. H.，Park，T. G.，Park，H. S.，Lee，D. S.，Lee，Y. K.，Yoon，S. C.，et al.，2003. Thermal and mechanical characteristics of poly（L-lactic acid）nanocomposite scaffold. Biomaterials 24，2773-2778.

Lee，B. H.，Kim，H. S.，Lee，S.，Kim，H. J.，Dorgan，J. R.，2009. Bio-composites of kenaf fibers in polylactide：role of improved interfacial adhesion in the carding process. Compos. Sci. Technol. 69，2573-2579.

Li，H. Z.，Chen，S. C.，Wang，Y. Z.，2014. Thermoplastic PVA/PLA blends with improved processability and hydrophobicity. Ind. Eng. Chem. Res. 53（44），17355-17361.

Liu，X.，Yu，L.，Dean，K.，Toikka，G.，Bateman，S.，Nguyen，T.，et al.，2013. Improving melt strength of polylactic acid. Int. Polym. Process. 28（1），64-71.

Ma，Q.，Georgiev，G.，Cebe，P.，2011. Constraints in semicrystalline polymers：using quasi-isothermal analysis to investigate the mechanisms of formation and loss of rigid amorphous fraction. Polymer 52（20），4562-4570.

Maiza, M., Benaniba, M. T., Quintard, G., Massardier-Nageotte, V., 2015. Biobased additive plasticizing polylactic acid (PLA). Polimeros 26, 1-15.

Mat Taib, R., Ghaleb, Z. A., Mohd Ishak, Z. A., 2012. Thermal, mechanical, and morphological properties of polylactic acid toughened with an impact modifier. J. Appl. Polym. Sci. 123, 2715-2725.

Migliaresi, C., Cohn, D., Lollis, A. D., Fambri, L., 1991. Dynamic mechanical and calorimetric analysis of compression-molded PLLA of different molecular weight: effect of thermal treatments. J. Appl. Polym. Sci. 43, 83-95.

Moniruzzaman, M., Winey, K. I., 2006. Polymer nanocomposites containing carbon nanotubes. Macromolecules 39, 5194-5205.

Moon, S., Jin, F., Lee, C., Tsutsumi, S., Hyon, S., 2005. Novel carbon nanotube/poly (L-lactic acid) nanocomposites: their modulus, thermal stability, and electrical conductivity. Macromol. Symp. 224, 278-295.

Nagarajan, V., Mohanty, A. K., Misra, M., 2016. Perspective on polylactic acid (PLA) based sustainable materials for durable applications: focus on toughness and heat resistance. ACS Sustain. Chem. Eng. 4, 2899-2916.

Ng, H. M., Bee, S. T., Ratnam, C. T., Sin, L. T., Phang, Y. Y., Tee, T. T., Rahmat, A. R., 2014. Effectiveness of trimethylopropane trimethacrylate for the electronbeam-irradiation-induced cross-linking of polylactic acid. Nucl. Inst. Meth. Phys. Res. B 319, 62-70.

Niaounakis, M., 2015. PDL Handbook Series, Biopolymers: Processing and Products, vol. 5. Elsevier, Oxford, pp. 239-240.

Nijenhuis, A. J., Grijpma, D. W., Pennings, A. J., 1996. Crosslinked poly (L-lactide) and poly ([epsilon] -caprolactone). Polymer 37 (13), 2783-2791.

Notta-Cuvier, D., Odent, J., Delille, R., Murariu, M., Lauro, F., Raquez, J. M., et al., 2014. Tailoring polylactide (PLA) properties for automotive applications: effect of addition of designed additives on main mechanical properties. Polym. Test. 36, 1-9.

Odent, J., Raquez, J., Duquesne, E., Dubois, P., 2012. Random aliphatic copolyesters as new biodegradable impact modifiers for polylactide materials. Eur. Polym. J. 48 (2), 331-340.

Ouchiar, S., Stoclet, G., Cabaret, C., Georges, E., Smith, A., Martias, C., et al., 2015. Comparison of the influence of talc and kaolinite as inorganic fillers on morphology, structure and thermomechanical properties of polylactide based composites. Appl. Clay Sci. 116-117, 231-240.

Quan, H., Li, Z. M., Yang, M. B., Huang, R., 2005. On transcrystallinity in semi-crystalline polymer composites. Compos. Sci. Technol. 65 (7-8), 999-1021.

Rasal, R. M., Janorkar, A. V., Hirt, D. E., 2010. Poly (lactic acid) modifications. Prog. Polym. Sci. 35, 338-356.

Renstad, R., Karlsson, S., Sandgren, A., Albertsson, A. C., 1998. Influence of Processing Additives on the Degradation of Melt-Pressed Films of Poly (ε-Caprolactone) and Poly (Lactic acid). J. Envir. Polym. Degrad. 6 (4), 209-221.

Saravana, S., Bheemaneni, G., Kandaswamy, R., 2018. Effect of polyethylene glycol on mechanical, thermal, and morphological properties of talc reinforced polylactic acid composites. Mater. Today Proc. 5, 1591-1598.

Silva, T. F. D., Menezes, F., Montagna, L. S., Lemes, A. P., Passador, F. R., 2019. Preparation and characterization of antistatic packaging for electronic components based on poly (lactic acid)/carbon black composites. J. Appl. Polym. Sci. 136, 47273. Available from: https://doi.org/10.1002/APP.47273.

Swaroop, C., Shukla, M., 2018. Nano-magnesium oxide reinforced polylactic acid biofilms for food packaging applications. Internat. J. Bio. Macromol. 113, 729-736.

Tang, Z., Zhang, C., Liu, X., Zhu, J., 2012. The crystallization behavior and mechanical properties of polylactic acid in the presence of a crystal nucleating agent. J. Appl. Polym. Sci. 125, 1108-1115.

Tee, Y. B., Talib, R. A., Abdan, K., Chin, N. L., Basha, R. K., Yunos, K. F. M., 2014. Toughening poly (lactic acid) and aiding the melt-compounding with bio-sourced plasticizers. Agric. Agric. Sci. Proc. 2, 289-295.

Tokiwa, Y., Calabia, B. P., 2006. Biodegradability and biodegradation of poly (lactide). Appl. Microbiol. Biotechnol. 72,

244-251.

Wang, L., Ma, W., Gross, R. A., McCarthy, S. P., 1998. Reactive compatibilization of biodegradable blends of poly (lactic acid) and poly (ε-caprolactone) . Polym. Degrad. Stab. 59, 161-168.

Wang, L., Qiu, J., Sakai, E., Wei, X., 2016. The relationship between microstructure and mechanical properties of carbon nanotubes/polylactic acid nanocomposites prepared by twin-screw extrusion. Compos. Part A 89, 18-25.

Wang, Y., Qi, R., Xiong, C., Huang, M., 2011. Effects of coupling agent and interfacial modifiers on mechanical properties of poly (lactic acid) and wood flour biocomposites. Iran. Polym. J. 20 (4), 281-294.

Wootthikanokkhan, J., Cheachun, T., Sombatsompop, N., Thumsorn, S., Kaabbuathong, N., Wongta, N., et al., 2013. Crystallization and thermomechanical properties of PLA composites: effects of additive types and heat treatment. J. Appl. Polym. Sci. 129 (1), 215-223.

Xu, Y. Q., Qu, J. P., 2009. Mechanical and rheological properties of epoxidized soybean oil plasticized poly (lactic acid) . J. Appl. Polym. Sci. 112 (6), 3185-3191.

Yu, F., Liu, T., Zhao, X., Yu, X., Lu, A., Wang, J., 2012. Effects of talc on the mechanical and thermal properties of polylactide. J. Appl. Polym, Sci. 125 (S2), E99-E109.

Yu, L., Toilla, G., Dean, K., Bateman, S., Yuan, Q., Filippou, C., et al., 2013. Foaming behaviour and cell structure of poly (lactic acid) after various modifications. Polym. Int. 62 (5), 759-765.

Zhang, R., Cai, C., Liu, Q., Hu, S., 2017. Enhancing the melt strength of poly (lactic acid) via micro-crosslinking and blending with poly (butylene adipate-co-butylene terephthalate) for the preparation of foams. J. Polym. Environ. 25 (4), 1335-1341.

Zhou, Y., Lei, L., Yang, B., Li, J., Ren, J., 2018. Preparation and characterization of polylactic acid (PLA) carbon nanotube nanocomposites. Polym. Test. 68, 34-38.

延伸阅读

Hiljanen-Vainio, M., Varpomaa, P., Seppala, J., Tormala, P., 1996. Modification ofpoly (L-lactides) by blending: mechanical and hydrolyticbehaviour. Macromol. Chem. Phys. 197, 1503-1523.

Janorkar, A. V., Metters, A. T., Hirt, D. E., 2004. Modification of poly (lacticacid) films: enhanced wettability from surface-confined photografting process. Macromolecules 37, 9151-9159.

第9章

聚乳酸的成型加工工艺

9.1 **挤出**

聚乳酸（PLA）的挤出过程包括三个主要阶段：PLA 的连续熔化、输送和通过口模挤出。PLA 材料可以被熔融加工并使用挤出机对其进行混合制成 PLA 混合物，再通过吹塑、注塑、热成型等工艺加工制成最终产品（Lim et al.，2008）。一台典型的螺杆挤出机分为三个主要部分，分别是进料段、过渡段和计量段，如图 9-1 所示。对于进料段，它接收 PLA 复合物颗粒并将其输送到螺杆中。对于过渡段而言，螺杆的螺纹深度（请参见图 9-1）设计为逐渐减小以挤压 PLA 颗粒，从而增加 PLA 颗粒与机筒之间的接触（Lim et al.，2008）。过渡段也称为压缩段。对于计量段，螺杆的槽深恒定且较浅，以便泵送准确量的熔融 PLA（Kuhnert et al.，2017；Lim et al.，2008）。L/D 和压缩比是挤出机最重要的螺杆参数。L/D 是螺杆螺纹长度与螺杆外径的比，用于确定 PLA 熔体的剪切和停留时间。具有高 L/D 的螺杆有助于提供更好的混合、剪切热和更长的熔化时间（Lim et al.，2008）。相反，压缩比是指进料段的槽深与计量段的槽深之比。压缩比用于评估螺杆提供的剪切热。换句话说，螺杆的压缩比越高，提供给 PLA 熔体的剪切热就越大。通常，对于 PLA 加工，建议使用 L/D 为 24～30 且压缩比范围为 2～3 的典型螺杆（Kuhnert et al.，2017）。

在 PLA 塑化过程中，PLA 树脂（颗粒或粉末状）从进料斗进入挤出机的螺槽（Lim et al.，2008），利用液压或电动马达驱动螺槽中的螺杆，将压缩的 PLA 树脂（珠粒或粉末状）输送至螺槽的末端。由缠绕在螺槽上的加热器提供热量，使压实的 PLA 树脂熔化。螺杆上的螺槽能剪切并压实 PLA 树脂至螺杆通道。在压实的 PLA 通过过渡区的过程中，由于 PLA 树脂与螺杆槽之间的接触而产生的摩擦会产生额外的热量来熔化 PLA 树脂。来自加热片的热能和由于 PLA 树脂与螺杆和螺槽壁之间的剪切所产生的摩擦热相结合，可以提供足够的热量，使压缩的 PLA 在到达螺槽的末端前，其温度能达到 PLA 的熔点（在 170～180℃ 的范围内）（Lim et al.，2008）。缠绕在螺槽周围的加热片温度通常设置在 200～210℃ 的范围内，以确保 PLA 中所有晶相都能熔融并获得最佳的熔融加工黏度。从过渡区挤出后，PLA 熔体进入计量区。在计量区，泵产生的足够压力，将 PLA 熔体推出口模。

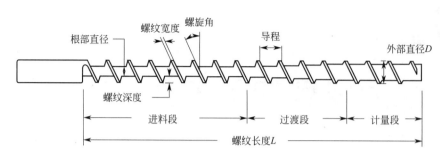

图 9-1 单螺杆挤出机螺杆的典型几何形状 (Lim et al., 2008)
经 Elsevier 许可转载。

9.2 吹塑

现在，由于环境意识的增强，在一些食品和饮料工业中已经用可生物降解的聚合物例如 PLA 代替不可生物降解的聚合物（例如聚丙烯、聚乙烯等）来制备饮料瓶。然而，PLA 瓶在饮料行业的应用仅限于对氧气不敏感的饮料，例如巴氏杀菌牛奶和纯净水饮料（Lim et al., 2008）。包括内部等离子体沉积、多层 PLA 瓶、外部涂层等在内的各种技术已被用来在 PLA 瓶的内层和饮料之间形成屏障。然而，这些技术的生产成本较高，限制了其在饮料工业中的应用。

注射拉伸吹塑成型技术主要被用于生产 PLA 基的瓶子（Lim et al., 2008）。基本上，注射拉伸吹塑技术生产 PLA 瓶的方法有两种：一步法和两步法。使用两步法生产 PLA 瓶的过程涉及两个连贯的步骤：一台注塑机和一台吹塑机（Castro-Aguirre et al., 2016）。最初，注射拉伸吹塑需要使用注射成型机进行预成型件的成型（也称为型坯成型）。之后，将型坯转移到吹塑机中。在吹塑机中，通过红外线加热器将型坯加热至 85～110℃，并在轴向拉伸的同时沿环向吹塑，以实现双轴取向。双轴取向 PLA 瓶的生产通过产生应变诱导结晶和稳定 PLA 瓶中的无定形区来改善 PLA 瓶的物理性能和阻隔性能。另外，将红外线加热器的功率设置在不同的水平，以寻找将型坯拉伸成具有均匀壁厚的瓶子的最佳拉伸过程（Lim et al., 2008）。而且，将热稳定剂（例如炭黑等）与 PLA 混合以增加对红外能量的吸收。PLA 型坯在再加热过程往往会发生收缩，尤其是在所生产瓶子的颈部和端盖附近区域，这些地方的注塑残余应力最大（Castro-Aguirre et al., 2016）。设计具有逐渐过渡区域的预成型件可以使收缩问题最小化。当预成型件达到最佳温度后，将其转移到吹塑模具中，然后调节喷嘴以密封预成型件，如图 9-2 (b) 和 (c) 所示。同时，拉伸杆以 1.0～1.5m/s 的速度向预制件移动，并将预制件拉伸到吹塑模具的底部，如图 9-2(c) ～ (e) 所示。当拉伸杆向预成型坯移动时，将压力为 0.5～2.0MPa 的压缩空气缓慢吹入预成型坯，以防止预成型坯和拉伸杆之间发生接触，如图 9-2(d) ～ (e) 所示。当拉伸杆到达底部时，将压缩空气的压力调节到 3.8～4.0MPa，以完全充满瓶子，从而使瓶子呈现出吹塑模具的形状，如图 9-2 (f) ～ (g) 所示。将瓶子从模具中取出之前，压缩空气需持续吹入瓶中并保持几秒钟以冷却瓶子。

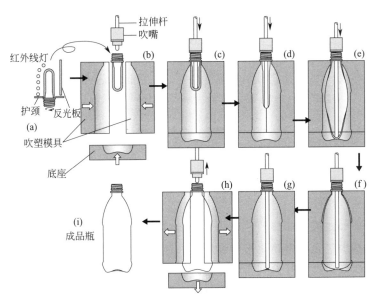

图 9-2　两步过程进行注射拉伸吹塑成型（Lim et al.，2008）

经 Elsevier 许可转载。

拉伸比类型	计算公式
轴向拉伸(AS)	A_b/A_p
环向拉伸比(HS)	H_b/H_p
平面拉伸比	$AS \times HS$

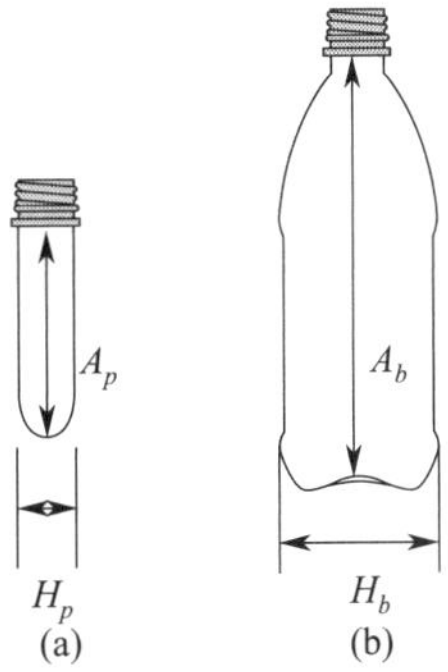

图 9-3　用于瓶坯（a）和瓶（b）设计的聚乳酸的典型拉伸比

经 Elsevier 许可转载。

　　另一方面，采用一步法的注射拉伸吹塑是在同一步骤中完成注塑和吹塑生产的。换句话说，一步法过程需要将注射成型单元和吹塑成型单元整合在同一台机器上（Castro-Aguirre et al.，2016）。在一步法中，将注射成型的型坯部分冷却至110℃左右，然后通过吹塑单元吹入的空气进一步拉伸。通过比较注射拉伸吹塑的一步法和两步法可知，在两步法过程中生产的预成型件在转移到吹塑机后需要进行重新加热，这会导致 PLA 型坯尤其是瓶颈发生略微的降解，并使 PLA 变脆。因此，对于一步法和两步法的生产工艺可能需要不同的设计（Lim et al.，2008）。

　　PLA 树脂在高应变比下进行拉伸时也表现出应变硬化。因此，应优化 PLA 预制品的拉伸工艺以获得具有最佳侧壁取向和壁厚的 PLA 瓶。此外，PLA 瓶坯的设计必须与 PLA 瓶的尺寸和形状相匹配，以便在吹塑过程中获得 PLA 瓶坯的最佳拉伸比。PLA 瓶坯拉伸不足会导致 PLA 瓶壁厚变化大且力学性能差。另一方面，过度拉伸可能会导致在 PLA 瓶表面形成微裂纹，从而使光发生衍射并导致应力变白。在 PLA 瓶的应用中，推荐使用重要关键特性和主要拉伸比为（图9-3）：瓶坯的轴向拉伸比为2.8~3.2，环向拉伸比范围为2~3，且理想的平面拉伸比范围为8~11（Lim et al.，2008）。此外，为了获得最佳的瓶胚设计，还需要考虑瓶体形状、过渡形状、台阶变化、芯部和腔体上的夹点等一些PLA瓶设计的标准特性。正确的瓶坯设计对于生产出力学性能、物理性能和透明度较好的PLA瓶具有重要意义。

9.3 注塑

注射成型是被广泛使用的最重要的加工方法之一，能将包括PLA在内的聚合物转变为形状复杂且具有高尺寸精度的热塑性成品（Kuhnert et al.，2017）。在注射成型机中，安装有一个三段螺杆挤出单元用来塑化聚合物熔体。注射成型机中的挤出单元设计有螺杆，该螺杆可以在机筒中往复运动，从而利用摩擦热将来自树脂入口处的聚合物树脂熔融，然后将聚合物熔体压入模腔，如图9-4所示。注射成型周期包括八个主要阶段，如图9-5所示。模具的关闭是注射成型周期的开始。模具关闭后，喷嘴将立即打开，螺杆将向前移动以将所需量的聚合物熔体注入模具腔中。当聚合物熔体注入模腔后，连续施加保持压力以将螺杆保持在靠前的位置，补偿冷却过程中聚合物材料的收缩。聚合物产品零件注射成型的冷却过程会加重材料的收缩变形，并伴随着结晶的发生和密度的快速增加，提供足够长的冷却时间以稳定聚合物产品尺寸。在注塑的聚合物产品零件冷却过程中，螺杆转动并且带动聚合物熔体向前移动。当聚合物产品零件充分冷却后，打开模具并卸载注塑好的聚合物产品零件（Lim et al.，2008；Kuhnert et al.，2017）。

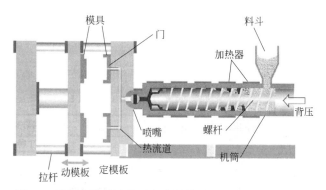

图9-4　注塑机的挤出单元和夹紧单元（Lim et al.，2008）
经Elsevier许可转载。

为了实现注射成型过程中生产效率的最大化，循环时间是最重要的参数之一，往往要求最小化。通常，将部分冷却的注塑零件转移到成型后的冷却装置中，可以通过减少冷却时间和延长注塑件在模具外的冷却时间帮助减少注塑过程的循环时间（Kuhnert et al.，2017）。除此之外，还可以通过缩短注射成型周期中非加工步骤的持续时间从而增大生产率，例如开模时间、零件从模具中弹出的时间以及关模时间。而且，降低模具温度还可以提高从聚合物中转移出热量的速率（Kuhnert et al.，2017）。另一方面，注射成型周期对于控制和降低由

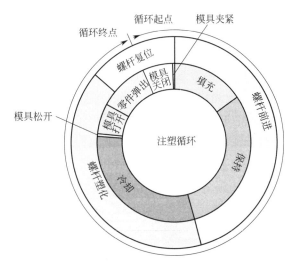

图 9-5 注塑过程循环 (Lim et al., 2008)

于 PLA 加速老化而导致的具有脆性行为的 PLA 注塑件的收缩效应也很重要。另外，在注射成型周期中的填充、保压和冷却阶段也是导致注射成型的聚合物部件收缩的重要因素。注射成型的 PLA 零件的结晶度低主要是由于 PLA 的结晶速度缓慢，这导致 PLA 的长链无法按有序结构排列 (Kuhnert et al., 2017)。此外，需要精确控制诸如冷却速率、模具温度、保压压力和成型后冷却处理等工艺参数，以防止 PLA 注塑件的收缩。

另一方面，注塑 PLA 零件的力学、物理和热性能在很大程度上取决于注塑过程中的加工参数。这些加工参数包括模具温度、熔体温度、保压压力、注射流量、最大剪切速率和剪切应力。根据 Kuhnert 等（2017）的报道，熔体温度和注射流量的加工参数会影响聚合物熔体注射到型腔中的剪切速率和剪切应力，同时也会影响热恢复应变测试和结晶度。较高的注射流量和较低的熔体温度有助于在分子取向上产生较高的剪切速率和剪切应力，从而获得较高的结晶度。另外，分子取向和结晶度也极大地影响了注塑 PLA 零件的力学性能，例如抗张强度和断裂伸长率。如前所述，由于注射过程中的剪切应力，链取向会影响注塑 PLA 零件的结晶度。有一种在注塑成型中被称为"剪切控制取向"的技术，可以用来增强 PLA（一种半结晶聚合物）的力学性能。该技术可通过推拉效应和能够外部控制的模内剪切和冷却改变处于固化状态的聚合物熔体在型腔中的形态 (Castro-Aguirre et al., 2016；Lim et al., 2008)。

9.4　热成型

热成型是一种利用真空压力将预加热的柔性塑料压成所需形状的过程，如图 9-6 所示。热成型是生产特征简单的 PLA 包装容器的常用加工方法，例如一次性杯子，一次性食品托盘，盖子和泡罩包装 (Castro-Aguirre et al., 2016)。首先，可以使用红外辐射加热器加热厚度大于 254μm 的挤出 PLA 板。用于加热 PLA 片的红外红色波长必须与 PLA 片的最大吸收率相匹配，以便将加热元件设置在大部分能量都能被 PLA 片吸收的温度下。然后在温度范围为 80~110℃的模具中对加热后的 PLA 片材进行热成型。通常用铝材模具来热成型 PLA 包装容器。在热成型的情况下，PLA 包装容器的取向可以帮助增加韧性（Lim et al.，2008）。在热成型过程之前，挤出的 PLA 片材在室温下非常脆。为了避免腹板断裂，应防止展开装置和骨架重绕装置的半径过小。热成型的 PLA 零件在发泡过程中被高度拉伸的区域，其脆性比法兰和唇形的要小。应先将 PLA 挤出板材加热至 90℃，然后再在热成型前修整 PLA 挤出板材。另外，PLA 挤出的片材不应暴露于高于 40℃的温度下，以免由于 PLA 片材的低热变形温度而使片材无法展开。通过热成型制备的 PLA 零件应储存在低于 40℃的温度下，以防止当暴露于较高温度下时 PLA 的分子量分解（Lim et al.，2008）。

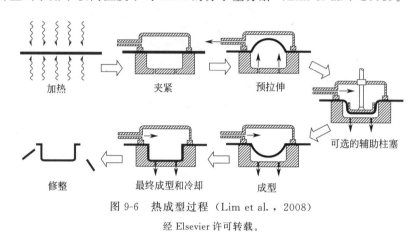

图 9-6　热成型过程（Lim et al.，2008）

经 Elsevier 许可转载。

9.5　先进技术：3D 打印、电子束辐照

9.5.1　3D 打印

3D 打印详见第 10 章 10.4 节。

9.5.2　电子束辐照

辐射交联是增强聚合物性能的最广泛使用的技术之一。通常，各种形式的高能辐射，例如电子束、X 射线和 γ 射线，能通过形成三维网络来优化聚合物的性能（Murray et al.，2013）。电子束辐照技术是通过添加交联剂在聚合物基体中形成交联网络的最有效方法之一。电子束辐照方法的应用可以用来增强聚合物的性能。当聚合物暴露于电子束辐射下时，电子束加速器释放的电子会攻击聚合物的高分子链，从而形成聚合物自由基。这些高能量的聚合物自由基倾向于在聚合物基体中发生反应，形成交联网络（C—C 分子间键合）。由于两个重要的机理——交联反应和断链反应，应用电子束辐照可以改变聚合物基体的结构和力学性能。在辐射过程中，交联反应和链段反应在聚合物基体中同时发生。如果在辐照过程中交联反应比断链反应更占优势，则交联聚合物的分子量将显著增加。占主导地位的交联反应可以显著提高聚合物的物理力学性能（Rytlewski et al.，2010；Ng et al.，2014）。相反，若断链反应多于交联反应，将导致聚合物基体严重降解，而这会引起聚合物分子量降低。在聚合物辐照过程中，为了使交联反应优于链段的断链反应，需要加入合适的交联促进剂。根据 Ng 等（2014）的研究，当用较高的电子束辐射剂量辐照时，原始的 PLA 倾向于断链反应而不是交联反应。这是因为电子束辐照的能量高，可以通过破坏 PLA 主链上碳原子之间的键来攻击 PLA 的主链，从而产生更多的随机短自由基。这些无规的短自由基与空气中的氧气反应形成过氧自由基。结果，通过进一步扩展 PLA 中的断链预作用来启动 PLA 中的链氢过氧化过程（Loo et al.，2005）。占优势地位的断链反应显著削弱了 PLA 的力学性能，并使其变脆。在 PLA 中加入交联促进剂三甲基丙烷三甲基丙烯酸酯（TMPTMA），显著促进了辐照条件下交联反应的发生，在 PLA 基体中形成三维网络。这是因为 TMPTMA 的存在可以产生更多的单体自由基，在 PLA 基体中形成大量的交联网络。

相比之下，高抗辐射聚合物如低密度聚乙烯（LDPE）与 PLA 的共混物也显示促进了 PLA 共混物基体中占优势的交联反应，而不是断链反应。Bee 等（2014），发现 LDPE 与 PLA 共混可延长并促进聚合物基体 LDPE／PLA 共混物发生交联反应。另外，还发现当 LDPE/PLA 基体受到电子束照射时，随着 LDPE 含量的增加会提高在 LDPE/PLA 基体中形成的交联度。这是由于电子束辐照的应用倾向于释放更多的长链聚合自由基，从而在 LDPE/PLA 基体中提高分子量交联网络的形成。电子束辐照的 LDPE/PLA 共混物的力学性能也可通过添加洋麻纤维得到改善。根据 Bee 等的报道（2015），随着洋麻纤维负荷的增加和辐照剂量的增加，LDPE/PLA 共混物的断裂伸长率降低。这归因于洋麻纤维与 LDPE/PLA 的聚合物基体之间的不良界面黏合作用，而这严重限制了聚合物自由基在聚合物基体中的迁移。因此，降低了聚合物基体中的交联度并限制了 LDPE/PLA 基体中聚合物链的滑移效应。

9.6　聚乳酸及其复合材料的回收方法和可持续性

尽管 PLA 是一种可生物降解的聚合物，其识别码如图 9-7 所示，但它仍然与石油基聚合物有许多相似之处。使用后的 PLA 也可以进行物理破碎、熔化并加工成不同的产品。换句话说，PLA 具有热塑性塑料的特性，可使用熔体再加工循环的方法。欧洲生物塑料（European Bioplastics，2019）报道，由于缺乏商业容量来支付 PLA 回收厂的建设成本，PLA 回收的可行性仍然不太乐观。尽管如此，对 PLA 的回收研究仍是可生物降解聚合物领域的一个重要组成部分，为今后建立可生物降解聚合物回收技术奠定了基础。

图 9-7　聚乳酸（PLA）的树脂识别码

根据美国塑料回收协会（APR）（2018）发布的指南，PLA 的树脂识别码（RIC）为 7，字母为"PLA"，以鼓励在混合塑料循环流中使用软 PLA，如图 9-7 所示。APR 是一个发布回收不同类型聚合物详细信息的组织，以实现对使用后材料的高质量回收。通常，使用后的 PLA 可分为无定形 PLA 和结晶 PLA。片状无定形 PLA 是从使用后的物品例如热成型、注塑和吹塑零件中获得的。同时，可以从取向薄膜或片材或短纤维或纺黏纤维中收集半结晶和结晶的 PLA。当从使用后的物品中收集 PLA 时，应记住这些物品在降解之前应该是高质量的（因为如果它是可生物降解的，则可以在更短的时间内更容易降解）。这种降解可通过结构弱化、粉末化、褪色、碎裂或渗漏来判断。使用后的产品发生降解是无法回收的，也不能与原始 PLA 混合使用，因为这会伤害原始 PLA 的质量。回收时，无定形 PLA 和结晶 PLA 必须分别在 43~55℃ 和 65~85℃ 的低温下干燥。PLA 需要在挤出前进行干燥的两个原因是：①避免熔点较低的 PLA 材料在回收机的预挤出干燥机中变黏，这可能会阻碍 PLA 在整个过程中流动；②避免水分子和 PLA 的反应导致水解降解，从而启动解聚过程。

此外，在 PLA 的回收过程中，严禁将非 PLA 材料与回收的 PLA 树脂混合/共混。由于在使用后物品里可能存在非 PLA 材料及涂层，所以可能会发生 PLA 与其他材料的意外混合。例如，PLA 瓶上可能贴有聚乙烯薄膜印刷标签，在回收过程之前需要将其除去，以避免由于聚合物组分的不相容而对聚合物产生不利影响。此外，回收商还需要意识到特殊的添加剂也会对回收的聚合物产生不利影响，例如抗静电剂、防粘连剂、防雾剂、防滑剂、紫外线稳定剂、抗冲改性剂、热稳定剂、填料和增强剂。这些添加剂需要进一步测试，以确保在混合不同的回收资源时具有相容性。

9.7 结论

PLA 是一种可生物降解的聚合物，可以使用挤出工艺将其混入不同等级的 PLA 树脂中。挤出的 PLA 树脂可以通过吹塑、注塑、热成型、3D 打印等多种常用加工方法进一步加工成 PLA 零件产品。本章还讨论了各种加工方法下 PLA 的加工条件。应用 3D 打印、电子束辐照等先进技术可以提高形状复杂、设计复杂的 PLA 的性能。对于 PLA 的回收，收集的使用后的 PLA 物品在降解之前应保持良好的质量。使用后的 PLA 产品若已发生降解，就无法通过与原始 PLA 树脂共混来回收，因为这可能会对产品产生不利影响。

参考文献

Bee, S. T., Ratnam, C. T., Sin, L. T., Tee, T. T., Wong, W. K., Lee, J. X., et al., 2014. Effects of electron beam irradiation on the structural properties of polylactic acid/polyethylene blends. Nucl. Instrum. Methods Phys. Res. B 334, 18-27.

Bee, S. T., Sin, L. T., Ratnam, C. T., Kavee-Raaz, R. R. D., Tee, T. T., Hui, D., et al., 2015. Electron beam irradiation enhanced of *Hibiscus cannabinus* fiber strengthen polylactic acid composites. Composites B 79, 35-46.

Castro-Aguirre, E., Iniguez-Franco, F., Samsudin, H., Fang, X., Auras, R., 2016. Poly (lactic acid) -mass production, processing, industrial applications, and end of life. Adv. Drug Deliv. Rev. 107, 333-366.

Gregor, A., Filová, E., Novák, M., Kronek, J., Chlup, H., Buzgo, M., et al., 2017. Designing of PLA scaffolds for bone tissue replacement fabricated by ordinary commercial 3D printer. J. Biol. Eng. 11, 31.

Horvath, J., 2014. Mastering 3D Printing: Modelling, Printing, and Prototyping With Reprap-Style 3D Printers. Springer.

Kikuchi, M., Suetsugu, Y., Tanaka, J., Akao, M., 1997. Prepration and mechnical properties of calcium phosphate/

copoly-L-lactide composites. J. Mater. Sci. Mater. Med. 8，361-364.

Kuhnert, I., Sporer, Y., Brunig, H., Tran, N. H. A., Rudolph, N., 2017. Processing of poly（lactic acid）. Adv. Polym. Sci. 282，1-33.

Lim, L. T., Auras, R., Rubino, M., 2008. Processing technologies for poly（lactic acid）. Prog. Polym. Sci. 33，820-852.

Loo, J. S. C., Ooi, C. P., Boey, F. Y. C., 2005. Degradation of poly (lactide-coglycolide)（PLA）and poly（L-lactide）（PLA）by electron beam radiation. Biomaterials 26，1359-1367.

Murray, K. A., Kennedy, J. E., McEvoy, O., Ryan, D., Cowman, R., Higginbotham, C. L., 2013. The effects of high energy electron beam irradiation in air on accelerated aging and on the structure property relationships of low density polyethylene. Nucl. Instrum. Methods Phys. Res. B 297，64-74.

Ng, H. M., Bee, S. T., Ratnam, C. T., Sin, L. T., Phang, Y. Y., Tee, T. T., et al., 2014. Effectiveness of trimethylopropance trimethacrylate for the electronbeam-irradiation-induced cross-linking of polylactic acid. Nucl. Instrum. Methods Phys. Res. B 319，62-70.

Niaza, K. V., Senatov, F. S., Kaloshkin, S. D., Maksimkin, A. V., Chukov, D. I., 2016. 3D-printed scaffolds based on PLA/HA nanocomposites for trabecular bone reconstruction. J. Phys. Conf. Ser. 741，012068.

Noorani, R., 2018. 3D Printing Technology, Applications and Selection. CRC Press.

Rytlewski, P., Malinowski, R., Moraczewski, K., Zenkiewics, M., 2010. Influence of some cross-linking agents on thermal and mechanical properties of electron beam irradiated polylactide. Radiat. Phys. Chem. 79，1052-1057.

The Association of Plastic Recyclers, 2018. The APR Designs® Guide for Plastics Recyclability - PLA Packaging. Available at www. plasticsrecycling. org.

Yan, Q., Dong, H., Su, J., Han, J., Song, B., Wei, Q., et al., 2018. A review of 3D printing technology for medical applications. Engineering 4，729-742.

第10章

聚乳酸的注射成型和 3D 打印

10.1 简介

众所周知，聚乳酸（PLA）可以采用多种聚合物加工方法，例如挤出、吹塑、吹膜、纤维纺丝、注塑和 3D 打印。为了以合理的成本生产高质量的产品，并最大限度地缩短生产时间，选择聚合物加工方法非常重要。注射成型是一种高效的加工方法，可以经济的生产极其复杂的高精度零件。注塑工艺自动化程度高、人力成本低、生产效率高。然而，设计和制造注射成型所需的模具，需要高度熟练和经验丰富的设计师和制造商。模具的制造可能很耗时，并且在处理复杂的塑料零件时需要特定的工具。模具的制造需要高质量的钢/金属材料，可能会进一步增加生产塑料产品的初始成本。因此，除非能够满足一定的产量，否则工业不太可能投资制造新模具。相比之下，为了满足快速成型的需求，人们发明了三维打印（3D 打印）。聚合物打印有两种打印方法——立体光刻打印（SLA）和熔融沉积打印（FDM）。SLA 技术适用于光敏树脂材料，用于制造需要高成本设备的高精度原型件。同时，FDM 是市场上最常见的 3D 打印技术。这主要是因为 FDM 降低了打印设备的成本，并且适用于多种热塑性材料。例如 PLA、丙烯腈-丁二烯-苯乙烯、尼龙、聚己内酯、高密度聚乙烯（HDPE）和聚丙烯均可以使用 FDM 方法进行打印。FDM 打印方法的优点在于，它不需要制造昂贵的模具即可生产设计复杂的塑料产品，只需要编程技能来建模形状，然后将其输入到合适的交互界面，这样设计就可以在 3D 打印机中打印出来。对比注射成型和 3D 打印，前者的生产速度非常快，后者的生产速度则较慢。选择注射成型还是 3D 打印在很大程度上取决于是否需要高度定制的产品，例如 3D 打印用于生产人造骨科零件，因为每个病人的需求不同。与用于注模的模具不同，生产商不必为每个特殊订单制造模具，因此 3D 打印是制造定制产品的解决方案。

10.2 聚乳酸的注射成型

PLA 和 PLA 化合物可通过常规注塑机加工。为了生产高质量的产品，有几个惯例需要遵循（NatureWorks，2011，2015a，2015 b）。

10.2.1 干燥

如前几章所述，PLA 是通过缩聚路径生产的。PLA 的极性特性决定了 PLA 是一种会吸水的亲水性聚合物。在 50% 的相对湿度和 23℃ 的温度下，PLA 的平衡水分含量为 2.3mg/mL，接近于聚对苯二甲酸乙二醇酯的 2.6mg/mL。尽管 PLA 是亲水性的，但它不溶于水。当 PLA 的软化和溶解可见时，就表明 PLA 已经发生了解聚并严重降低了 PLA 的性能。可以使用标准干燥系统（例如料斗干燥器）去除 PLA 的水分，该干燥系统可使水分含量低于 0.25mg/mL，可以在高温下进行加工时保持熔体黏度稳定。根据 NatureWorks（2015c）的研究，干燥无定形和结晶 PLA 的典型条件可以通过表 10-1 中描述的设置来实现，但是它仍然取决于待干燥树脂的体积和干燥器的设计效率。

表 10-1 聚乳酸（PLA）的推荐干燥条件

PLA 种类	无定形	结晶度
干燥时间/h	4	2
空气温度/℃	45	90
空气流量/[m³/(h·kg)树脂]	1.85	1.85

去除 PLA 的水分至关重要，因为水的存在会导致保留反应（解聚），尤其是在高温加工过程中。通常认为挤出物中发现的气泡是由于水分含量高，这需要额外的干燥时间。重要的是，这种情况不太可能发生，因为事实是大多数水分已在口模末端或真空系统中去除。实际上，水分子倾向于与 PLA 反应以引发水解，从而导致解聚，并且由水分子形成的气泡不太可能被观察到。可以进一步观察到，由于在 PLA 链中发生断链，许多 PLA 混合物具有较低的黏度和较差的力学性能。简而言之，在 PLA 挤出物中并不太可能发现气泡。

10.2.2 存储

由于 PLA 对湿气敏感，因此干燥后应放在密封包装中，远离大气条件。在干燥期间，干燥温度应保持在推荐温度以下，最高偏差不得超过 5℃。这是为了避免在干燥过程中产生的热导致颗粒桥接、黏接或熔化，而且过多的余热也会软化颗粒，使它们黏在一起，这也会导致颗粒在注塑料斗中难以向下流动，建议储存温度低于 50℃。

10.2.3 清洗

在进行实际生产过程之前，清洗是一项重要的过程。清洗的目的主要是除去残留在设备中，包括料斗、螺杆、机筒、流道和浇口的熔融聚合物，避免与新加入的 PLA 树脂混合。通常，NatureWorks（2011）建议使用聚丙烯作为介质。最初，使用低熔体流动速率（<1mg/10min）的聚丙烯树脂清洗注塑机至少 10~30min，直至排空系统。之后，加入熔体流动速率为 5~8mg/10min 的高熔体流动聚丙烯，继续清洗另外的 10~30min，直到系统再次被排空。最初使用低熔体流动速率（高熔体黏度）聚丙烯进行清洗的原理是将需要高剪切力的高黏度化合物/添加剂/填料从机筒内的孔洞和通道中清除。人们可以观察到许多小颗粒与熔融聚丙烯一起被缓慢挤出，直到最终看到透明的熔融聚丙烯。在这之后，使用较高熔体流动速率（低熔体黏度）的聚丙烯以确保最终的残留颗粒与先前的聚丙烯一起流出，以便

机筒环境可以在继续新的运行之前恢复到清空状态。在开始使用 PLA 进行生产之前，机器需要添加 PLA 并清洗几分钟，以确保清除熔体中的所有杂物。运行完成后，使用中等熔体流动速率的聚丙烯将 PLA 从挤出系统中清除。不建议将 PLA 留在机器中，因为在高温下，当机器停止运转并自然冷却时，空气中的水分会与机筒中的 PLA 发生反应，并可能导致副反应，如解聚或交联，在之后重新启动机器时会造成清洁/清洗困难。有关所选聚合物例如聚对苯二甲酸乙二醇酯、聚苯乙烯和聚丙烯的清洗条件的更多信息，请参阅 NatureWorks（2015b）发布的将现有聚合物的熔融物转变为 PLA 的建议。

10.2.4　常规注塑设置

PLA 适用于以 2.5~3 的压缩比进行注射成型。PLA 适用于热流道工艺，而具有薄壁设计的产品（如水杯）除遵循表 10-2 中 NatureWorks（2011）建议的一般设置外，还需要进行后续优化。另外，需要在母料中添加着色剂和增滑剂。采用滚筒式混合机进行预混，有利于获得均匀的效果。然而，由于市场上很少见到 PLA 母料，建议用户使用 PLA 作为载体生产自己的母料。使用 PLA 载体生产母料是有限制的，例如，矿物质如碳酸钙和添加剂如硬脂酸锌本身是吸水的，在高温下加工时会释放出水，随后水会与 PLA 发生解聚降解反应并破坏 PLA 性能。

表 10-2　注塑机加工聚乳酸的一般设置

区域	机筒条件设置	区域	机筒条件设置
进料口	20℃	喷嘴头	205~230℃
进料段	165℃	模具温度	25℃
压缩段	195℃	螺杆速度	50~100r/min
计量段	200~230℃	背压	150~200psi
热流道	205~230℃		

注：1psi＝6.895MPa。

10.3　注射成型聚乳酸与其他聚合物的对比

已经使用模拟方法对 PLA 的注射成型加工性能进行了几项综合研究。Sin 等（2013）进行了最早的研究，以比较 PLA 和 HDPE 的加工性能（图 10-1）。报道显示，由于 PLA 的极性酯官能团具有强的相互作用，因此 PLA 倾向于具有比 HDPE 更高的黏度，并因此导致链在受到剪切作用时自由滑动。因此，为了确保熔融的 PLA 进入模腔的填充时间短，需要将速度/压力转换（VSPO）的压力设置为 HDPE 的三倍。VSPO 是从柱塞速度控制到填料压力的切换，通常在型腔完全填满之前进行。当 VSPO 的设置不正确（范围较低）时，会在产品中发现短射缺陷。同时，降低 VSPO 的另一种替代方法是设置较高的注射温度，但缺点是不适合 PLA，因为它易受高温降解的影响，与 PP 和 HDPE 等聚合物对热不敏感，并且可以在较高温度下加工以降低注射压力。由于 PLA 的 VSPO 较高，因此处理 PLA 的保压压力比 HDPE 高三倍。同时，通过比较相似体积的型腔设计发现，用 PLA 生产的产品比 HDPE 重。原因是 PLA 的密度高于 HDPE。因此，在将生产从 PLA 转移到 HDPE 时，制造商需要考虑基于聚合物密度的成本计算，否则就会牺牲 PLA 的生产利润率。此外，需要考虑的一个因素是生产 PLA 产品所需的注塑成型机的吨位。例如，Sin 等（2013）研究发现，PLA 生产的夹紧吨位为 31.10t，是 HDPE（12.77t）的 2.5 倍。这说明选择合适的注塑机是成功地将产品从 HDPE 转化为 PLA 的关键。

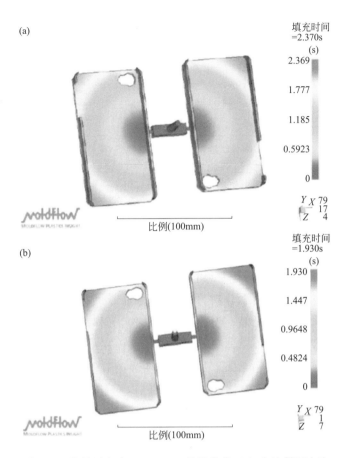

图 10-1　注射压力为 47.37MPa 的聚乳酸（a）和注射压力为
14.77MPa（b）的高密度聚乙烯的填充模拟屏幕输出
经 De Gruyter 许可转载。

相比之下，Sykacek 等（2009）的研究主要报道了 PLA 和其他生物聚合物与天然纤维混合后的加工特性。通常，当 PLA 中添加天然纤维时，熔融的 PLA 化合物的黏度会更高，导致注射速度需要相应提高。而且，分散在熔融 PLA 基体中的粗纤维在穿过狭窄的通道时会因为摩擦而产生热量。随后，需要延长冷却时间以完全消除热量。尽管如此，在熔融聚合物中添加 30% 的纤维时，纤维的刚性结构需要较低的保压压力、保压时间和转换点。当添加最多达 65% 的纤维时，由于熔融化合物无法流动，使得 PLA-纤维共混物无法进行注射成型。图 10-2 中给出了生产拉伸测试样条时，生物聚合物和纤维含量相对应的注射压力。

在最近的研究中，Oliaei 等（2016）研究了 PLA 及其混合物的翘曲和收缩率，包括 PLA-聚氨酯（TPU）和 PLA-热塑性淀粉（TPS）。在本研究中，使用 Autodesk Moldflow 对常见的塑料勺子形状进行了注塑成型分析，如图 10-3 所示，模具为六腔设计。众所周知，注塑聚合物产品的收缩率受聚合物材料的可压缩性影响，而聚合物材料的可压缩性与聚合物

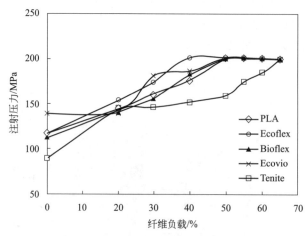

图 10-2　当添加天然纤维时，聚乳酸（PLA）和其他品牌名为
Ecoflex、Bioflex、Ecovio 和 Tenite 的生物聚合物的注射压力
经 Elsevier 许可转载。

材料的结晶程度有关。换句话说，可以通过添加无定形聚合物或通过快速冷却来破坏聚合物链的排列，从而控制材料的结晶程度。Oliaei 等（2016）报告了 PLA、PLA-TPU 和 PLA-TPS 在塑料勺中的最大体积收缩率分别为 9.724%、5.071% 和 5.305%。当加入 TPU 时，外来的聚合物链会影响 PLA 的结晶，形成半结晶结构。同时，淀粉的添加还可以进一步减少结晶，因为淀粉可以充当 PLA 基体中的成核剂，从而在冷却时干扰结晶结构的形成（这句话好像有点矛盾）。控制收缩率至关重要，因为明显的收缩率会导致翘曲，尤其是在较厚的部分。如图 10-4 所示，最明显的收缩和翘曲发生在浇口附近（红色斑点），这通常是因为与其他斑点相比，浇口斑点处的熔融聚合物的保压时间较短，因此，浇口处的收缩和翘曲较大。

翘曲的发生是由于模具凝固过程中发生的不均匀收缩。因此，消除翘曲最重要的方法是提供均匀的熔体温度和压力，以便实现均匀的收缩。为了实现均匀性，模具设计人员可以运用以下策略：

① 利用多个浇口，降低流量与壁厚的比值；

② 设计一种低流量阻力的平衡进料系统，以实现均匀的模腔压力；

③ 使用具有高导热性的模具插件，设计一个紧凑的冷却线路，最大限度地提高模具表面温度的均匀性；

④ 设计均匀的零件厚度，以确保整个型腔内的熔体压力和温度均匀。

除了良好的模具和零件设计可以减少翘曲发生，改进以下加工步骤也可以最大限度地减少翘曲：

① 高速填充型腔，以减少对凝固表皮的冷却；

② 尽量延长保压时间和保压压力，但要注意不要形成飞边；

③ 在保压阶段开始时采用较高的保压压力，以降低远离浇口处的收缩率。当熔融材料接近填满型腔时，保压压力逐渐降低，以避免过度填充而导致飞边。

④ 加入填料或聚合物复合材料例如矿物类型以减少半结晶聚合物如 PLA 的收缩。

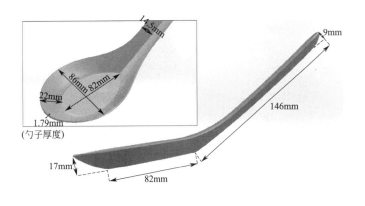

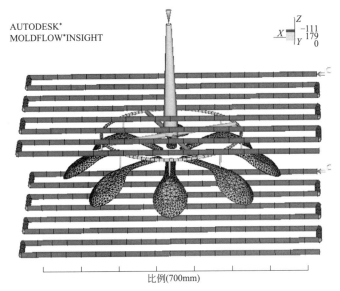

图 10-3　带有六腔设计包括冷却通道的汤匙布局

经 Elsevier 许可转载。

Heidari 等（2017）的进一步研究揭示了通过在 PLA 中添加三氯生和羟基磷灰石制作接骨螺钉的注塑加工性能，如图 10-5 所示。通常，添加三氯生导致在低剪切速率下黏度从 1000Pa·s 增加到约 10000Pa·s，而进一步添加羟基磷灰石则将黏度显著降低到小于 1000Pa·s。同时，与图 10-6 中的压力-体积-温度（PVT）相关的可压缩性已显示出明显的偏移（如三角形线所示），反映出 PLA 的收缩率发生了巨大的变化。从仿真结果发现，模具温度、注射时间和保压时间可以极大地影响翘曲和收缩。这是合理的，因为添加羟基磷灰石后，PLA 复合材料的黏度和 PVT 特性均发生了显著变化。表 10-3 显示了 PLA 复合材料的最佳加工条件。还值得注意的是，较高的模具温度、冷却液温度和熔体温度以及较短的保压时间会导致巨大的收缩和翘曲。这是因为具有半结晶特性的 PLA 倾向于形成大量的结晶结构，从而导致体积变化变得更加明显。简而言之，作为半结晶聚合物 PLA 的注射成型需要完善的预防措施，例如参数设置、模具设计和材料性能，以获得高质量的输出。尽管如此，用 PLA 代替当前的石油基聚合物并不需要对设备进行任何额外的改动，但努力优化工艺参数设定对于生产高质量的产品至关重要。

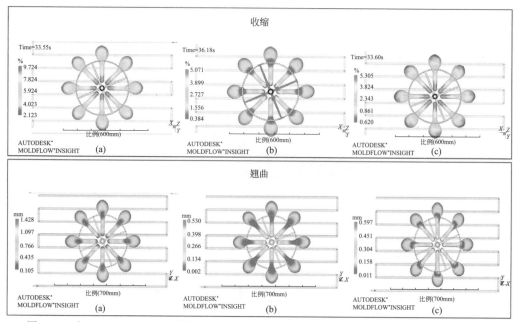

图 10-4　由 PLA（a），PLA-聚氨酯（b）和 PLA-热塑性淀粉（c）制成的汤匙的收缩和翘曲
经 Elsevier 许可转载。

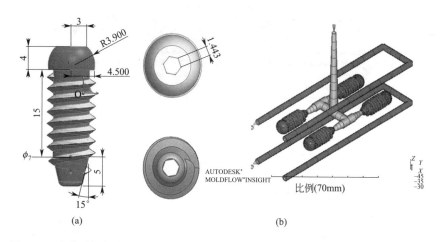

图 10-5　聚乳酸复合接骨螺钉的设计（a）和要注射成型的接骨螺钉的多腔设计（b）
经 Elsevier 许可转载。

表 10-3　对应于翘曲和收缩的生产聚乳酸（PLA）复合材料的最佳条件

材料		纯 PLA	PLA＋三氯生	PLA＋三氯生＋羟基磷灰石
冷却液温度/℃		8.75	8.75	8.75
模具温度/℃		46.28	49.78	42.12
熔体温度/℃		160.01	160.0	160.0
保压时间/s		2.50	2.50	2.50
注射时间/s		0.46	0.30	0.30
保压压力/MPa		90.00	83.10	88.39
仿真模具	翘曲（mm）	0.0973	0.0782	0.0601
	收缩（mm）	7.693	7.469	6.895

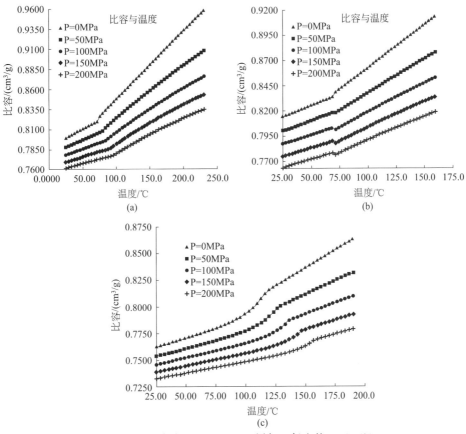

图 10-6　纯聚乳酸（PLA）（a），添加三氯生的 PLA（b），
添加三氯生和羟基磷灰石（c）的压力-体积-温度模型（虚线表示相变区域）

10.4　聚乳酸的 3D 打印

PLA 最常见的三维（3D）打印技术是增材制造技术，它通过建立计算机辅助设计，熔融挤出聚合物分层打印最终获得所需的产品。3D 打印是一种快速的原型制作技术，可以使用计算机软件轻松地将概念设计转换为产品。本质上，3D 打印机由机架、挤出机、电子控制系统、材料和软件组成，而且 3D 打印的质量高度依赖于打印机本身的精确控制。一般情况下，3D 打印过程包括如图 10-7 所示的步骤。

步骤 1:建立设计的 CAD 模型
这涉及使用软件包（即 AutoCAD,Pro/Engineer 或 Solidworks）创建 CAD 实体模型

步骤 2:将 CAD 模型转换为立体光刻(STL)文件格式
市场上有各种各样的 CAD 软件可用于设计模型,但是由于在快速原型制作行业中选择了 STL 作为标准,因此所有这些设计都需要转换为 STL 格式。三角形平面结构,以便进一步进行"切片"步骤

步骤 3:将 STL 文件划分/切片为 2D 横截面层
STL 文件将进一步进行切片过程,因此模型将分为几层。通常,此过程涉及 3D 打印机制造商提供的预处理软件。切片过程是为了根据精度要求调整层厚度。例如,当生产高精度物体时,期望厚度较小,但是打印时间较长。通常,良好的预处理还可以为涉及过头,内腔和薄壁截面的模型生成必要的支撑结构

图 10-7

> **步骤 4**:选择聚合物和参数
> 聚合物的选择需要满足要生产原型的要求。通常,选择 PLA、丙烯腈-丁二烯-苯乙烯共聚物(ABS)、尼龙、聚碳酸酯和聚甲基丙烯酸甲酯。每种聚合材料具有独特的特性,例如熔点和黏度,可以从一个等级到另一个等级变化(表 10-4)

> **步骤 5**:通过熔融/挤出的聚合物分层印刷原型
> 在处理并切片了 SLT 文件之后,将其发送到打印机执行。机器将逐层打印对象,直到完成

> **步骤 6**:清洁并准备好原型
> 完成打印过程后,将原型取下并需要适当清洁以确保机器的使用寿命。一些部件需要润滑,并且打印机喷嘴头需要清洁,以避免打印后残留聚合物造成的堵塞

图 10-7　3D 打印的步骤

通常,PLA 的 3D 打印为图 10-8 所示的长条型,市面上有多种颜色可供选择。PLA 打印条可以在各种打印机上成功打印,例如 Makerbot Replicator、Ultimakers 和 Formlabs、Flashforge、Shinning 和 Robo(Noorani,2018)。适用于 PLA 应用的 3D 打印机的价格非常便宜,在撰写本文时价格低至 399 美元。3D 打印机中使用的细条通常为 3 或 1.75mm。确保长条尺寸一致是很重要的,因为当长条的直径大于挤出机时,打印机会卡住并停止挤出。相反,当长条的直径太小时,打印质量(例如聚合物层的黏合效果)可能会变弱,从而导致产品质量下降。然而,当制造商报告的细条直径为 3mm 时,实际平均尺寸通常要小一些,因为制造商不想因为他们的细条太粗导致 3D 打印机停止工作而受到指责。

图 10-8　用于 3D 打印的 PLA 细条

尽管 PLA 被认为是机械强度较高的聚合材料,但是 PLA 打印部件的强度很大程度上取决于打印方向,因此设计时还应考虑以下方面:

① 施力方向,避免垂直于打印层;

② 根据构造方向增加支撑结构;

③ 当设计复杂的模型时,外壳厚度、打印样式和密度、零件间的相互连接均可能导致过早的出现脆性。

表 10-4　聚乳酸（PLA）和其他聚合物的三维打印参数

材料	平台温度/℃	打印温度/℃
PLA	60	210
ABS	100～110	240
尼龙 618	115	240
高抗冲聚苯乙烯	90～100	240
聚对苯二甲酸	80	210～250
聚碳酸酯纤维	90～100	270

此外，当挤出的熔融 PLA 落在平台/机床上时，平台/机床需要牢固地固定打印材料，以便打印过程顺利进行，避免打印点被拉出、干扰或扭曲。为了固定牢固，建议使用所谓的 Blue Painter（例如 3M Scotch 蓝色胶带）将 PLA 的打印平台固定在适当的位置（Horvath，2014）。PLA 打印材料将与 Blue Painter 胶带粘在一起，胶带可以很容易地移除而不会在打印完成后损坏模型。此外，蓝色油漆胶带还可以避免翘曲，特别是对于半结晶的 PLA 而言，当连续放置一层又一层熔融的 PLA 时会产生明显的不均匀收缩。除了使用 Blue Painter 的胶带外，在打印 PLA 时还可以加热平台以产生黏着效果。这是因为大多数熔融聚合物本质上是黏性的。然而，平台的温度非常重要，应避免软化甚至降解。值得注意的是，PLA 细条需要正确存放，避免暴露于湿气和高温下。原因是 PLA 细条在有水分和热效应的情况下会发生降解/解聚/断链。避免此问题的最方便的方法是将 PLA 细条保持在牢固密封的状态，并将其存放在相对湿度低于 10% 的干燥柜中。建议在开始打印之前再解封 PLA 细条。

许多研究人员声称，PLA 的 3D 打印技术可以以更实惠的价格生产医疗植入物。许多传统的制造工艺例如铸造或锻造会浪费时间来准备昂贵的工具/模具，并且无法满足各个患者的独特性。最普遍推荐的医学应用之一是 3D 打印支架。这些支架需要满足生物物理化学特性、结构特征、力学性能和耐久性的某些标准，以便为细胞生长以及代谢产生的营养物质和废物的运输提供互连的网络。此外，该支架还具有受控降解速率与体外或体内细胞/组织生长的吸附速率相同的生物相容性。这表明细胞能够长期黏附并与组织匹配（Yan et al.，2018）。因此，将生物活性陶瓷例如磷酸钙、羟基磷灰石和 β-磷酸三钙添加到 PLA 中，以满足上述要求（Kikuchi et al.，1997）。Niaza 等（2016）将 PLA 和平均粒径为 90 nm 和 1μm 的羟基磷灰石混合，然后通过熔丝制造方法在 220℃ 的喷嘴温度下 3D 打印出多孔支架。他们发现，共混了纳米级羟基磷灰石和微米级羟基磷灰石的 PLA 的杨氏模量分别为 4.0GPa 和 2.8GPa，小梁骨的模量在 3～5GPa 范围内。这表明 3D 打印的 PLA 纳米羟基磷灰石复合骨支架极有可能被用作骨植入物的替代物。Niaza 等（2016）还报道了，PLA-羟基磷灰石复合材料的 3D 打印是有利的，因为 3D 打印过程中层之间的烧结使它形成了高孔隙率的结构。尽管高孔隙率可能会导致结构较弱，从而影响复合材料的强度，但添加纳米级羟基磷灰石可以保证这种条件是安全的。如图 10-9 的微米级和纳米级羟基磷灰石扫描电子显微照片所示，羟基磷灰石纳米粒子在 PLA 基体中分布良好，而羟基磷灰石微米粒子发生了明显的团聚，且团聚体＞100μm。纳米粒子的良好黏合性为复合材料提供了出色的强度。

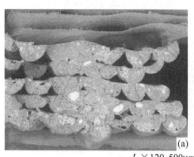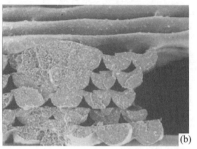

图 10-9　添加了微尺寸羟基磷灰石的聚乳酸（PLA）（a）

和添加了纳米级羟基磷灰石的 PLA（b）的扫描电子显微图

注意：（a）中白色部分表示结块。经 IOP 许可转载。

　　Gregor 等（2017）对比了使用 PLA 3D 打印支架结构的不同孔隙率，如图 10-10 所示。样品结构 ST1 和 ST2 在理论上分别具有 30％ 和 50％ 的孔隙率。这项研究的假设是，孔隙率较低的 ST1 和单个纤维相互重叠可以为细胞生长提供更好的支持，而纤维距离较大的 ST2 可能需要附加的细胞自支撑强度才能附着，这样细胞才能自己成长以弥补差距。将骨肉瘤细胞系 MG-63 以 20×10^3 个的密度接种在两个 PLA 支架上。MG-63 细胞分别接种于 ST1 和 ST2 上，共聚焦显微镜观察结果显示，两种支架上的细胞在都第 14 天形成了桥，生长速度都很快。进一步的观察也显示 7 天后两种支架上都产生了 I 型胶原的细胞群，但两种支架上都只有罕见的骨钙素染色。与 ST1 相比，高孔隙度 ST2 具有更好的细胞增殖能力。另一方面，ST1 支架的杨氏模量为 45.619MPa，而 ST2 支架的杨氏模量为 29.96MPa。这远远低于骨骼的强度 1～20MPa 和模量 1～100MPa（Gibson，1985）。为了克服这一缺陷，可以添加生物相容性陶瓷-羟基磷灰石纳米粒子，以在聚己内酯基体中将模量提高至 650 MPa（Santis 等，2015）（图 10-11 和图 10-12）。

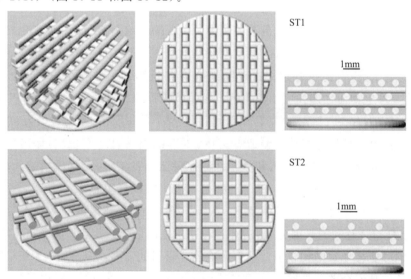

图 10-10　支架结构 ST1 和 ST2，其中 ST1 的孔隙率明显低于 ST2

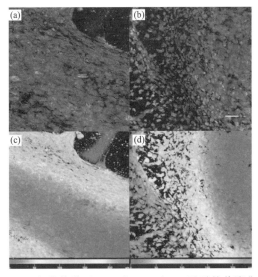

图 10-11　MG-63 细胞接种于 ST1 和 ST2 上 14 天后的共聚焦显微镜照片

将 MG-63 细胞接种于聚乳酸制成的 ST1（a，c）或 ST2（b，d）支架上，培养 14 天后用共聚焦显微镜观察。细胞固定，细胞膜用 DiOC6（3）染色（绿色），细胞核用碘化丙啶染色（红色）。显示细胞深度（d）分布的最大投射（a，b）和彩色编码投射（c，d）均显示了 MG-63 细胞的融合层 [（c）中 $d=180\mu m$，（d）中 $d=200\mu m$]，以及连接两种支架上纤维的细胞之间形成的桥梁。物镜×10，放大倍率×2，比例尺＝$50\mu m$。有关更准确/彩色的观察，请直接参考源文件。改编自 Gregor A，FilováE，Novák M，et al. Designing of PLA scaffolds for bone tissue replacement fabricated by ordinary commercial 3D printer. J. Biol. Eng.，2017，11：31。

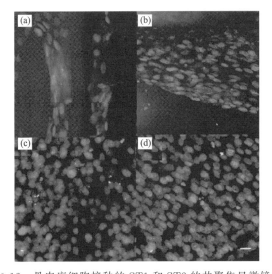

图 10-12　骨肉瘤细胞接种的 ST1 和 ST2 的共聚焦显微镜照片

培养 7 天和 14 天后，从接种有骨肉瘤细胞 MG-63 的聚乳酸中的 ST1（a，c）和 ST2（b，d）支架的共聚焦显微镜照片。使用针对Ⅰ型胶原蛋白（a，b）或骨钙素（c，d）的单克隆抗体进行免疫组织化学染色，然后与 Alexa Fluor 488 偶联的第二抗体（绿色）和细胞核的碘化丙啶染色（红色）显示产生细胞的组，7 天后，两个支架（a，b）上的Ⅰ型胶原蛋白，但 14 天后，两个支架（c，d）仅出现罕见的骨钙素染色。物镜×10，放大倍率×4，比例尺＝$20\mu m$。有关更准确/彩色的观察，请直接参考源文件。改编自 Gregor A，Filová E，Novák M，et al. Designing of PLA scaffolds for bone tissue replacement fabricated by ordinary commercial 3D printer. J. Biol. Eng.，2017，11：31。

10.5 结论

PLA 可以通过注射成型和 3D 打印技术进行加工。两种技术都主要用于生产复杂的物品。最显著的差异是生产率、操作复杂性和操作成本。尽管如此,这两种技术是相辅相成的,并且到目前为止,尚无迹象表明 3D 打印已取代注塑技术。对于 PLA 而言,注射成型主要用于批量生产,如生产食品器具、容器和文具等产品,而 3D PLA 打印则用于以休闲娱乐为目的的打印模型。PLA 的三维打印也已广泛用于打印高度个性化的医疗产品,例如在整形外科应用。虽然 PLA 已经使用了很长时间,但利用这两项技术优化加工仍然是值得研究的,特别是当消费者需要更多的生物降解产品时。强烈建议注塑机和 3D 打印机的制造商为用户提供详尽的操作指导,以便他们能够轻松适应从石油基聚合物到可生物降解的聚合物(尤其是 PLA)的转换,因为生物降解聚合物的生产是目前全世界发展的趋势,在未来的几十年里,它的增长将是巨大的。

参考文献

Gibson, L. J., 1985. The mechanical behaviour of cancellous bone. J. Biomech. 18, 317-328.

Gregor, A., Filová, E., Novák, M., Kronek, J., Chlup, H., Buzgo, M., et al., 2017. Designing of PLA scaffolds for bone tissue replacement fabricated by ordinary commercial 3D printer. J. Biol. Eng. 11, 31.

Heidari, B. S., Oliaei, E., Shayesteh, H., Davachi, S. M., Hejazi, I., Seyfi, J., et al., 2017. Simulation of mechanical behaviour and optimization of simulated injection molding process for PLA based antibacterial composite and nanocomposite bone screws using central composite design. J. Mech. Behav. Biomed. Mater. 65, 160-176.

Horvath, J., 2014. Mastering 3D Printing: Modelling, Printing, and Prototyping With Reprap-Style 3D Printers. Springer.

Kikuchi, M., Suetsugu, Y., Tanaka, J., Akao, M., 1997. Prepration and mechnical properties of calcium phosphate/copoly-L-lactide composites. J. Mater. Sci. 8, 361-364.

Natureworks, 2011. Injection Moulding Guide for Ingeot™ Biopolymer. Available at: 〈https://www.natureworksllc.com/.〉.

Natureworks, 2015a. Best Practices for Ingeot™ Processing. Available at: 〈https://www.natureworksllc.com/〉.

Natureworks, 2015b. Recommendations to Transition a Melt Process From an Incumbent Polymer to Ingeot™ Biopolymer. Available at: 〈https://www.natureworksllc.com/〉.

Natureworks 2015c. Injection Molding Guide for IngeoTM Biopolymer. Available at 〈https://www.natureworksllc.com/〉.

Niaza, K. V., Senatov, F. S., Kaloshkin, S. D., Maksimkin, A. V., Chukov, D. I., 2016. 3D-printed scaffolds based on PLA/HA nanocomposites for trabecular bone reconstruction. J. Phys.: Conf. Ser. 741, 012068.

Noorani, R., 2018. 3D Printing Technology, Applications and Selection. CRC Press.

Oliaei, E., Heidari, B. S., Davachi, S. M., Bahrami, M., Davoodi, S., Hejazi, I., et al., 2016. Warpage and shrinkage optimization of injection-molded plastic spoon parts for biodegradable polymers using Taguchi, ANOVA and artificial neural network methods. J. Mater. Sci. Technol. 32, 710-720.

Santis, D. R., Russo, A., Gloria, A., D'Amora, U., Russo, T., Panseri, S., et al., 2015. Towards the design of 3D fiber-deposited poly (ε-caprolactone)/irondoped hydroxyapatite nanocomposite magnetic scaffolds for bone regeneration. J. Biomed. Nanotechnol. 11, 1236-1246.

Sin, L. T., Ng, Y.-R., Bee, S.-T., Tee, T.-T., Rahmat, A. R., Ma, C., 2013. Comparison of injection molding processability of polylactic acid and high density polyethylene via computational approach. J. Polym. Eng. 33, 121-132.

Sykacek，E.，Hrabalova，M.，Frech，H.，Mundigler，N.，2009. Extrusion of five biopolymers reinforced with increasing wood flour concentration on a production machine，injection moulding and mechanical performance. Composites：Part A 40，1272-1282.

Yan，Q.，Dong，H.，Su，J.，Han，J.，Song，B.，Wei，Q.，et al.，2018. A review of 3D printing technology for medical applications. Engineering 4，729-742.

第**11**章

聚乳酸的应用

11.1 简介

聚乳酸（PLA）是一种可生物降解的聚合物，具有广泛的应用。由于与哺乳动物接触后具有生物相容性和生物降解性，所以在生物医学和制药领域有着几十年的广泛应用。然而，由于在实验室中合成成本高，多年来，PLA 的应用一直非常有限。在大多数情况下，采用直接缩聚路线通过乳酸生产 PLA。所得的 PLA 分子量低且力学性能差。

随着开环聚合生产的发展，PLA 的性能得到了极大的改善。该途径需要被称为丙交酯的中间物质。丙交酯是乳酸的环状二聚体，可以是 L-丙交酯、D，L-丙交酯（内消旋丙交酯）和 D-丙交酯三种形式的立体配合物。如今，PLA 的合成很少以乳酸的化学合成起始。所用的乳酸是通过碳水化合物如淀粉和纤维素发酵而来的。很大一部分来自玉米和木薯。基于微生物的发酵主要产生 L-乳酸。

目前，NatureWorks 是最大的家用 PLA 生产商。NatureWorks 采用丙交酯开环聚合技术，年产 15 万吨品牌名为 Ingeo 的 PLA。NatureWorks 的 PLA 主要用于生产可生物降解的包装、容器、衣物、纤维等。道达尔-科碧恩（Total-Corbion）是生物医学和制药行业乳酸及其衍生物和 PLA 的主要生产商。

本章总结了 PLA 的产品应用。PLA 的应用可分为三大类：家用、制药/生物医学以及 3D 打印及工程。产品、商品名和生产商均包括在本文中。目的不是做广告，而是提供支持性信息和参考。

11.2 家用聚乳酸

世界上生产的大多数 PLA 均用于服装、瓶子、杯子和食品包装用品等家用产品（表 11-1）。这些 PLA 产品的目标是替代现有的石油基化学聚合物，其优势在于 PLA 产品具有环境友好的生产过程，并且废弃物可生物降解。自本书第一版出版以来，PLA 的应用和功能得到了极大的发展。作者认为，消费者已经充分意识到了 PLA 的优势，并且 PLA 不再被视为应用受限的特种聚合物。

表 11-1　家用聚乳酸

应用	制造商/用户(产品)	描述
服装和家居	Mill Direct Apparel(夹克、帽子、polo 衫),Codiceasbarre(衬衫),Gattinoni(婚纱),Descente(运动服),Biovation,Guy&O'Neill(个人卫生湿巾)	PLA 纤维用作制造服装的材料。根据 NatureWorks(2011a)的研究,使用 Ingeo 替代 10000 件聚酯性能运动衫,可以帮助节省相当于驾车 11500mi (1mi=1.6km)、使用 540gal[1gal(美)=3.785L,1gal(英)=4.546L]汽油/温室气体的排放量的化石燃料。PLA 制成的服装具有优异的排汗性能,并具有较低的湿度和气味保持能力。对于服装,Ingeo 可以与最多 67% 的天然纤维素或人造纤维混合,以实现多种性能。 同样,根据 NatureWorks(2006)的研究,将 35% PLA 纤维和 64% 黏胶纤维制成的抹布与 35% 聚酯纤维和 65% 黏胶纤维制成的湿巾进行比较时,PLA 的液体吸收时间约为 1.5s,小于聚酯纤维的 2.4s,而且与聚酯纤维相比,添加 PLA 可以使强度和伸长率提高 5%~20%
瓶子	Shiseido-Urara(洗发水瓶),Polenghi LAS(柠檬汁瓶),Sant'Anna(矿泉水瓶)等	PLA 适用于制造瓶子。大多数 PLA 等级都适合在室温或略高于室温的条件下使用。这是因为 PLA 瓶在 50~60℃ 的温度,即 PLA 的玻璃化转变温度(T_g)下会变形(NatureWorks,2011b)。当温度达到 T_g 时,塑料的无定形链迁移率开始显著增加。PLA 材料在室温下呈玻璃状且呈刚性,在 T_g 时逐渐变为可蠕动且呈橡胶状。但是,PLA 瓶具有出色的光泽和透明性,该优点可与聚对苯二甲酸乙二醇酯(PET)相当。PLA 还具有出色的气味和香气阻隔性能。替换 100000 个 32oz(1oz=29.57mL)果汁瓶可以节省相当于 1160gal 温室气体或汽车行驶 23800mi 的化石燃料(NatureWorks,2011c)
杯子和食品包装用具	Fabri-Kal(冷饮杯和盖子),Coca-Cola(热饮杯内层),Avianca(飞机上用的冷饮杯),StalkMarket(餐具套装),Go-Pak Edenware(杯子和餐具)等	这是 PLA 最重要的应用之一。PLA 用于这些应用,以减少不可降解的、将被填埋的一次性食品包装用品例如杯子、盘子、器皿和餐具等的体量。通常,聚苯乙烯和聚丙烯由于低成本、轻质和可接受的特性被广泛用于生产食品包装产品。PLA 是一个很好的选择。它具有出色的光泽度、透明度、可印刷性和刚性。它对油脂、油和水分具有良好的阻隔性能,并具有适应高产量塑料技术(如注塑和热成型)的灵活性。PLA 也适用于涂布或做纸杯内衬。PLA 的环保特性意味着,当替代每百万用石油化工聚合物生产的杯子、叉子、勺子和刀子时,可以帮助节省 5950 加仑气体/温室气体的排放(NatureWorks,2011d)。在 Total-Corbion PLA 最近报告的一项改进中提到,PLA 用于食品包装时可以抵抗高达 120℃ 的温度
食品包装	美国 BSI Biodegradable Solutions,DartContainer,Eco-Products,Excellent Packaging & Supply,Fabri-Kal,International Paper,Minaplast,Pactiv,PrimeLink Solutions,Repurpose,Stalkmarket,Tilton Plastic,World Centric。 亚太地区 澳大利亚 BioPak 公司,建富生物技术公司,Ecoware 公司,合肥恒新公司,金源福公司,SeeBox,威门工业公司。 欧洲 I. L. P. A. Huhtamaki 集团,Greenbox Bio4Pack Srl-Divisione ILIP,Isap 包装公司,伦敦生物包装公司,Vegware 参考:Ingeo 食品包装供应商指南(NatureWorks,2018)	PLA 适用于轻质透明食品包装容器。它具有很高的光泽度,并且易于印刷,与现有材料(例如聚苯乙烯,聚乙烯和 PET)相同。PLA 制成的容器盖可堆肥和再生;典型的容器盖应用包括酸奶罐、三明治盒以及用于水果、面食、奶酪和其他熟食产品的新鲜食品托盘。展示了 NatureWorks 给出的可堆肥熟食封盖的设计方案。 这种盖子设计的优点是:在高达 47℃ 下具有优异的气味和香味屏障,对与食品接触的大多数油脂都具有很强的抵抗力(NatureWorks,2011e)。热封可以在低至 80℃ 的温度下进行,热封强度>1.5 lb/in(1lb=0.45kg,1in=25mm)。PLA 与许多天然表面能为 38 dyne/cm²(1dyne=10^{-5}N)的油墨配方具有良好的相容性。电晕和火焰的额外处理可以进一步将表面能提高到 50 dyne/cm² 以上。将 25 万个中号熟食店容器替换为 PLA 可以节省 3000 加仑的天然气/温室气体的逐步排放(NatureWorks,2011f)

应用	制造商/用户（产品）	描述
薄膜	Frito-Lay（SunChip），Walmart（沙拉包装），Naturally Iowa（EarthFirst 收缩套标），Taghleef Industries（具有可热封，金属化和涂层的 Nativia），Amcor（Nature-Plus）等	PLA 薄膜用于烘焙食品、糖果、沙拉、收缩包装纸、信封窗、层压涂层、多层性能包装、乳制品易腐烂品等。PLA 可以制成用于包装袋的双轴取向塑料薄膜。埋在堆肥中的 PLA 塑料袋需要几个月的时间才能完全降解。膜的厚度影响降解和质量损失速率。由 NatureWorks 销售的 PLA，能用专门加工低密度聚乙烯薄膜的吹膜设备来生产。它也可以用定向聚丙烯设备进行处理，只需对设置进行一些改动即可。每年，有数以百万计的塑料袋被丢弃，对地面和水造成白色污染。用 PLA 袋代替石油基塑料袋可以有助于保护环境。替换 2000 万个沙拉包装袋可以帮助节省相当于 29200gal 温室气体排放的化石燃料（NatureWorks，2011g）
商务卡	金雅拓（Gemalto）和 CardImpulz（卡制造商为 PLA 卡提供了其他功能，例如磁条、签名板、烫印等）	由 PLA 制成的交易卡具有与聚乙烯、聚氯乙烯（PVC）或 PET 一样的耐用性。现有的大多数塑料卡都是一次性的，例如礼品卡或预付充值卡。每年都有数百万张普通的酒店钥匙卡，以及会员卡和交易卡。PLA 卡对安全性和磁条具有很好的适应性。它们具有耐用性，可以进行层压。适合在 PLA 卡上打印的油墨有水性丙烯酸和溶剂型硝化纤维素以及聚酰胺。通过将 4000 万张塑料卡片转换为 PLA，可以节省相当于 20800gal 的天然气/温室气体或一辆汽车行驶 691700mi 的排放量（NatureWorks，2011h）。最近，PLA 名片和一次性身份证已在全球范围内被广泛接受以取代 PVC。它们可以嵌入其他功能，例如磁条，签名板，烫印等
刚性消费品	Bioserie（iPod 和 iPad 保护套），Henkel（校正辊和文具），NEC（Nucycle 台式计算机），Cargo（唇膏盒），Supla（触摸屏计算机）	PLA 被广泛用作电子设备、化妆品和文具的外壳。PLA 的刚性特性可以为高度敏感的产品（例如电子产品和化妆品）的外壳提供保护。市场上有几种等级的 PLA 专为高冲击力和热稳定的应用而设计。PLA 很容易与纤维结合形成复合材料，用于极端应用。PLA 复合材料的潜在应用包括具有良好硬度的计算机机壳。由于电子设备的发展和营业额巨大，PLA 在当今的电子行业中非常重要。一年之内，由于嵌入式软件的原因，手持设备可能会过时。每年，要处置数百万个手机外壳。每 100 万个外壳产生 6400gal 的温室气体排放量。笔记本电脑外壳、一次性剃须刀、笔、化妆品容器等都给垃圾填埋场造成了负担。由于 PLA 具有生物降解性，因此用 PLA 替代石油化学基塑料可减少垃圾掩埋场的废物量。生命周期分析表明，与石油基聚碳酸酯/ABS 共混物相比，含有 75％PLA（来源于植物）的台式计算机可显著减少碳足迹，并将 CO_2 排放量降低约 50％
家用纺织品	Eco-centric（靠垫），Ahlstrom（茶包），Natural Living（床垫套），Ecomaco（Toray 生产的 Ecodear 制成的 PLA 纤维），纸浆，纤维创新技术，O'Mara，Palmetto Synthetic（PLA 纤维生产商）	PLA 可以转化为纤维以替代现有的 PET 产品，例如织物。这种形式的 PLA 具有同样良好的透气性和舒适性。它具有出色的水分管理性能和良好的温度调节特性。PLA 织物易于护理、快速干燥且无需熨烫。根据 AATCC 135-2004ⅢA（美国纺织化学家和染色师协会，2006 年），通过比较 PLA 纤维与大豆纤维和竹纤维，确定 AATCC 在水洗和滚筒式干燥后的收缩率。PLA 纤维在三次洗涤后长度减少了 2.2％，而大豆和竹纤维分别减少了 15.0％和 17.2％（NatureWorks，2011i）。尽管竹子、大豆和 PLA 都是可生物降解的，并且是农业生产的，但 PLA 纤维往往显示出优越的性能。 PLA 纤维的一些优越特性： ①低吸湿性和高排汗性，有利于运动，演出服装和产品； ②不易燃且燃烧时烟少； ③耐紫外线的户外家具和装饰产品
无纺布产品	GroVia（尿布），Elements Naturals（婴儿湿巾），Biovation（具有集成抗微生物特性的无纺纤维产品，用于食品包装和伤口护理）等	许多非织造产品可以用 PLA 代替 PET 和聚丙烯制成。现有的合成无纺布产品，例如尿片、婴儿湿巾、卫生巾、购物袋等，在掩埋后需要数百年才能降解。PLA 是有利的，因为它可以纺成纤维。它具有低易燃性，极限氧指数为 26，高回弹力和优异的排汗性。还发现，PLA 纤维的延伸率分别比羊毛和棉高 20％和 45％（NatureWorks，2011j）。测试显示，PLA 不会刺激哺乳动物的身体（NatureWorks，2011k）。当用 PLA 替换 100 万个 PET 和聚丙烯尿片时，可以帮助节省相当于 1000gal 化石燃料的气体/温室气体排放量或驾驶汽车 12800mi 排放量

续表

应用	制造商/用户(产品)	描述
泡沫托盘	Sealed Air(Cryovac Nature-TRAY 食品托盘),Dyne-a-pak Inc(Dyne-a-pak Nature 肉类泡沫托盘)等	泡沫托盘在包装中很重要,特别是对于新鲜食品而言。"Styrofoam"是由聚苯乙烯制成的知名泡沫托盘。这种类型的聚苯乙烯便宜但不可降解。回收泡沫托盘是非盈利性业务,因为收集大量的泡沫才能将其重新加工成少量的致密树脂。Styrofoam 的密度为 $0.025g/cm^3$,纯聚苯乙烯树脂为 $1.05g/cm^3$。这意味着需要 42 个泡沫托盘才能还原为相似体积的原始的实心聚苯乙烯。PLA 是一个很好的替代品,因为可以很容易地将已使用的 PLA 泡沫塑料托盘进行堆肥处理,而不会对环境造成不利影响。此外,PLA 的可堆肥性质使其在埋入土壤时可提供丰富的营养
已发型泡沫	Synbra BioFoam 和 Synterra	迫切需要 PLA 已发型泡沫来代替目前的石油基可发型聚苯乙烯泡沫。该技术依赖于使用 CO_2 膨胀剂,与使用戊烷作为膨胀剂的可发型聚苯乙烯相比,它是一种更安全的物质。已发型 PLA 泡沫的可堆肥性为电气和电子行业提供了环保解决方案,该行业在运输过程中使用已发型泡沫作为缓冲材料
儿童玩具	Kik&Boo(毛绒玩具填充 PLA 纤维),Bioserie(儿童玩具),Dantoy(儿童玩具)	PLA 可用于制造儿童硬质玩具和软质玩具。例如,毛绒玩具的织物由机织的 PLA 纤维制成,而毛绒玩具由 PLA 纤维填充。PLA 制成的软硬玩具都可清洗且卫生。PLA 的生产不涉及有毒的石油化学物质,因此可以减少儿童接触毒素的机会
时尚产品	Fashion Helmet(设计师头盔),Rizieri(女士鞋),Cha Technologies Group(用于鞋类的纱线)等	环保型 PLA 可用于生产典型的头盔零件。这仅受艺术设计的限制;头盔的外部覆盖有 PLA 日历布。同样,意大利米兰的女士时装品牌 Rizieri 创建了一项创新技术,称为"零冲击力",涉及基于 PLA 或 Ingeo 织物的"手工"产品模型。这些产品具有丝般柔软的触感

11.3　聚乳酸在 3D 打印、工程和农业中的应用

PLA 适用于使用寿命到期时会加重环境负担的工程应用。PLA 的刚性可以确保在使用过程中具有良好的力学性能,而处置后又很容易发生生物降解。PLA 在基本工程零件中的使用受到限制。如表 11-2 所示,PLA 的使用主要集中在辅助应用上。关于其在电子和电气应用中的使用,表 11-3 列出了 PLA 和 PVA 涂层电缆的比较。

表 11-2　PLA 在工程,农业和卫生领域中的应用

应用	制造商/用户(产品)	描述
工程材料	Singoshu(排水板的 Lactboard)	排水材料用于建筑地基工程,在降低或消除静水压力的同时,提高围护材料的稳定性。PLA 排水材料适用于软土地基具,并具有足够的渗透性和抗拉强度。PLA 的良好生物降解性使排水材料可以安全地回归自然。换句话说,在固化期之后,PLA 可以减轻周围环境的负担并进行排毒。盾构完成开挖和地下建筑固结沉降后,PLA 材料才开始受损
汽车行业	丰田 Toyota(丰田普锐斯的地垫和备用轮胎罩),东丽 Toray(汽车垫的纤维),福特 Ford 等	汽车工业使用大量的塑料,尤其是聚乙烯、PVC 和丙烯腈-丁二烯-苯乙烯(ABS),这些塑料均来自不可再生的石油资源。使用的再生塑料含量低至 30%(按质量计);其余为原始聚合物。汽车弃用后,从汽车中回收的塑料百分比可能低至 20%。这意味着大量的汽车塑料最终会污染环境。PLA 是一种适用于汽车应用的环保材料。这对于那些无法回收的零件(例如汽车脚垫和坐垫织物)尤其重要。PLA 的刚性对于外壳应用而言是一个优势。尽管 PLA 是可生物降解的,但降解速率较低,并且需要较高的水分条件才能引发水解过程(解聚反应)。仅在解聚反应将物质转化为低分子量低聚物乳酸后,微生物才参与。通常,此过程需要一定的时间,并且超过了产品的使用寿命

应用	制造商/用户（产品）	描述
建筑材料	LG Hausys（强化地板和 ZEA 墙纸），Saint Maclou（地毯），Sommer Needlepunch（环保地毯），M＋N Textiles（革命防晒织物），Treleonl（Provito 地板垫），Inpro（用于门和墙保护的 G2 Bioblend、洗手间系统、伸缩缝系统、隐私系统、电梯保护系统和建筑标牌等）	建筑行业中大多数 PLA 产品都与地板有关。产品包括地毯、强化地板材料和墙纸。PLA 在这一领域的目标是取代 PVC（一种占主导地位的建筑材料）。PVC 的问题之一是其加工需要增塑剂，会增加可燃性。因此，添加卤素阻燃剂以获得更好的耐火性。相反，PLA 来源于农业，在加工阶段涉及的毒性较小。如果保养得当，大多数由 PLA 制造的建筑材料都能保持良好的使用寿命。这些 PLA 产品在使用寿命结束时不会对环境造成严重污染
3D 打印	Sculpteo，Vexma Technologies Clariant（PLA 细条）等	PLA 是最流行的 3D 打印材料之一。本质上，PLA 是半透明的并适合打印方便的物品。使用 PLA 进行打印时，会产生爆米花或棉花糖之类的甜味，因此适合在家庭环境中进行打印
电气电子	藤仓 Fujikura（导线电缆涂层），瑞萨 Renesas（计算机网络设备外壳），ABB（插座外壳）等	PLA 在电气行业中的使用仍处于发展阶段。PLA 可用作导线的涂层剂。它也可以很容易地制成用于插座和插头应用的刚性外壳。Nakatsuka（2011）将 PLA 与聚乙烯和 PVC 进行了比较，发现 PLA 的电阻率（$4.3×10^{17}\,\Omega \cdot cm$）高于聚乙烯（$>10^{16}\,\Omega \cdot cm$）和 PVC（$10^{11} \sim 10^{14}\,\Omega \cdot cm$）。三种聚合物的介电损耗因子为 PLA＝0.01%、聚乙烯＝0.01%、PVC＝0.10%。通常，PLA 具有与电气和电子行业中使用的其他商品聚合物相同的良好电性能（有关 PLA 和 PVC 电缆的比较，请参见表 8-3）
农业	FKuR Kunststoff 公司（Bio-Flex 覆盖膜），Desch Plantpak 公司（D-Grade Bio 热成型花盆，托盘和包装），BASF（Ecoflex 覆盖膜），厦门花溪（番茄夹、黄瓜夹和嫁接夹）	PLA 的可生物降解特性在农业应用中是有利的。这是因为 PLA 可以堆肥而不会在土壤中留下有害物质。PLA 覆盖膜可提供保护土壤、处理杂草、保留肥料等功能。随着时间的流逝，覆盖膜会缓慢降解并在农作物达到收割期时最终分解。无需农民收集和处置用过的覆盖膜。堆肥的 PLA 覆盖膜还提供土壤养分。当准备把植物埋在地下种植时，可以将 PLA 制成的花盆埋在土壤中，然后留在那里降解。还有番茄、黄瓜、辣椒和嫁接夹，可帮助温室作物在不同阶段生长，提高产量并确保灌溉和营养应用的效率
卫生	耀龙无纺布（医疗卫生用无纺布），上海同杰良（尿片、卫生巾、护理垫）	PLA 无纺布本身具有亲水性，具有出色的水分管理、湿强度/黏合性、低变应原性和低气味保留性

表 11-3　与 PVC 涂层电缆相比，PLA 涂层电缆的评估（Nakatsuka，2011）

项目/电缆	纯 PLA	具有弹性的增塑 PLA	600 V PVC 电缆（IV）JIS C 3307
挤出	• 出色的外观 • 导体和绝缘层之间的空隙	• 出色的外观 • 类似于纯 PLA	—
弯曲	• 10 倍弯曲处变白，4 倍弯曲处开裂	• 两次弯曲美白 • 自直径弯曲时无裂纹	—
拉伸	• 强度＝59 MPa • 伸长率＝12%	• 强度＝43 MPa • 伸长率＝25%	• 强度＞10 MPa • 伸长率＞100%
热变形	• 60～120℃：降低＜10%	• 60～90℃：降低＜10% • 120℃＝降低 58%	厚度降低小于 50%

续表

项目/电缆	纯 PLA	具有弹性的增塑 PLA	600 V PVC 电缆(IV)JIS C 3307
电性能	• $\tan\delta=0.35\%$,$\varepsilon=3.2$ • $\rho=2.7\times10^{16}\Omega\cdot cm$	• $\tan\delta=2.31\%$,$\varepsilon=4.1$ • $\rho=4.6\times10^{12}\Omega\cdot cm$	$\rho=5\times10^{12}\Omega\cdot cm$
介电击穿	• 35~45kV(0.7 mm 厚度)	• 45~50kV(0.7mm 厚度)	耐压测试 1.5kV×1min
弯曲引起的介电击穿	• 四次弯曲破裂	• 在自直径弯曲时为 25kV	—

11.4　聚乳酸在生物医学中的应用

在 PLA 开发的初期，它的大部分应用是在生物医学领域。PLA 继续在这个领域中应用（表 11-4）。它广泛用于支架中，为手术中组织的附着和生长提供临时的结构支撑。它也可用作药物载体，其中包含用于长期治疗（包括癌症）的控释活性剂。

表 11-4　PLA 的生物医学应用

应用	制造商/用户（产品）	描述
手术植入物	Zimmer(Bio-statak 缝合锚和骨水泥塞)，Ethicon（vicryl 缝合和 vicryl 网)，Sulzer(Sysorb 螺钉) 和 Teknimed（Euroscrew PLA 和 PLA/TCP 螺钉)等	PLA 及其共聚物 PLGA(聚丙交酯-乙交酯)与活组织相容。但是，这仅限于 PLA 的 L 立体异构体，因为哺乳动物的身体只会产生分解这种物质的酶。PLA 和 PLGA 用于制造螺钉、销钉、支架等，以提供用于组织生长的临时结构，并在一定时期后最终分解。与共聚单体乙交酯共聚的目的是通过改变结晶来控制降解速率。有时，丙交酯的 L 和 D 异构体为此目的而共聚。尽管聚(D-乳酸)不能被人体的酶所消耗，但长时间暴露于体液中往往会引发水解反应，从而最终分解大分子。在降解期间，通过缓冲作用，PLA 基质中存在 β-磷酸三钙 TCP 可以保持材料的中性 pH，并降低发炎的风险。TCP 也是一种可促进骨骼向内生长的骨骼材料。骨科手术通常使用 PLA 和共聚物来制造人造骨骼和关节。PLA 已经用于制作外科缝合线数十年。简而言之，PLA 是生物医学外科应用的重要材料
药物载体	雅培 Abbott（Lupron Depot，用于晚期前列腺癌的姑息治疗)，阿斯利康 AstraZeneca 英国有限公司(Zoladex，一种用于某些类型前列腺癌的男性的可注射激素治疗)，扬森 Janssen 药业（Risperdal Consta,用于治疗精神分裂症和长期治疗）I 型双相情感障碍)等	市场上大多数 PLA 药物载体均以共聚物形式提供。这是由于高纯度的 PLA 具有较高的结晶度，在释放活性药物时降解时间较长。大多数 PLA 药物载体与不同百分比的聚乙醇酸(PGA)共聚。通常，此类药物载体会缓慢释放药物以进行长期治疗。例如，将醋酸亮丙瑞林与 PLA 和 PLGA 的微球递送系统一起使用，可用于治疗癌症和肌瘤。PLGA(聚丙交酯-co-乙交酯)可以与醋酸戈舍瑞林和紫杉醇一起以植入物和凝胶的形式使用(用于治疗前列腺/乳腺癌)或制备成其他抗癌药物

11.5　结论

PLA 是一种非常有用的聚合物，已在许多行业中得到应用。PLA 具有可生物降解和环境友好的特点，因此在细分市场中处于有利地位。它在生物医学和制药领域的应用可以追溯到几十年前。近年来 PLA 应用的发展主要涉及解决环境问题和降低使用不可降解的石化聚合物的负面影响。在一般的消费品市场，尤其是在可生物降解的包装方面，PLA 的使用已大大增加。预测 PLA 会得到巨大发展，使 PLA 的价格与商品塑料一样经济，但同时具有对环境更友好的特性。

参 考 文 献

American Association of Textile Chemists and Colorists，2006. AATCC Test Method 135-2004 Dimensional Changes of Fabrics After Home Laundering.

Nakatsuka，T.，2011. Polylactic acid-coated cable. Fujikura Tech. Rev. 40，39-45.

NatureWorks，2006. Wipes commercial production information. Available from：，＜https：//www. natureworksllc. com/~/media/Files/NatureWorks/Technical-Documents/Fact－Sheets/Fibers/

FactSheet _ Nonwovens _ WipesCommercialProductInfo _ pdf. pdf? la 5 en＞.

NatureWorks，2011a. Can a t-shirt help change the world? Available from：＜http：//www. natureworksllc. com/Product-and-Applications/Apparel. aspx＞.

NatureWorks，2011b. Thermal stability of PLA preform. Available from：＜http：//www. natureworksllc. com/＞.

NatureWorks，2011c. Choosing a bottle to make a difference. Available from：＜http：//www. natureworksllc. com/Product-and-Applications/Bottles. aspx＞.

NatureWorks，2011d. Can plastic dinnerware make a difference? Available from：＜http：//www. natureworksllc. com/Product-and-Applications/Serviceware. aspx＞.

NatureWorks，2011e. Top if off with NatureWorks® PLA Dairy and Delicatessen Container Lidding Solutions. Available from：＜http：//www. natureworkllc. com＞.

NatureWorks，2011f. Can fresh food packaging help change anything? Available from：＜http：//www. natureworksllc. com/Product-and-Applications/Fresh-Food-Packaging. aspx＞.

NatureWorks，2011g. Can a simple plastic film wrap really make a difference? Available from：＜http：//www. natureworksllc. com/Product-and-Applications/ Films. aspx＞.

NatureWorks，2011h. Can your next plastic card really make a difference? Available from：＜http：//www. natureworksllc. com/Product-and-Applications/ Cards. aspx＞.

NatureWorks，2011i. Ingeo™ fibers comparison with soy and bamboo fibers. Available from：＜http：//www. natureworksllc. com＞.

NatureWorks，2011j. Basic fiber properties. Available from：＜http：//www. natureworksllc. com＞.

NatureWorks，2011k. Wipes toxicology study/regulatory information. Available from：＜http：//www. natureworksllc. com＞.

NatureWorks，2018. Ingeo food serviceware supplier guide. Available from：＜https：//www. natureworksllc. com/Ingeo-in-Use/Food-Serviceware＞.

第**12**章

聚乳酸的环境评估和国际标准

12.1　简介

　　近几十年来，各种类型的生物降解聚合物已经进入消费市场，如聚己内酯、聚羟基丁酸酯、聚羟基戊酸酯、聚乳酸（PLA）和聚羟基烷酸酯。在市面上的可生物降解聚合物中，PLA 由于其易于获得且具有灵活性而被消费者广泛接受，被用来制造各种聚合物产品以替代现有的不可生物降解的石油基塑料材料，即聚苯乙烯（PS）、聚乙烯、聚丙烯或聚氯乙烯。总的来说，生命周期评估（LCA）是研究人员用来评估和比较 PLA 和其他通常用作一次性用品材料如铝、金属和纸张的生态特性的最常用工具。目前，LCA 被广泛用于评估产品、材料、工艺和系统"从摇篮到工厂"和"从摇篮到坟墓"的碳足迹（CF）。这一信息对于确定可以进行哪些改进以最小化产品对环境的影响是非常重要的。换句话说，LCA 是一个有意义的分析，它可以将应用于制造消费品的 PLA 与市场上的其他材料进行彻底的区分，从而保护环境。

12.2　聚乳酸的生态概况及与其他材料的对比

　　多年来，研究人员们进行了许多的 LCA 分析，如图 12-1 所示为 PLA 的 LCA 的累积出版物。此类信息可用于比较各种产品对环境的影响。由于 PLA 来源于农业，通常被认为是环境友好产品。然而，有几个因素会影响塑料产品对环境的影响，如回收、再利用的能力、对使用后物品的清洁要求、运输，以及在使用寿命结束时是采用焚烧和填埋还是别的什么方法进行处理。

　　在 Simon 等（2016）的研究中，他们比较了铝、聚对苯二甲酸乙二醇酯（PET）、PLA 箱和玻璃饮料瓶。值得注意的是，使用过的瓶子在第一次使用后通过回收方法产生的温室气体（GHG）最少，即将瓶子回收到第二种材料中包括将其添加到原始材料中以节省成本。回收、焚化和垃圾填埋场之间的 GHG 排放差异可能高达 7.64 倍，特别是对于铝瓶而言。Simon 等报道 PLA 的 GHG 排放量最低，为 66kg CO_2 当量，其次是一个 1.5 升大的 PET 瓶，CO_2 当量为 85kg，箱子为 88kg CO_2 当量。在这种情况下，PLA 似乎是最环保的产品。但是，当 PLA 瓶经过焚化和填埋后，GHG 排放量可能增加几倍，分别达到 498 CO$_2$ 当量和 500 CO$_2$ 当量。这一证据强烈地传递了这样一个信息，即回收是保持环境更绿色的最终方法，而焚烧和垃圾填埋只能在材料寿命结束后才考虑。尽管如此，焚烧和填埋的方式使 GHG 剧增的现象与其他材料如玻璃、PET、铝和纸箱也类似。

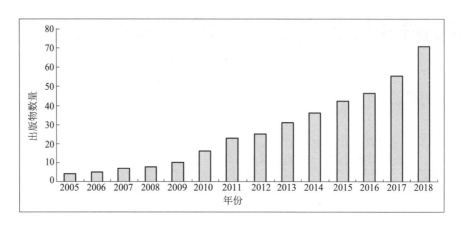

图 12-1 2005～2018 年与 PLA 相关的 LCA 的累积出版物

LCA—生命周期评估；PLA—聚乳酸

　　Papong 等进行的另一项研究（2014）比较了 PLA 和 PET 饮用水瓶。他们报告说，与生产 PET 瓶相比，PLA 总体影响较小，但是 PLA 的富营养化和酸化潜力更高。这是由于聚乳酸以淀粉为原料，生产用于 PLA 聚合的乳酸中间单体。为了从农场收获和运输通过种植木薯根而生产的淀粉，需要肥料、除草剂和柴油。雨水冲刷肥料会污染湖泊和河流中的水源。相反，在生产 PET 饮用水瓶时，其排放仅限于碳氢化合物、化学物质、催化剂和作为生产工厂主要能源的电力，并且不存在富营养化。尽管如此，PLA 的生产在利用多种能源供应来源方面具有优势，如燃烧农业残渣可以产生更加绿色的能源，大面积的农田可以应用风力涡轮机来收获风能，减少对不可再生的化石燃料的依赖。Papong 等（2014）详细总结了 PLA 和 PET 的生产系统，如图 12-2 和图 12-3 所示。可以看出，相比于 PET，PLA 的生产过程非常复杂，需要考虑多种其他元素，例如化肥、除草剂和酶作为 PLA 的投入，而 PLA 和 PET 的又有类似的投入如：燃料、电力、各种化学品、水和催化剂。这也说明了与 PET 相比，PLA 的生产涉及的区域更广，而这可能造成污染。

　　Cherennet 等（2017）详细地研究了使用不同材料，如 PS、来自甘蔗衍生品（PLA-S）的 PLA、淀粉掺混的甘蔗衍生品 PLA（PLA-S /淀粉）和聚丁二酸琥珀酯（PBS），生产生物基盒子对水的影响。该分析中最有趣的部分之一是水足迹（WF）评估，进一步将其分为三种类型的 WF：绿色 WF、蓝色 WF 和灰色 WF。绿色 WF 是生长期间雨水与田间作物产量的比率，而蓝色的 WF 是生长期灌溉用水与田间作物产量的比值。同时，灰色 WF 是稀释污染物浓度所需的水量。这种详细的分析表明，PLA-S 实际上消耗了更多的水来生产生物基盒子，因为种植甘蔗需要大量的雨水和灌溉水。结果，PLA-S 的 WF 为 1.11m^3，其中绿水占 36.14%，蓝水占 49.82%，灰水占 14.04%。PS 作为不可再生的聚合物材料需要 0.70m^3 的水，其中 100% 来自蓝水。其次是混合了淀粉的 PLA-S 的 PLA-S/淀粉，每个盒子需要 0.55 m^3 的水，PBS 的 WF 最小，为 0.38m^3。有趣的是，向 PLA-S 中添加淀粉能够

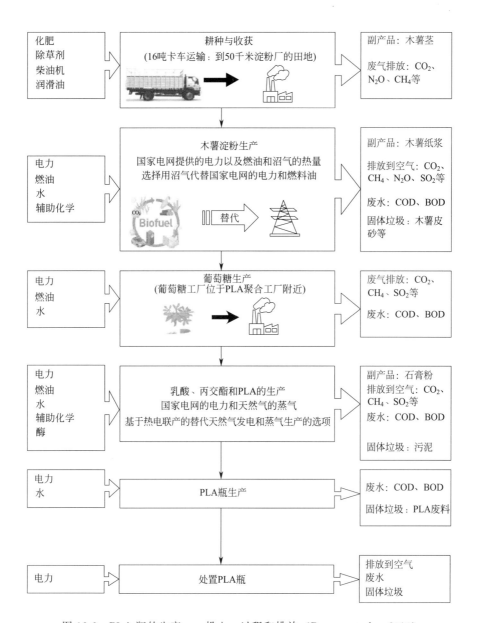

图 12-2　PLA 瓶的生产——投入、过程和排放（Papong et al.，2014）

将 PLA-S 中的 WF 降低 50.42%，这主要是因为与木薯淀粉相比，生产甘蔗所需的水量更高。Cheroennet 等（2017）进一步证实，用于种植甘蔗的灌溉水明显高于木薯，这导致 PLA-S 和 PLA-S/淀粉的蓝色 WF 分别为 $0.55m^3$ 和 $0.27m^3$。LPA-S 的灰水也高于 PA-S/淀粉，因为 PLA-S 每盒需要 4.06kg，而甘蔗和木薯每盒需要 1.75kg 和 0.11kg。这可以解释为淀粉的混合是一个直接的过程，其中原料淀粉是作为填料添加到 PLA-S 中。但是，PLA-S 的生产涉及一个反应，在该反应中，多个转化阶段可能会导致大量质量损失。因此，就用较少的材料消耗来生产生物基盒子而言，PLA-S/淀粉是有利的。此外，Cheroennet 等（2017）还发现，在 PS（0.05 kg 当量 CO_2）和 PLA-S-淀粉（0.303 kg 当量 CO_2）之间，PLA-S 的 CF 最高，为 0.675 kg 当量 CO_2。这些数据来自 Cheroennet 等（2017）的观察，盒子的形成也高度依赖于制造盒子的塑料材料使用量。例如，由于 PS 发泡盒的密度非常低（约 0.053 kg PS/盒），因此 PS 盒可以用很少量的树脂生产。相比之下，PLA-S 需要约 0.243kg 的 PLA-S 来生产 PLA-S 盒，随后需要 0.105kg 的 PLA-S 颗粒和 0.032kg 的木薯淀粉来制造 PLA-S 淀粉盒。这也表明，塑料盒的环境友好性不仅取决于材料的选择，还取决于以下因素：①使用的材料的量，②水资源，③生产过程的复杂性，④原材料到工厂的运输，⑤到消费者的交货距离，⑥可回收利用和可重复使用的能力，这可能会影响塑料产品的环境足迹。运输因素是最重要的。例如，与本地化生产相比，将 PLA 从美国内布拉斯加州的一个生产基地运输到欧洲可能会产生大量的燃料，而本地化生产可以大大降低燃料消耗。总的来说，运输的问题需要彻底检查以证明塑料产品的环境友好性，尤其是从原料的投入到制成成品的生产。

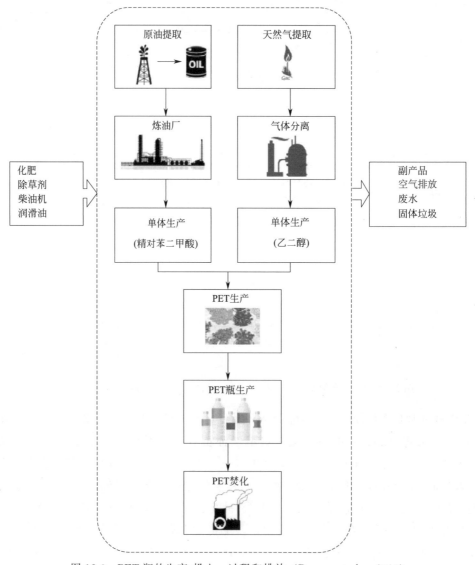

图 12-3　PET 瓶的生产-投入，过程和排放（Papong et al.，2014）

十多年前，PLA 在美国的主要生产商 NatureWorks 揭示了以玉米为原料的生命周期分析（LCA）。最初，Vink 等（2003）在第一个 LCA 中发现 PLA 生产所需的主要能源投入来自石化燃料，这并不具备吸引力。为了减少对化石燃料的依赖应该改进能源投入，以风力发电和生物质来取代。如图 12-4 所示，化石能源的消耗为 54.1 MJ/kg PLA，而可再生能源为28.4 MJ/kg。这表明，尽管原料来自玉米，但 PLA 生产在可再生特性方面缺乏合理性。尽管如此，与其他石油基聚合物相比，PLA 仍然使用较少的石化投入，因此仍具有优越性，如图 12-5 所示。Vink 等（2003）提出了用生物质/风能替代石化能源的优化方案，可以进一步提高 PLA 的环保卖点。

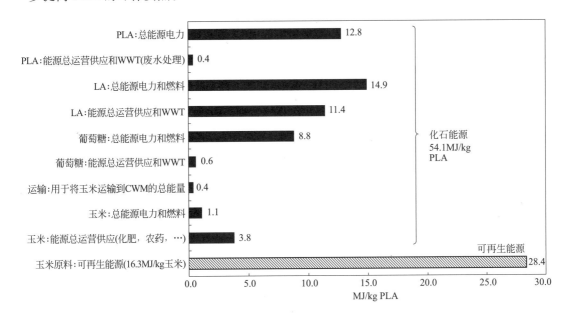

图 12-4　生产 PLA 的总能耗

改编自 Vink E T H，Rábago K R，Glassner D A，et al.

Applications of life cycle assessment to NatureWorkst polylactide (PLA) production.

Polym. Degrad. Stabil，2003，80：403-419。

在随后的 PLA 开发中，NatureWorks 已努力减少对石化燃料输入的依赖。NatureWorks 已花费了多年的研究来调查可再生能源的应用。但是，NatureWorks 发现，内布拉斯加州的 PLA 工厂并没有处于风力资源具有经济竞争力的地点，内布拉斯加州是公共电力州，换句话说，NatureWorks 不得不从当地义务购买电力，而这些电力却不是来自绿色资源。为了克服这一困难，NatureWorks 选择了可再生能源证书（REC），以减少①来自发电的间接排放，1.561 当量 CO2（kg/kg PLA），②燃料、材料、玉米生产和回收的间接排放，1.244 当量 CO_2（kg/kg PLA）。实际上，REC 是一种碳信用交易，它鼓励生产可再生能源的公司在自愿型市场上进行交易，从而促进绿色能源的发展。碳信用可以被交易给那些无法有效生产可再生能源但渴望参与可再生能源行业，以促进其在经济活动中降低排放。结果，Vink 等（2007）报告说，购买 REC 后碳排放量减少了 90%，如表 12-1 所示。Vink 等（2010）报告了 NatureWorks 的后续工艺改进。

另外，普拉克（目前称为 Corbion）技术使用甘蔗作为生产乳酸的原料。普拉克的

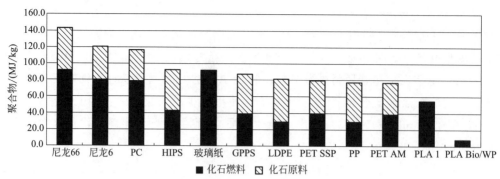

图 12-5 石油基聚合物和 PLA 的化石燃料能耗比较

条的交叉阴影部分代表用作化学原料的化石能源（用于建立聚合物链的化石资源）。每个条的实心部分代表用于驱动生产过程的燃料和运营供应品所使用的总化石能源。PC—聚碳酸酯；HIPS—高抗冲聚苯乙烯；GPPS—通用聚苯乙烯；LDPE—低密度聚乙烯；PET SSP—聚对苯二甲酸乙二醇酯，固态聚合（瓶级）；PP—聚丙烯；PET AM—聚对苯二甲酸乙二醇脂，无定形（纤维和薄膜级）；PLA1—PLA，不采用生物质能和风能；PLA B/WP—PLA，采用生物质风能。改编自 Vink E T H，Rábago K R，Glassner D A，et al. Applications of life cycle assessment to NatureWorkst™ polylactide（PLA）production. Polym. Degrad. Stabil，2003，80：403-419。

乳酸工厂位于泰国，于 2007 年开始运营。在早期发展阶段，大部分乳酸出口到普拉克位于西班牙的丙交酯工厂进行转化。Groot 和 Borén（2010）在泰国的以甘蔗生产的丙交酯和 PLA 的 LCA 评估报告中说，每吨 PLA 排放的 CO_2 为 500kg。尽管通过燃烧甘蔗渣可以在每吨甘蔗 17～95kWh 的范围内获得可替代的可再生能源，但 Groot 和 Boren（2010）强调指出，环境信用的变化取决于副产品的类型、燃烧技术和应用中的能源组合。换句话说，PLA 的每个来源都具有独特的生态特征，选择生态友好的工艺对开发出更好的绿色 PLA 至关重要。这可以在图 12-6 中得到证明，图 12-6 显示了 PLA 和某些石化聚合物对环境的影响，而 PLA 的某些生态方面需要改进以实现绿色生产。其次，PLA 最不利的影响分数还是来自甘蔗栽培和转化为糖的过程。此外，由于氨基肥料的氮排放，甘蔗的种植还为富营养化、酸化和光化学臭氧的产生做出了重要贡献。在用于热电联产的农业残留物燃烧过程中，释放出了 NO_x，SO_x 和 CO 等温室气体。微生物在土壤中产生的一些相关活动也可能导致 NO_x 和甲烷的排放。PLA 的生产是由于持续的再植对农田造成影响，造成水土流失和自然养分的流失。因此，在毁林种植甘蔗之前需要进行预防措施和环境评估。

表 12-1 购买可再生能源证书（REC）的 PLA 排放情景

处理	CO_2 当量(PLA)（kg/kg PLA）	
	购买 REC 之前	购买 REC 之后
①NatureWorks / Cargill 网站，直接排放	1.038	1.038
②电力生产的间接排放	1.561	1.561
③燃料，物料，玉米生产，开垦	1.244	1.244

续表

处理	CO$_2$ 当量(PLA)(kg/kg PLA)	
	购买 REC 之前	购买 REC 之后
玉米原料—吸收 CO$_2$	−1.820	−1.820
购买 REC 以抵消①的电力排放	—	−1.533
购买 REC 以抵消②中的电力排放	—	−0.197
总计	2.023	0.272

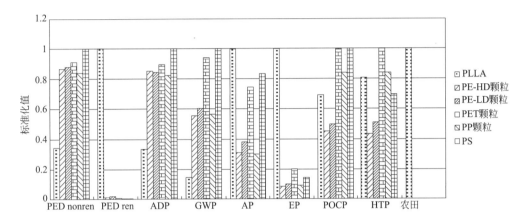

图 12-6　与生产 PLLA 和石油基聚合物最相关的生态因素的比较

PLLA—聚（L-丙交酯）；PED—主要可再生能源；PED non-ren—主要不可再生能源；

GWP—全球变暖的潜力；AP—酸化潜力；EP—富营养化潜力；POCP—光化学臭氧产生潜力；

ADP—非生物资源消耗潜力；HTP—对人体有潜在的毒性。改编自 Groot W J, Borén T.

Life cycle assessment of the manufacture of lactide and PLA biopolymers from sugarcane in Thailand.

Int. J. Life Cycle Assess, 2010, 15: 970-984。

　　PLA 是现有石油基聚合物的合适替代品，用于制造杯子、容器和包装产品。众所周知，PLA 与城市垃圾一起处理时可降解，从而减少了环境负担。与需要数百年才能分解为无害物质的 PE、PP、PET、PC 和 PS 等石化聚合物不同，PLA 具有完全可堆肥性，并且可以作为绿色产品被广泛接受，尤其是在日本、美国和欧盟地区。已经发表了几篇关于 PLA 消费后产品与传统塑料对比的生态效率报告。这些包括杯子（Vercalsteren et al., 2010）、翻盖式包装（Kruruger et al., 2009）和包装纸（Hermann et al., 2010）。

　　一项生态分析比较了四种塑料杯——可重复使用的 PC 杯、一次性 PP 杯、一次性 PE 涂覆纸杯和一次性 PLA 杯——在佛兰德斯（比利时）举行的公共活动中的使用情况，Vercalsteren 等（2010）将这些发现报告给了佛兰德技术研究所（VITO），结论是没有明确的迹象表明哪个杯子系统对环境的影响最高或最低。直接比较影响类别（致癌物、生态毒性、石化燃料等）[图 12-7(a)]来表明杯子系统比其他杯子优越，这不太有说服力。例如，PLA 杯子比 PP 杯子使用的石化燃料少，但是对于有 PE 涂层的纸杯，由无机物引起的呼吸作用仍然是最高的。此外，活动的不同规模也会影响杯子的生态效率。在小型活动中使用 PC 杯时，对环境的影响最小。这是由于可重复使用的 PC 杯在清洁过程中可以只用少量的水和清洁剂手洗。相反，在大型活动中 PC 杯的周转率更高，在随后的频繁清洁过程中，PC 杯磨损地更快，需要定期更换。尽管 PLA 杯具有最高的生态指标，但由于 PLA 当前的技术开发仍处于起步阶段，需要解决某些环境方面的问题（例如酸化/富营养化以及对石化燃料的依赖），才能使 PLA 在应用中具有长期竞争力。这种举措在 NatureWorks 对第二代 Ingeo（PLA6）进行的生态改善方面取得了丰硕的成果，该产品的生态指标比第一代 PLA 杯（PLA5）低 20％[图 12-7(b)]。NatureWorks 旨在提供 Ingeo（PLA/NG）作为绝对的绿色产品，以实现更好的环境保护。

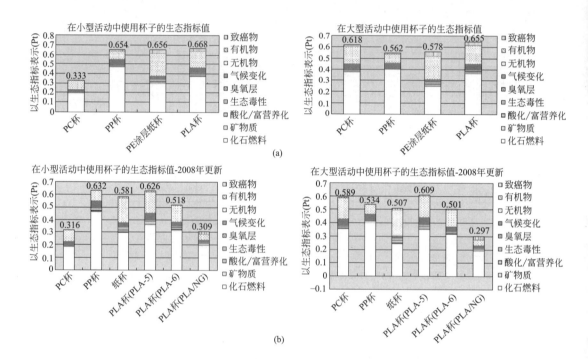

图 12-7　小型室内和大型室外活动中使用杯子的生态指标值（a）
和小型室内和大型室外活动中使用 PLA6 和 PLA/NG 杯子的生态指标值（b）
改编自 Vercalsteren A，Spririnckx C，Geerken，T. Life cycle assessment
and eco—efficiency analysis of drinking cups used at public events.
Int. J. Life Cycle Assess，2010，15：221-230。

德国海德堡能源与环境研究所（IFEU）比较了由 Ingeo、新 PET 和再生 PET 制成的翻盖包装的头对头生命周期。Kruger 等（2009）的报告比较了使用垃圾填埋和焚化方法处理翻盖包装盒时对环境的负荷。两种方法在欧洲和美国都普遍应用。表 12-2 中汇总的报告数据显示，与纯 PET 相比，Ingeo 具有许多优势。Ingeo 的水体富营养化和酸化似乎更高，这主要是由于生产阶段涉及农业和土壤活动，从而产生温室气体。尽管与 PLA 相比，再生 PET 似乎是一种绿色产品，但再生 PET 实际上源自新料 PET，在新料 PET 计算过程中，上游制造工艺已被抵消。因此，人们坚信 Ingeo 在回收利用方面也可以产生更好的生态性能。

表 12-2 在欧盟框架下，不同周期结束处理方法下 Ingeo、Virgin PET（vPET）和再生 PET（rPET）
生态方面的比较

处理方法	填埋			焚化		
涂层	Ingeo	vPET	rPET	Ingeo	vPET	rPET
可再生 主要能源/GJ	0.53	0.02	0.02	0.52	0.01	0.02
不可再生 主要能源/GJ	1.22	1.70	1.04	0.96	1.37	0.88
水体富营养化 PO_4/g	9.73	3.81	2.20	6.61	0.68	0.62
酸化 SO_2/kg	0.52	0.34	0.20	0.49	0.33	0.19
气候变化 CO_2/kg	60.6	77.8	49.4	81.8	104	62.7
化石资源原油/kg	13.5	26.0	14.6	9.9	21.4	12.3

注：数据摘自 Kruger et al.，2009。

12.3 聚乳酸食品包装的环境概况和全球变暖潜能

如前所述，PLA 的环境效益程度也取决于它的应用。由于 PLA 是世界上产量最大的可生物降解聚合物，并且价格合理，因此许多食品工业尤其是那些涉及一次性用途如食品包装的食品工业，都使用 PLA 作为食品包装材料。Ingrao 等（2015a）使用 100 年全球变暖潜势（GWP100）分析 PLA 泡沫托盘，发现生产 PLA 泡沫托盘一般需要总质量为 4.826kg 当量的 CO_2。在产生的 CO_2 中，PLA 树脂本身占 61.26%，其次是将 PLA 树脂运到托盘制造厂中的运输占 14.33%，最后 11.63% 来自加工用电量。与聚苯乙烯泡沫相比较，Ingrao 等（2015a）还发现，GWP100 可膨胀 PS 为 5.11 kg 当量 CO_2，与 PLA 泡沫托盘的 4.826 kg 当量 CO_2 的差异较小。这是因为 PLA 来源于植物，需要大量相互依赖农业和工业活动才能确保作物高产。此外，PLA 生产工厂与最终产品加工设施的距离较远，还会由于运输排放而进一步造成额外的环境负担。

在另一项研究中，Leejarpai 等（2016）进一步解释 PLA 对环境的影响还取决于是否考虑了土地变更。土地用途变更是将土地转化为农作物时需要考虑的一个因素，其中可能涉及分解、硝化/反硝化、光合作用和燃烧等大量过程，这些都是造成全球变暖的过程。图 12-8 显示，土地用途变更的 PLA（PLA″）的 CO_2 排放量最高，其次是 PET。尽管如此，Leejakpai 等报道了 PLA 在填埋条件下的生物降解性能优于 PS，如图 12-9 和图 12-10 所示。

PLA 片在掩埋 6 个月后进行了彻底的生物降解，结构被破坏，而 PS 即使在掩埋 20 个月后也没有表现出任何显著的差异。这种生物可降解特性在减少不可降解塑料造成的塑料污染方面具有优势。

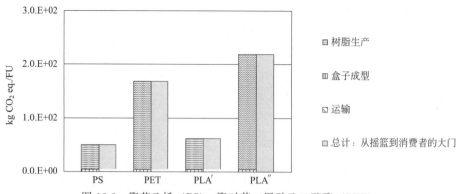

图 12-8　聚苯乙烯（PS），聚对苯二甲酸乙二醇酯（PET），
不考虑土地用途变更的 PLA（PLA′）和考虑土地用途变更的 PLA（PLA″）的全球变暖潜力

改编自 Leejarpai T，Mungcharoen T，Suwanmanee U. Comparative assessment of global warming impact
and eco－efficiency of PS（polystyrene），PET（polyethyelen terephthalate）and PLA
（polylactic acid）boxes. J. Cleaner Prod.，2016，125：95-107。

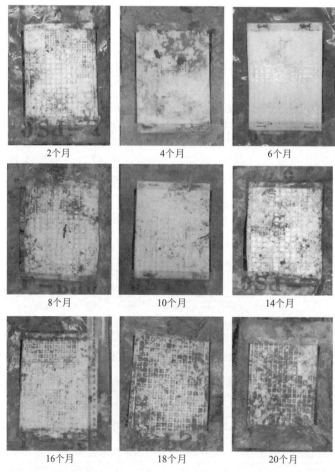

图 12-9　在填埋条件下长达 20 个月的聚苯乙烯（PS）片材降解

改编自 Leejarpai T，Mungcharoen T，Suwanmanee U. Comparative assessment of
global warming impact and eco-efficiency of PS（polystyrene），PET（polyethyelen terephthalate）
and PLA（polylactic acid）boxes. J. Cleaner Prod.，2016，125：95-107。

2个月	4个月	6个月
8个月	10个月	14个月
16个月	18个月	20个月

图 12-10　在填埋条件下长达 20 个月的 PLA 片材降解情况

改编自 Leejarpai T ，Mungcharoen T ，Suwanmanee U. Comparative assessment of global warming impact and eco-efficiency of PS （polystyrene），PET （polyethyelen terephthalate） and PLA （polylactic acid） boxes. J. Cleaner Prod.，2016，125：95-107。

12.4　可生物降解聚合物国际标准清单

几个主要的标准化组织[国际标准化组织（ISO），美国材料与试验协会（ASTM），欧洲标准化委员会(CEN) 和德国标准化学会(DIN)]已经开发了几种标准。表 12-3～表 12-5 总结了有关塑料生物降解的标准。有关特定标准的更多详细信息，可以从相关组织获得/购买。

表 12-3　ASTM 塑料生物降解标准

ASTM 标准	描述
D6400—12	城市或工业设施中用于有氧堆肥的塑料标签的标准规范
D6954—18	暴露和测试通过氧化和生物降解相结合的环境中降解的塑料的标准指南
D6868—17	将塑料和聚合物作为涂料或添加剂与纸和其他基材结合的最终产品标签的标准规范,这些纸张和其他基材旨在市政或工业设施中进行有氧堆肥
D5338—15	测定在受控堆肥条件下并结合高温的塑料材料有氧生物降解的标准测试方法
D7473—12	用开放式水族馆孵化法测定海洋环境中塑料材料质量损耗的标准试验方法
D6691—17	用特定的微生物菌群或天然海水接种剂测定海洋环境中塑料材料的需氧生物降解的标准试验方法
D5929—18	用呼吸测定法测定暴露在源分离的有机城市固体废物中温堆肥条件下材料的生物降解性的标准试验方法
D5526—18	测定加速垃圾掩埋条件下塑料材料厌氧生物降解性的标准测试方法
D7475—11	在加速生物反应器垃圾填埋场条件下测定塑料材料的需氧降解和厌氧生物降解的标准测试方法
D5988—18	测定土壤中塑料材料有氧生物降解能力的标准测试方法
D5511—18	在高固体分厌氧－消化条件下测定塑料材料厌氧生物降解的标准试验方法

表 12-4　ISO 塑料生物降解标准

标准	描述
ISO 15985—2014	塑料——在高固体厌氧消化条件下最终厌氧生物降解的测定——释放的沼气分析的方法
ISO 14853—2016	塑料——水性系统中塑料材料的最终厌氧生物降解的测定——测量沼气产量的方法
ISO 10210—2012	塑料——塑料材料生物降解测试样品的制备方法
ISO/DIS 13975	塑料——受控淤浆消化系统中塑料材料的最终厌氧生物降解的测定——沼气产生的测量方法
ISO 19679—2016	塑料——海水/沉积物界面中非漂浮塑料材料的需氧生物降解的测定——析出二氧化碳的方法
ISO 13975—2012	塑料——受控淤浆消化系统中塑料材料的最终厌氧生物降解的测定——沼气产生的测量方法
ISO 18830—2016	塑料——海水/桑迪沉积物界面中非漂浮性塑料材料的需氧生物降解的测定——封闭呼吸计中氧气需求的测量方法
ISO／DIS 22404(正在开发中)	塑料——暴露于海洋沉积物中的非漂浮材料需氧生物降解的测定——析出二氧化碳的方法
ISO 17556—2012	塑料——通过测量呼吸计中的需氧量或所释放的二氧化碳量来确定土壤中塑料的最终有氧生物降解能力
ISO/DIS 17556(正在开发中)	塑料——通过测量呼吸计中的需氧量或所释放的二氧化碳量来确定土壤中塑料的最终有氧生物降解能力
ISO 14855—1—2012	受控堆肥条件下塑料材料的最终好氧生物降解性的测定——析出二氧化碳的方法－第 1 部分:通用方法
ISO 17088—2012	可堆肥塑料的规格

续表

标　准	描　述
ISO 16929—2013	塑料——在中试规模试验中，在规定的堆肥条件下测定塑料的分解度
ISO/DIS 16929（正在开发中）	塑料——在中试规模试验中，在规定的堆肥条件下测定塑料的分解度
ISO 15270—2008	塑料——塑料废物的回收和再循环准则
ISO 846—1997	塑料——微生物作用的评估
ISO 20200—2015	塑料——在实验室规模的测试中，模拟堆肥条件下塑料材料的分解度的测定

表 12-5　BS、CEN 和 DIN 塑料生物降解标准

BS 8472	在受控实验室条件下评估塑料的氧代生物降解和残留物的植物毒性的方法
BS ISO 13975	塑料——在可控制的浆料消化系统中确定塑料的最终厌氧生物降解能力。测量沼气产量的方法
DIN EN ISO 10210	塑料——塑料材料生物降解测试样品的制备方法（ISO 10210：2012）；德文版 EN ISO 10210：2017
DIN EN ISO 19679	塑料——海水/沉积物界面中非漂浮塑料材料的需氧生物降解的测定——析出二氧化碳的方法（ISO 19679：2016）；德文版 EN ISO 19679：2017
DIN EN ISO 14853	塑料——测定水性系统中塑料材料的最终厌氧生物降解。通过测量沼气产量的方法（ISO 14853：2016）；德文版 EN ISO 14853：2017
DIN EN ISO 18830	塑料——海水/桑迪沉积物界面中非漂浮性塑料材料的需氧生物降解的测定——通过封闭呼吸计测量氧气需求的方法（ISO 18830：2016）；德语版 EN ISO 18830：2017
DIN EN ISO 15985	塑料——高固体厌氧消化条件下最终厌氧生物降解的测定——分析释放的沼气的方法（ISO 15985：2014）；德文版 EN ISO 15985：2017
DIN EN 13432	包装——通过堆肥和生物降解可回收的包装要求——最终接受包装的测试方案和评估标准；德文版 EN 13432：2000
DIN 38412—26	德国标准的水、废水和污泥检测方法；生物测定（L组）；表面活性剂生物降解和消除试验，用于模拟市政废水处理厂（L 26）
DIN EN ISO 17556	塑料——通过测量呼吸计中的氧气需求量或所释放的二氧化碳量来确定土壤中塑料材料的最终有氧生物降解能力（ISO 17556：2012）；德文版 EN ISO 17556：2012 版 2012－12
DIN EN ISO 14855—2	受控堆肥条件下塑料材料最终有氧生物降解性的测定——分析二氧化碳的排放方法—第 2 部分：在实验室规模的测试中对二氧化碳的质量分析（ISO 14855－2：2018）；德文版 EN ISO 14855－2：2018
DIN EN ISO 20200	塑料——在实验室规模的测试中，在模拟堆肥条件下测定塑料的崩解度（ISO 20200：2015）；德文版 EN ISO 20200：2015
DIN EN ISO 14851	水性介质中塑料材料最终有氧生物降解性的测定——通过在封闭呼吸仪中测量氧气需求量的方法（ISO 14851：1999）；德文版 EN ISO 14851：2004
DIN EN ISO 14852	水性介质中塑料材料最终有氧生物降解性的测定——通过析出二氧化碳的分析方法（ISO 14852：2018）；德文版 EN ISO 14852：2018
DIN EN ISO 16929	塑料——在中试规模试验中，在规定的堆肥条件下测定塑料的崩解度（ISO／DIS 16929：2018）；德语和英语版本 prEN ISO 16929：2018
DIN EN 14995	塑料可堆肥性评估试验方案和规格；德文版 EN 14995：2006
DIN EN 17033	塑料——用于农业和园艺的可生物降解覆盖膜。要求和测试方法；德文版 EN 17033：2018
DIN EN 16935	生物基产品——企业对消费者交流和要求的要求；德文版 EN 16935：2017
DIN EN 14987	塑料——废水处理厂中可处理性的评估——最终验收和规格的测试方案；德文版 EN 14987：2006

续表

DIN EN 16848	生物基产品——使用数据表进行企业间特征交流的要求;德文版 EN 16848:2016
DIN EN 15347	塑料－再生塑料——塑料废物的表征;德文版 EN 15347:2007
DIN EN 16640	生物基产品—生物基碳含量——使用放射性碳法测定生物基碳含量
DIN EN ISO 846	塑料——微生物作用的评估(ISO / DIS 846:2018)

12.5 结论

   PLA 是一种生物可降解聚合物,在克服废弃塑料污染方面具有很大的优势。此外,生产 PLA 的投入物来自农业,与石油基聚合物相比,它作为可再生聚合物具有更多优势。另一方面,PLA 产品的环境友好性仍然是一个有争议的问题,因为农业活动也会导致水源污染,使用的电力也会消耗化石燃料,以及化肥、除草剂/农药的使用等会导致其他类型的污染。更重要的是,PLA 颗粒从工厂到加工地点的运输会进一步导致碳排放。因此,考虑到所有这些因素,减少 PLA 的碳排放量仍然面临巨大的挑战。需敦促研究人员不断研究以减少 PLA 对环境的影响,特别是在生产过程和最终产品的加工过程中。这样才能增加 PLA 在未来取代石油基聚合物的可行性。

参 考 文 献

Cheroennet, N., Pongpinyopap, S., Leejarkpai, T., Suwanmanee, U., 2017. A trade-off between carbon and water impacts in bio-based box production chains in Thailand: a case study of PS, PLAS, PLAS/starch, and PBS. J. Cleaner Prod. 167, 987-1001.

Groot, W. J., Borén, T., 2010. Life cycle assessment of the manufacture of lactide and PLA biopolymers from sugarcane in Thailand. Int. J. Life Cycle Assess. 15, 970-984.

Hermann, B. G., Blok, K., Patel, M. K., et al., 2010. Twisting biomaterials around your little finger: environmental impacts of bio-based wrapping. Int. J. Life Cycle Assess. 15, 346-358.

Ingrao, C., Tricase, C., Cholewa-Wójcik, A., Kawecka, A., Rana, R., Siracusa, V., 2015a. Polylactic acid trays for fresh-food packaging: a carbon footprint assessment. Sci. Total Environ. 537, 385-398.

Krüger, M., Kauertz, B., Detzel, A., et al., 2009. Life Cycle Assessment of Food Packaging Made of Ingeo™ Biopolymer and (r) PET. Final Report. IFEU GmbH, Heidelberg, Germany.

Leejarpai, T., Mungcharoen, T., Suwanmanee, U., 2016. Comparative assessment of global warming impact and eco-efficiency of PS (polystyrene), PET (polyethyelen terephthalate) and PLA (polylactic acid) boxes. J. Cleaner Prod. 125, 95-107.

Papong, S., Malakul, P., Trungkavashirakun, R., Wenunun, P., Chom-in, T., Nithitanakul, M., et al., 2014. Comparative assessment of the environmental profile of PLA and PET drinking water bottles from a life cycle perspective. J. Cleaner Prod. 65, 539-550.

Simon, B., Amor, M. B., Földényi, 2016. Life cycle impact assessment of beverage packaging system: focus on the collection of post-consumer bottles. J. Cleaner Prod. 112, 238-248.

Vercalsteren, A., Spririnckx, C., Geerken, T., et al., 2010. Life cycle assessment and eco-efficiency analysis of drinking cups used at public events. Int. J. Life Cycle Assess, 15, 221-230.

Vink, E. T. H., Rábago, K. R., Glassner, D. A., Gruber, P. R., et al., 2003. Applications of life cycle assessment to NatureWorks™ polylactide (PLA) production. Polym. Degrad. Stabil. 80, 403-419.

Vink, E. T. H., Glassner, D. A., Kolstad, J. J., Wooley, R. J., O' Connor, R. P., et al., 2007. The eco-profiles for current and near future NatureWorks® polylactide (PLA) production. Ind. Biotechnol. 3, 58-81.

Vink, E. T. H., Davies, S., Kolstad, J. J., et al., 2010. The eco-profile for current Ingeos ® polylactide production. Ind. Biotechnol. 6, 212-224.

延 伸 阅 读

Bohmann, G., 2004. Biodegradable packaging life-cycle assessment. Environ. Progress 23, 342-346.

Ingrao, C., Guidice, A. L., Bacenetti, J., Khaneghah, A. M., Sant ' Ana, A. S., Rana, R., et al., 2015b. Foamy polystyrene trays for fresh-meat packaging: life-cycle inventory data collection and environmental impact assessment. Food Res. Int. 76, 418-426.

Uihlein, A., Ehrenberger, S., Schebek, L., 2008. Utilisation options of renewable resources: a life cycle assessment of selected products. J. Cleaner Prod. 16, 1306-1320.